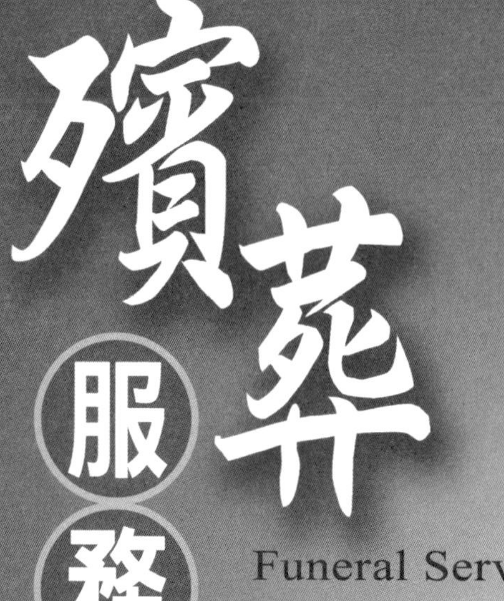

服務學

Funeral Service Study

作者 — 王夫子・蘇家興

王 序

自古以來有生必有死。人死了就有殯葬活動。殯葬，指安置並悼念往生者的一系列活動及其相關的禮儀規範。它是人類最古老的活動之一，與人類同在。自城市產生，殯葬服務就成為了一個行業。所謂殯葬服務業，就是專門提供殯葬服務的行業。

「工業革命」以後，科學技術迅猛發展，人道主義思想日益深入人心，人類進入了一個以人為中心的現代社會新時期。殯葬服務逐步社會化，服務品質也獲得了全面的提升，殯葬服務業也被視為體現人的尊嚴的一個行業。這就是殯葬服務學產生的時代背景。

「殯葬服務學」屬於運用社會學範疇，是社會學的一個分支。一門職業要上升到一個學科，必須既有理論體系又有操作規範，必須有一個完整的教材體系，這樣它才可以進入院校教學的課堂。本書就是企圖使殯葬服務從一種職業操作，上升到一個學科高度的嘗試，故名之為《殯葬服務學》。

1993年春，我書寫了「關於在中國的院校開設殯葬職業教育的論證報告」，此為筆者涉足殯葬之始。自那以來，我到過的殯儀館和公墓已不下百家。每到一地，多會注意其制度管理、人員素質和企業文化、操作過程、硬體建設、環境衛生等，並留意他們工作中的經驗和教訓，包括職業之於人生所帶來的酸甜苦辣。1995年秋，長沙民政職業技術學院招收了第一屆「殯儀技術與管理」專業的學生。該年也是中國院校進行殯葬職業教育之始。

1998年2月，筆者所著的《殯葬文化》（上、下）由中國社會出版社出版，此後便著手編纂這本《殯葬服務學》，以期為中國殯葬行業提供一部規範教材，因為迄今這一領域還是一個空白。將自各殯儀館所搜集的資料，結合筆者本人對殯葬服務的理解，進行系統化和理論化的提升，開始是給殯儀系學生上課的教案，隨之編綴成書。由於本人的教學工作，以及殯儀系的教學管理等行政事務十分繁忙，加之本人對殯葬服務的理解也有一個不斷提升的過程，因而原以為很容易寫的一部書，卻斷斷續續撰寫了四年。常常是寫了又改、改了又寫，現在仍然覺得不盡人意。本書中的表格是從一些殯儀館搜集而來，僅供參考。各殯儀館的業務量不同，從一年的幾百、幾千到一萬、數萬具不等，各地的文化水準也存在著差異，因而使用的表格不盡相同。有的已採用了殯葬服務軟體，有的則還是手工填具表格。各表格之間雖存差異，但基本精神是一致的，即「前後銜接，不出漏洞」。

第五、六兩章引徵於民政部社會事務司於1995年編的《防腐整容學》。根據殯儀館現行的防腐、整容、化妝的實際情況，進行摘錄並重新排列次序，同時還參考醫學院編的一些同類教材。本書的討論側重於殯儀館，其中的服務原則及服務模式對陵園同樣有借鑒作用。

謹向本書寫作過程中，提供筆者援助的單位及個人表示深深的感謝，他們有：臺灣龍巖集團龍譽國際有限公司及董事長李世聰先生、深圳市殯葬管理所及所長王簡先生、江西南方環保機械（集團）總公司及總經理金治平先生。由於本人經常出差在外，龍巖集團曾贈送給我一台價值2萬元人民幣的手提電腦，深圳和南方則向本人的研究活動提供過資金援助，在此深致謝意。

上海市殯葬服務中心主任朱金龍先生曾審閱本稿，提出了許多的寶貴意見，對此謹表謝忱。惟書中若有誤，仍由本人負責。

長沙民政職業技術學院

王夫子

蘇　序

「禮儀師」、「喪禮服務證照」雖然在最近幾年已成為臺灣地區輿論與求職社群間的熱門字眼，但對於臺灣地區的一般民眾而言，從小到大的求學、社會工作歷練中，「殯葬」二字被書寫的次數不但極為少見，甚至就連主動閃過腦海的頻率也是屈指可數。至於對「殯葬」義涵與相關活動內容的接觸、瞭解，除了收到所謂的「白包」，參與往生親友的公奠禮之外，大蓋僅有在自身至親往生時才會有較為深刻的體會；在一般狀況下則因著忌諱、怕觸霉頭的心理作用，對「殯葬」多抱持著「懼」而遠之的態度。

也因此，當各類服務業在臺灣地區蓬勃發展，學術與教育領域也多所探討、紛紛設立系所的現今，唯獨殯葬服務業一直無法獲得官方教育機構的正式支持，一直被視為旁門技術之流，而學術界也遲遲未能將臺灣地區特有的殯葬文化內涵、知識、技術、產業結構、服務作業標準與經營管理模式等，整理出一套完整、具公信力，且兼顧學術與實務的殯葬服務系列教科書。

反觀大陸，近十餘年來，在政府公部政策的強勢主導及高額經費支持下，各地的殯葬設施、設備不斷地整建、翻新，其創新度、管理格局早已超越臺灣地區各縣市的公有殯葬硬體；在行政與技術人才培育方面，更設立了多所技術院校層級的殯葬相關科系，而且直名「殯儀系」。其中由王夫子教授（本名王治國）於湖南長沙民政職業技術學院所發起、催生的「殯儀系」，至今已成為大陸各省市殯葬服務人才的主要培育搖籃。

王教授早於十年前，以其多年的學術、教學與實務經驗為基礎，彙整文化典籍與實務技術，陸續編寫成《殯葬文化學》、《殯葬服務學》及《殯葬管理學》等專業教科書籍，該系列書籍已然成為殯儀相關科系學子所必讀的經典。幾年前，臺灣地區幾位長期涉略殯葬領域的學者也曾撰寫並出版一系列殯葬教育叢書，目前任職銘傳大學社會科學院院長的鈕則誠教授，曾有打算將王教授所撰寫的系列書籍出版成繁體字版，然而因為鈕教授的教職工作與教育行政能力為校方所倚重，事務繁忙而分不開身，故遂將《殯葬服務學》一書繁體字版本的修訂、增補與校閱工作，交付給身為學生的我來執行。

王教授與我已有十二、三年的情誼關係，多次到長沙參訪及傳授經驗的過程中，屢屢都能深深感受到殯儀系在設備軟硬體及教學品質上的長足進步，而王教授也曾多次率殯儀系老師群或大陸地區殯葬業者抵臺觀摩殯葬各地主管機關、教學機構與私人經營組織之教育發展、硬體設備及服務作業。故在與王教授的互動過程中，雙方對於兩岸殯葬議題的看法與趨勢走向也有了一定的默契與共同願景。承蒙王教授的首肯，答應由我將其所撰寫之《殯葬服務學》重新修整成以臺灣地區大眾為主要閱讀人口的繁體字版本。

筆者考量海峽兩岸在政、經、法律、用語與實務面上的差異性，這本繁體字版的《殯葬服務學》與原著比較起來，首先，做了一些文字用語、述說語氣，以及殯葬專有名詞的調整；其次，為使本書貼近臺灣地區殯葬產業現況，本書所使用的死亡統計資料已轉化成近年臺灣地區的數據；此外，為使本書內容有較為完整的「服務學」論述，也將原著中較偏重於「管理學」的篇章刪略，並增補了臺灣地區殯葬服務鏈所特有的章節，例如：「喪葬後續關懷」等。

海峽兩岸之殯葬服務流程目前有不少差異點，讀者需要先瞭解這些差異的重點，方能於閱讀本書後，對於兩岸的殯葬服務有較為完整的認知。這些差異重點提示如下：

1.從死亡至出殯（告別奠禮）火化所需時間：在臺灣，都市地區平均10至15日，非都市地區時間拉得更長；在大陸人口密集地區則有法律限制，遺體須在3日之內火化。

2.殯葬專有名詞差異：例如在臺灣的「豎靈期間」，在大陸則多稱之為「守靈期間」或「守喪期間」；在臺灣民眾較為知曉的是「告別式」或「告別奠禮」一詞，在大陸則通稱為「奠禮」、「追悼會」、「追思會」或「追思奠禮」。

3.宗教影響殯葬服務的程度：臺灣地區90%以上之個案深受宗教或臺灣民間信仰之影響，而在大陸地區目前較不受宗教影響，但隨著宗教信仰的逐步開放，宗教對於殯葬服務的影響力也有增加的趨勢。

4.遺體火化率：臺灣都市化地區幾乎均已達90%以上，非都市化地區平均亦有75%以上；在大陸，除特殊地區或個案得申請土葬外，絕大多數均須依法火化。

5.火化後遺骸入葬方式：近二十餘年來，在臺灣地區塔葬已成為主流，但火化後入穴之商品近年來有增加趨勢，惟使用量上尚不及塔葬的5%；而大陸火化後的遺骸，則多採用墓穴葬。

6.殯葬用品種類：臺灣的殯葬用品種類極其繁多，且日新月異；大陸地區因儀式流程較為簡化，故此類的用品種類與選擇性則較少。

7.可販售葬儀用品者：臺灣的公部門不銷售棺木、骨灰罐及葬儀用品，全數由私人禮儀公司或葬儀社提供；大陸地區的棺木、骨灰罐（骨灰盒）等主要用品，仍以公部門或與公部門有關之機構為主要銷售者。

8.遺體存放地點：除了公部門之殯儀館、自宅備冰櫃之方式外，臺灣地區的遺體存放地點還多了醫院往生室（太平間）及打桶（大體直接入殮封棺）的方式。

9.守喪期間喪家活動地點選擇：大陸地區民眾多選擇以殯儀館為主，部分地區已有私人守靈場所之發展，少數喪家則於自宅守喪；臺灣地區則多了醫院往生室（太平間）之選項，而私立的守靈場所，殯葬業者則仿日本說法，稱之為「會館」。

10.靈堂布置方式：在臺灣仍以鮮花與布幔為主要素材；大陸地區的奠禮布置則以既存建築硬體及相關設備為主，簡單隆重，點綴多以花圈為主，且材質多為可重複使用之素材，鮮少鮮花。

今年適逢湖南長沙民政職業技術學院殯儀系成立十五週年，該系亦於10月中旬擴大舉辦海峽兩岸之學術交流研討會議與系慶，謹以本書之出版向王夫子教授及湖南長沙民政職業技術學院殯儀系所有歷屆師生慶賀並致上敬意。在此也同時感謝揚智出版集團葉忠賢總經理與閻富萍總編輯的協助，繆力完成本書之出版。

希望本書之出版，就像王教授常說的，可以拋磚引玉，讓更多有意願投入大中華地區殯葬學術建構之有心之士早日完成全套殯葬教科書之撰編與出版，促進殯葬文化之再次提升，並讓殯葬學術成為專業的顯學。

蘇家興 誌於　台北

2010/10/1

目錄

第一章

殯葬服務學概論

第一節　從字源學看殯葬：殯、葬、墓、墳
第二節　殯葬服務業是一門特殊的服務行業
第三節　殯葬服務學的界定
第四節　殯葬的社會功能
第五節　殯葬文化

本章對殯葬和殯葬服務的性質、社會必要性以及殯葬文化做概要性的討論，這將有助於我們對自己所從事的職業有更深刻的認識。

第一節　從字源學看殯葬：殯、葬、墓、墳

漢字的造字是很講究的，其中深藏著該事物產生和發展的資訊，以及前人對該事物的理解。這裏對殯、葬、墓、墳四個名詞做字源學的考察，這將有助於我們加深對殯葬服務的理解。

一、殯

「殯」，《說文》篆書寫成，解釋為「殯，死在棺，將遷葬柩，賓遇之。」殯字左邊的「歹」原寫作歺（讀作ㄜˋ，音列），意思是「剮」，就是將肉從骨頭上剮下來，這也就意味著「死了」。因而「歹」字通常用以表示死亡一類字的偏旁，如殊（原意死）、殉、殤、殂、殛、殃、殲、殄、殫、殪、殘等。後世楷書將歺寫成「歹」形。右邊是一個賓客的「賓」字，作動詞，意指「以賓客之禮招待某人」。於是，「殯」的原意是：親人去世後，停柩於家中，像對待賓客似地對待死者，以此送死者去「另一世界」。由此便產生了相應的活動及其禮儀，即民間說的「治喪」。因而，殯就定義為治喪期間的一整套儀式及其活動。

關於殯的禮儀，一是殯的時間、二是殯的地點、三是殯期間的活動，它們都屬於「殯禮儀」的範疇。

關於殯的時間。春秋以前，生者在世時不預先準備喪事，《左

傳·隱公元年》：「豫凶事，非禮也。」豫者，預也。要到人去世後，喪家才開始辦理，而喪事的禮節又多，並通知死者的親朋前來弔唁，等級越高，排場越多，因而殯的時間就必須夠長。《荀子·禮論》載，周禮規定「天子七月，諸侯五月，大夫三月，士逾月。」春秋戰國以後，生前預先準備喪事變得越來越普遍，殯的時間也漸縮短，如漢高祖劉邦以後的幾個皇帝一般只殯了二十天左右，最講排場的漢武帝死後也只殯了十八天。後世民間則多殯三、五、七天不等，但豪門富貴之家也有殯七七四十九天的，如《紅樓夢》第十四回中，賈府的秦可卿死後就殯了四十九天。毛澤東1976年9月9日去世，9月18日舉行追悼會，殯了九天。中國歷代殯的天數均以單數，絕少用雙數，因為單數是「陽數」（陽剛、威猛）、雙數是「陰數」（陰柔、纖麗），且民間有「好事成雙」之願望，因而殯期不用雙數。

關於殯的地點因死者的社會地位而異。如春秋時晉文公死後，「殯于曲沃」。曲沃是晉國宗廟所在，宗廟是國家象徵，殯於此就具有「國喪」的規格。中國民間一般停柩在廳堂中或宅前搭棚（稱孝棚）。停柩之處古稱「殯宮」，後民間習慣稱「靈堂」或「孝堂」。現代城市中人口擁擠，不提倡在自家門前搭棚辦喪事，像北京、上海、天津、廣州等大都市明文禁止此類行為，而提倡到殯儀館辦喪事，因而殯的地點就改在殯儀館。

至於殯期間的活動，各民族、各時代互異。但中國數千年間大體上是以儒家「孝」文化為主線再摻雜佛、道、民間迷信等內容辦理喪事。喪事的物件是一類特殊的「賓客」，其禮節雖模仿生者賓客，但以「凶事」的方式處理之，如招魂、披麻戴孝、給死者立神主（民間稱靈牌子）、喪主（俗稱孝子）給死者及來賓磕頭、辭靈儀式，著白色喪服、哭喪等。現以追悼會（即告別奠禮）的形式呈現，基督教稱「追思會」，意為死者是將赴「彼岸」之客，生者以此類方式「送行」，並向他們表示自己的「心意」。

二、葬

「葬」，《說文》篆書寫作葬，解釋為「葬者，藏也。從死在草中。一，其所以薦之。」造字取上為草（艸），下為草（艸），中間的左邊為剮（歺）、右邊為人（人），即「死」字，「一」表示放置屍體的木板、草席之類。就是說，葬是「藏死者於草中」。生者不忍心死者的形體暴露於外，將死者用木板或草席裝置好，葬（藏）於地下。因而，「葬」的原意是土葬，後世引伸為處理遺體的方式，如火葬、水葬、天葬、樹葬、塔葬等。

以此觀之，所謂「殯葬」就是安置並悼念死者的一系列活動及其相關的禮儀規範。其中，「殯」是提供喪事禮儀的活動，如祭祀、追悼以及接待悼念來賓等服務；「葬」則是處理遺體的服務。殯葬活動中所蘊涵的文化理念稱為「殯葬文化」。

三、墓

《說文》「旦」寫作旦，解釋為「明也，從日見一上。一，地也。」就是說，「旦」表示天明，造字取太陽剛升起於地平線上。「莫」寫作莫，解釋為「日且冥也。從日在草中。」即太陽落於草叢中，表示天色黃昏。此意後來寫成「暮」，即「莫」下面加「日」字。「莫」是本字，「暮」是後起字。由此，「莫」也具有了「無」、「沒有」的意思，如「日暮黃昏」又表示人之將死，「人死了」說成「人沒了」、「人歿（ㄇㄛˋ）了」等。「莫」、

「沒」、「歿」音近而義同。

「墓」，《說文》寫作𡑞。造字取「莫」下面加一個「土」字，意指人死了，將其埋入土中。因而，「墓」字的原意是指埋葬死者的土坑。墓域則稱為「塋」。

四、墳

「墳」，原指高出地面的土堆。屈原《楚辭．九章．哀郢》：「登大墳以遠望兮，聊以舒吾心。」這是說，登上那高高的大坡，我站在上面遠眺以抒發我的情懷。墳也引伸為「大」、「突起」等意。《禮記．檀弓上》載：「古也墓而不墳。」即春秋時期（距今約二千五百年）以前中國人不在墓上面築墳堆，墓與地面平齊。《方言》卷十三曰：「凡葬而無墳謂之墓。」「墳」與「墓」二者之間原來並無關係。

那麼，人們如何識別自己先人的墓地呢？原來，西周以前，氏族中是按照輩份次序統一安葬先人，並有專人管理。如西周有「墓大夫」、「塚人」就是氏族國家中專門的墓地管理官員，負責掌管墓地規格（等級不同，墓地的位置和大小各異）、測正墓的方位、畫出墓地圖籍，並管理墓地禁衛等。那時，一個大宗族就是一個（諸侯、卿大夫）國家，社會中只有宗族的墓地，而沒有單個家庭的墓地。這樣識別起來就不會有困難了。同時，「古不墓祭」（東漢蔡邕《獨斷》），即那時人們不在墓地祭祀，而是在稱為「宗廟」的房子裏祭祀先人，宗廟中擺有本族祖先的神主牌位（後世稱靈牌子），對著獻祭品並磕頭。那時人們認為，祖先的靈魂就附在這些神主牌上面。這樣，「墓而不墳」也就沒有什麼不方便的了。

春秋以後，隨著西周時代的大型宗族逐漸瓦解，各小家族乃至各家庭獨自埋葬先人的做法普遍起來。於是，墳出現了。《禮記·檀弓上》載孔子解釋自己為什麼要給父母築墳堆時說：「（孔子）曰，『吾聞之，古也墓而不墳。今（孔）丘也，東西南北之人也，不可以弗識也。』於是封之，崇（高）四尺。」孔子說自己是四方周遊者，起墳堆是為了日後辨認。後世學者也大致以這一說法作為中國殯葬史上「墳的起源」的權威解釋。戰國1尺合現在23.1公分，4尺約92公分，與後世民間的小墳堆差不多。後來，無墓不墳，逐漸墓、墳連稱，到後來，二字已基本無差別了。但具體而言，「墓」指埋棺的土坑；墓區域叫「塋」，或「兆域」；「墳」指墓上的土堆。

隨著墳的產生，在墳墓前祭祀也興盛起來，民間俗稱「上墳」或「掃墓」。戰國以後，墳堆越築越高，乃至出現帝王「陵」。陵即高大的山陵，如北京的明十三陵、河北的清東陵和西陵等。

人們是按照生者的生活需要來設計死者墓地的，並稱為「陰宅」（生者住處稱「陽宅」），也稱墓園為「某氏佳城」，如「王氏佳城」等。墓地是殯葬文化中最主要的實物形態，其中包含了當時社會生活的各種資訊，如我們藉著對古墓的考古發掘就可以獲得關於古代社會生活的很多認識。我們將墓葬中所蘊涵的文化觀點稱為「墓文化」，它是社會生活的一個縮影。

第二節　殯葬服務業是一門特殊的服務行業

殯葬服務是指人們為悼念並安置死者而提供的一系列服務。比如，原始人為死去的同伴辦理喪事，他們在死者周圍撒上紅色的赤鐵礦粉粒，用一些簡陋的石器（工具或生活用具）和粗糙的裝飾物（如石珠、穿孔的獸牙等）陪葬死者，並在埋葬日舉行豐盛的喪宴，可能還圍繞著屍體狂呼亂舞，以此寄託自己對死者的某種情感和表達對人生、生命的某種信念。據考古資料，距今一萬八千年前的北京山頂洞人是中國目前已知最早的殯葬活動。殯葬服務是一項非常古老的社會服務，它與人類的發展相伴隨。

殯葬服務業指殯葬服務成為了一門職業，即社會上產生了一個專門提供有償的殯葬服務的職業階層。它的出現與城市的發展、社會的分工、工商業的活躍等條件相聯繫。在城市，舊的宗族結構被打破，由於操作的複雜性、人們對喪事的忌諱等，鄰里相幫已難以滿足其要求，於是經營性的殯葬服務業便應時興起。在中國古代，殯葬服務業稱「槓業」或「槓行」，其店鋪稱「槓房」。槓房備有喪車、喪槓、棺槨、儀仗鼓吹、殯儀服飾、紙錢等殯葬用物，或租賃或出售，有時還承辦殯葬事宜。槓房老闆根據喪主的服務要求而收取費用，然後臨時雇用槓夫，槓夫通常比較固定地受雇於某一槓房。以土葬為主。喪禮取儒、佛、道以及民間迷信相混雜之形式。

殯葬服務業是一門特殊的服務行業。其特殊性在於，殯葬服務業的直接服務物件是「死者」（往生者），間接服務物件是生者。由於生者比死者更難服務，也更需要服務，因而殯葬服務的更重要物件仍然是生者。殯葬服務業屬於「第三產業」，即服務行業，與戲劇、旅遊、商店、賓館、餐飲、理髮等具有同一性質[1]；而殯葬職工則是「職業的治喪者」，是我們的社會身分。

按照國際上對服務業的規定，服務業之一般目的在於給人們「增加愉快或減少不愉快」，或「增加方便或減少不方便」。那麼，殯葬服務業之一般目的則在於：透過給喪戶提供優質的殯葬服務，從而為他們提供治喪的方便，減少由於喪事而造成的悲痛感和不愉快感。

殯葬服務業是社會精神文明的一個視窗，透過殯葬領域，我們可以看到一個社會的精神風貌、社會風俗和追求傾向，以及人們的心理狀況和思想水準等。

第三節　殯葬服務學的界定

殯葬服務學是研究殯葬服務的性質、規律、社會意義，以及如何為社會提供優質的殯葬服務的一門科學。據此，它的研究物件至少應包括：

1.殯葬實務：即殯葬操作，如殯葬服務如何進行、什麼是優質的殯葬服務，及如何提供優質的殯葬服務等。

2.殯葬的性質和社會意義：即什麼是殯葬、殯葬服務，以及為什麼需要殯葬服務。如殯葬所從事的是什麼活動、它滿足了人們的哪些需求等。

3.殯葬的規律：即殯葬和社會生活的關係，如殯葬對社會生活的影響、殯葬改革及其意義等。

第一項是實際的殯葬操作；後二項側重於理論認識範疇，它對實際操作提供理論指導。本書討論的重點在於實際的殯葬操作，並為實際操作的需要，做一些必要的理論鋪陳。

殯葬服務學屬於運用社會學範疇，是運用社會學的一個分支，屬邊緣學科，所涉及的學科至少包括社會學、哲學、文化學、歷史學、心理學、民俗學、經濟學、美學、行為學、管理學、公共關係學、行銷學等人文科學。此外，現代殯葬服務還運用到燃燒學、電學、電腦、製冷、環境保護、園林等自然科學。

殯葬服務是為人服務的，不管是死者還是生者，一概以人性方式對待之，給以人的尊嚴、人的權利。因而，殯葬服務是一門實踐性非常強的為人服務的學科。

第四節　殯葬的社會功能

殯葬的社會功能即殯葬的社會必要性、社會意義。殯葬活動是整個社會活動的一部分，它的社會功能大體可以從如下四方面來理解。

一、滿足社會心理的需求

在動物世界，迄今尚未發現動物中有埋葬同伴遺體的行為。死亡動物的遺體被棄之荒野，任其腐爛或由食腐動物吃了，那些食腐動物（如豺、禿鷲、貓頭鷹）因此被稱為「自然界的清道夫」。人類源於動物，早期行為與動物無異，先民們對待死者就像動物對待同類的死亡一樣，棄之荒野，此之謂「棄屍」。

隨著人類思維的不斷發展，自我意識能力和理解能力的增長，對自身價值和生命尊嚴的認識不斷提高，原始人對棄屍「看不下去了」，心中不忍，當然他們也不希望自己死後遭如此對待，於是便產生了殯葬。可見，殯葬的產生，源於人類智力水準的提高以及對生命尊嚴的追求。殯葬是人類自我意識達到高度清晰的產物，因而也是人類走向文明的標誌之一。

殯葬首先是在滿足人們的某種心理需求。在這一心理需求的推動下，喪禮發展起來，變得是越來越繁瑣。如一位老人忙了一輩子，死後若不給一個「像樣的」喪禮，不受到「鄭重」的對待，人們總會覺得「對不起死者」，會認為後人「不孝」、死者一輩子「不值」等。即使是現代，如果喪事太草率，人們仍會覺得人生「不完整」、「不值」。與此同時，人們為大人物舉行隆重的喪禮，為帝王築陵墓，如果將大人物的喪事辦得和小人物無差別，人們也會覺得「太不應該」。

在不同的社會、不同的時期（如和平時期和戰爭時期、豐年和歉年），不同的社會階層、不同的文化背景，人們對生命、人生的看法各異，因而對一個什麼樣的殯葬才算「合格」、「過得去」會有不同的標準，即對殯葬的「價值標準」有不同的認識。但在同一時期，社會中必然存在著一種大體相同的殯葬認定，以此滿足人們對生命「最後一刻」的心理需求，如一場追悼會或祭奠儀式、一篇悼文、送殯人群、花圈等，其中都包含著人們對生命、人生歸宿的價值認定。倘若什麼都沒有，人們勢必產生對人生的「失落感」，這會影響到人們對生活的信念。比如，死者若是一位四、五十歲頗有成就的中年人，殯葬禮儀一般會超出常規而特別隆重。因為，這一年齡層次的死者剛好將子女撫育成人，事業上又有了成就，在人們的人生期望中正是應當「享福」的時候了。他們的突然去世，親屬會覺得其人生「太虧」，於是會用超常的殯葬禮儀來「彌補」他們，有「報答」、「補償」等心理成分。

社會心理需求當然是對生者而言的。因為死者已無知覺了，殯葬活動是生者籌辦的、辦給生者看的，這無異於給生者開了一張「預期支票」，告訴他們人生都會有一個如此「完整的」結局，不會「有始無終」。

我們應當認識到，心理需求也是一類「社會需求」，它就像吃飯、睡覺一類物質需求一樣真實的存在著。只要它們不妨礙社會，就應當予以滿足，所謂「人情所好，聖人不禁」。「人情」即是人們的心理需求，也是「人性」的需求。

二、保護自然環境的需要

棄屍於自然，任其腐爛，還會破壞自然環境，極易引發疫疾流行。所以殯葬從一開始就同時具有保護自然環境，以利生者生存的社會目的。

公共墓地的安排，一直是中國殯葬的一個好傳統。早在原始時代仰韶文化時期（距今五千至七千年）的墓葬就留下了這樣的證據，如西安半坡的氏族公共墓地就統一安置在居住區的北面。中國地處北半球，一年中多刮溫暖的南風，墓區置於北邊，顯然有利於居住區的衛生。《禮記‧檀弓下》：「葬於北方，北首（頭朝北方），三代之達禮也。」三代，指夏、商、周；「達禮」，通行之禮制。孫星衍注釋為「古者葬於國北」。

中國歷代有「義塚」，即官府出資購地或擇無主荒地埋葬無名屍體的墓地。義塚與社會人口流動相聯繫，其起源已不可考，秦漢以後屢載於史籍。宋代稱「漏澤園」，漏澤，遺（漏）德澤於四方之意，取名源於儒家「澤及萬方」的精神。義塚意在保護自然環境，防止瘟疫流行。歷代對水葬都予以禁止，明、清還將禁水葬列入法律之中，以保護水源。

歷代墓地均用貧瘠之地或山地，不得占用良田沃土。春秋時齊國大夫成子高臨終說：「吾聞之，生有益於人，死不害於人。吾縱生無益於人，吾可以死害於人乎哉！吾死，則擇不食之地而葬我焉。」（《禮記‧檀弓上》）古今中外各民族對殯葬用地大都有類似的規定，耕地、水源等都是生者不可缺少的生存資源，人們必須保護自然環境，用現代人的說法就是「只有一個地球」。

中國自20世紀50年代以來「推行火葬」、「改革土葬」為主要內容的殯葬改革（改革土葬的內容如宣導公墓、深埋、不留墳堆等），其根本原因在於保護自然環境，諸如耕地、森林、水源等。清末中國人口4億5000萬；由於戰亂頻仍，到1959年統計人口時為6億5000萬；1996年已突破12億大關，並且以每年淨增1600萬的速度增長。密集的人口，以及城市化、工業化對保護自然環境提出了更高的要求，這一情形導致了中國的殯葬改革。

三、社會聯繫的需要

一個社會的穩定，首先取決於社會成員之間聯繫的強弱，或內聚力之大小。社會聯繫有橫向的，即同代人之間的，如親戚朋友同事之間；縱向的，即兩代人之間。將一個社會聯繫成為整體的紐帶很多，如經濟的（如勞動分工、產品交換）、意識形態的（如儒家學說）、政治的（如國家制度、軍隊）等。此外，民俗活動如婚、喪、喜、慶等民間活動也是社會聯繫的重要紐帶，透過這些活動，人們之間的聯繫得以加強。一個社會內部的聯繫紐帶如果鬆弛到一定程度，該社會就會分裂。

殯葬及祭祖活動中深深地包含著一種社會聯繫，既有橫向的（同代人之間）、也有縱向的（上下代之間）。一家有喪，親戚朋友前來襄助喪事，勸慰生者，這有助於幫助喪家克服因死亡事件造成的恐懼、失望、孤獨、軟弱性等非良性心理因素，重建對於生活的信心。否則喪家會產生被社會拋棄的感覺，對生活失去信心。透過清明、中秋、冬至等節日的祭祖，同血緣者在對先祖追念的認同下聚集起來，親情得以強化。這些橫向的人際聯繫和縱向的人際聯繫都是社會內聚力的重要紐帶。

在中國殯葬傳統中，祖墳也是一個家族相認同的重要紐帶。葬入祖墳被認為是「正常的」葬式，故歷代有千辛萬苦扶靈柩還鄉之舉，死後不許葬入祖墳就成了對族人的一個嚴重的懲罰。如著名的有北宋名臣包拯〈遺訓碑〉：「後世子孫仕宦有犯贓濫者，不得放歸本家；亡歿之後，不得葬於大塋（即祖墳）之中。不從吾志，非吾子孫。仰工刊石，豎於堂屋東壁，以昭後世。」生不得歸家，死不得入祖墳，即與之斷絕血緣關係，生死均予以「革籍」。古代中國的房屋多朝南，面對著堂屋，右側為東壁，古人尊右，刊於此，以示神聖。

四、社會教化的需要

社會的正常運行離不開對人的教化，它負責提供合格的社會成員，以防止過多的衝突擾亂社會。利用殯葬對生者進行道德教化，如教導人們愛惜生命、尊敬父母、幫助他人等，可以說是世界各民族殯葬文化的共性，如佛教、基督教和伊斯蘭教等都是如此。同時，各民族的殯葬文化中，替先人辦喪事、建墓、祭祀等均具有向先人「報恩」、「贖罪」的意味，還隱含著希望得到先人庇佑的願望。

社會教化的寓意，如中國人將治喪提高到「孝道」的高度，「孝道盈天」，形成了「孝道」的殯葬文化；基督教透過治喪提升對上帝的感情，將死亡理解為「回到主的懷抱」、「與主同在」等，由此最大限度地減輕了對死亡的恐懼；當然，必須是善人才能享受到「回到主的懷抱」的待遇，惡人死後可能還要受到「天國的懲罰」；佛教認為生前作惡多端者死後要下十八層地獄等。上述這些都是古代殯葬文化對人的教化方式，以此勸人向善、積德行善。各個時代、各個國家都有意識地鼓吹對社會有利的殯葬文化，以此將人們的意識和行為引向國家希望的方向，促進社會的一致性。正是在這一意義上，殯葬同時又具有道德教化的作用。

現代，歐美一些國家還將殯儀館（以及產房）作為對青少年進行人生教育的場所，帶學生到殯儀館去參觀，鼓勵學生親手觸摸屍體，以此教導人們更加愛惜、善待生命。[2]

第五節　殯葬文化

一、文化的界定

人類生存在這個世界上，必須進行一系列的活動（操作、行為），如生產、生活、學習、訪親、交友、娛樂、戰爭等活動，並製造各類物品以供需求，如衣服、房屋、橋樑、生產工具、生活用品、武器等。在人們的每一類觀念、從事的每一類活動、創造的每一類物品中都隱藏或寄託著人們的某種「含義」，我們總是帶著某種「含義」去從事各種活動的。比如，一年中為什麼要設計出節日、為什麼要穿漂亮的衣服，給男孩取「俊、強、雄、瀚」等名字，而給女孩取「娟、秀、蓮、雅」等名字等，其中都寄託著人們的某種希望、認知。這些希望和認知的「含義」就是文化。

當人們懷著某種「含義」去從事某種活動，創造一類物品時，人們也就將自己對事物的「觀念」、「認識」、「期望」、「意義」、「原則」等一系列主觀性的東西融入其中了，該事物就成了這些主觀性東西的一種載體、一種表現方式，成為「文化的事情」。如大小便、流鼻涕、進食均屬人的生理行為，但父母教導小孩蹲下來大小便、用手帕揩鼻涕、用筷子吃飯就上升到一類「文化的行為」。同時，竹子只是一種植物，中國人將它製成筷子（進食工具），就屬於一類「文化的實物」。人們還製造出適應某一時代的服飾，認為其中包含著美；人們看電影、影視或打牌以休閒；每年要過各種節日，以充實生活，使過日子富有動態感，如此等等，這些都是「文化的行為」。

我們可以將「文化」分為三類形態：

1.觀念形態：即人們的知識、規範、價值觀念和思維方式等。它作為所謂「傳統」儲存在各民族的頭腦裏，沉積在人們的下意識中，成為人們的日常行為是否具有合理性的「裁判長」。也正是這一觀念沉積的一致性，使人們的行為達成了和諧，並可以互相交換。
2.操作形態（或活動形態）：即人們的衣食住行、婚喪慶典、工作學習、日常交往等活動中所表現出來的行為方式、儀式、程式等。它們是「觀念」在行為中的定型，是文化的外在表現，如使用手帕和筷子、工作、休閒、旅遊、禮貌等。
3.實物形態：即人們根據一定的觀念和一定的操作而創造出來的實物。透過這些物體，我們便看到了一種文化，如書籍、房屋、服飾等，以及各種文化之間的差異性，如中國人使用筷子、西方人使用刀叉等。

文化的核心是價值觀念和思維方式。簡言之，價值觀念即人們認定什麼「有意義」，什麼「沒有意義」，如節假日是出去玩好還是在家裏睡覺好；思維方式指的是「如何去認定」意義或非意義，如怎麼樣使用一個月的收入最經濟、出去玩時走什麼樣的路線最具效率。人們的各類活動和實物創造都要受到價值觀念和思維方式的認可，並在它們的指導下進行。

以茶文化為例。唐代陸羽著有《茶經》一書，因精於茶，被尊之為「茶神」。《新唐書・逸隱傳・陸羽》載：「（陸）羽嗜茶，著經三篇，言茶之原、之法、之具尤備，天下益知飲茶矣。（當）時鬻茶者，至陶（陸）羽形置煬突（爐灶）間，祀為茶神。」這是說，陸羽喜歡喝茶，寫了《茶經》，有三篇，講茶的起源、治茶的方法、治茶的器具，非常詳細。於是，天下人就更知道如何喝茶了。當時賣茶者甚至將陶製的陸羽像放置於爐灶上，供陸羽為茶神。

陸羽是中國茶理論的一代集大成者。後世人不斷發揮，遂形成了中國的「茶文化」，又稱「茶道」。歷代上至朝廷皇室、公卿士大夫，下至民間百姓、販夫走卒，莫不飲茶，並進而形成了各階層、各地域不同的茶風格。比如茶的類別，綠茶、紅茶、烏龍茶等，以及茶具、飲茶方式等方面的風格差異，都反映了人們生活上的某些差別。情趣相投者聚在一起，沏上一壺茶，天南地北神侃，他們借「飲茶」的方式聚在一起，發一發人生感慨，過一過語言癮。由於在家裏不自在，於是城鎮中便產生了茶館。舊時，茶館裏多有「莫談國事」的醒示牌，因為這樣容易引來麻煩。這些均可歸入「茶文化」範疇。其中包含了人們的生活愛好、習俗、情趣、對生活意義的認定，也就是價值觀念和思維方式。此外，對於酒文化、服飾文化、居室文化等也可以作同樣的理解。

二、什麼是殯葬文化

根據上述討論，殯葬文化可以這樣定義：殯葬文化就是人們在殯葬的觀念、殯葬的操作和殯葬的實物中所隱藏或寄託的某種「含義」。殯葬文化也可分為三類形態，即觀念形態、操作形態、實物形態，它們之中都隱藏或寄託了對生命價值的認定、對永生的追求、對現存社會的反映。

在殯葬文化的觀念形態方面，以殯葬用詞為例。中國人不直言「死」，多稱「仙去」、「老了」、「作古」、「逝世」之類，這些稱呼在輓聯中使用頻率尤高。現在很多殯儀館的弔唁廳也很少直稱，多冠以它名，如深圳殯儀館稱清蓮（廳）、日月（廳）、雲天（廳）、茜雲（廳）、碧波（廳）五廳；珠海殯儀館則以泰山廳、華山廳、嵩山廳、衡山廳命名；上海益善殯儀館有萬福廳、青松廳、古月廳、長祿廳等；龍華殯儀館的小悼念（即奠儀廳）廳稱泰安廳、長安廳、平安廳、永樂廳、安樂廳等；長春殯儀館稱鶴駕廳、西去廳、永生廳、瓊樓廳等；南昌殯儀館有千秋堂、天樂宮、永樂宮、福樂宮，以及寧安廳、平安廳、和安廳、祥安廳、慶安廳等。公墓則多稱長青園、福壽園、息園、憩園、歸園等。骨灰寄存樓則稱長安樓、思親樓、懷親樓、念親樓等。

為什麼要如此「轉著彎」稱呼而不直呼其名呢？原來這些名詞中都有很深的含義。它們大體表達了人們對生命歸去的三類寄託：

1.以長存的自然山川寄託對生命永恆的希冀，如「日月廳」、「泰山廳」或「青松廳」等。日月、泰山、青松或與天地共存，或長青不老，均具有永恆的象徵意義。
2.以道家逍遙極樂世界意象寄託人們對先人靈魂永存的祈求，如清蓮廳、茜雲廳、碧波廳、天樂宮和息園、憩園等。
3.以儒家的孝道理念寄託對先人恩德的追懷，如長祿廳、思親樓等。

可見，人們在這一類命名上表達了重視生命、對人生的熱愛、對生命永恆的追求，以及不忘先人恩德、宣揚儒家「孝文化」等。如此複雜的用詞反映了中國殯葬文化在觀念形態上的豐富性。

再看殯葬文化的操作形態。「殯」最初的含義是表示親屬「不忍」死者很快地離去，以及從容準備喪事，便於召集親朋故舊前來弔唁，因而需要將死者（入棺後）擺放一些時日；中國傳統治喪用白色布做裝飾（如喪服、輓聯、祭幛），重在烘托哀悼情緒；現在大量使用鮮花佈置靈堂，以示生命豔麗；民間對先人靈柩或牌位磕頭，以示對死者感恩；追悼會（舊稱辭靈儀式）類似於給死者「出遠門」辦一個「告別會」；治喪期間大放鞭炮，意在熱鬧，並沖淡恐怖氣氛；出殯時摔破一個碗，是示意「打發」死者出門，以免其鬼魂再來糾纏生者，或說是送一個碗給死者到陰間去吃飯。中國古代，父母亡故後，孝子居喪三年（實為二十七個月），期間不得「從吉」，即不得過正常人的生活，如婚嫁、出外做官、遊歷、經商等，意在推行「孝道」，強化兩代人之間的聯繫；天葬者則認為透過鳥獸食盡遺體，死者的靈魂就可以由此升天，如此等等，都以操作形態反映出一定的殯葬文化。

在殯葬文化的實物形態，如中國傳統的土葬用棺，民間稱「壽器」（壽者，長久也）；民間將棺材的內部和外部兩頭漆成紅色，以示吉利；同時還有壽衣、壽褲、壽鞋、壽襪、覆面巾、紙錢、龍頭槓、孝服、白紙花、黑臂紗等；墓地稱「陰宅」（生者居處稱「陽宅」），墓穴則稱「千年屋」（生者房產田地稱「百年產業」）。古代中國人要求死後有一塊墓地，否則會被認為是「死無葬身之地」，並認為這將影響到來世輪回；現代殯葬服務用高檔車作收殮車（臺稱「接體車」），意在尊重生命，頗受喪戶的青睞，如此等等。都是藉由實物形態反映一定的殯葬文化。

殯葬操作和殯葬實物是按生者生活模式而設計的，所謂「事死如事生，事亡如事存」，要求像對待生者一樣地對待死者。如生者的房屋稱「陽宅」，墓地則稱「陰宅」；生者喜愛受人恭維，因而人們對死者百般尊敬，給他們磕頭、上香；生者要飲食，因而就給死者上供品（包括飯菜與酒）等。

總之，這些有關殯葬的觀念、殯葬的操作和殯葬的實物，在最初被設計出來都是有「含義」的，只是年代久遠，人們有時弄不清它們的原始意義了。大體上，它們分別表達了人們對生命的熱愛、對人生永恆的追求、對孝道的遵循、對先人的報恩心理等。由於殯葬是生者按照自己對人生、生命的理解所設計，最終服務物件仍是生者，因而殯葬文化本質上是一種特殊的生存文化。我們理解殯葬文化時，主要是領悟其中所蘊藏的含義，而提升殯葬文化，也就是將健康的含義融入到殯葬觀念、殯葬操作和殯葬實物中去。

註　釋

❶ 按照經濟學的劃分，第一產業指農業，第二產業指工業，第三產業指包括商業、貿易、旅遊、餐飲、電影、電視等在內的服務業。現在，有人提出，以智慧化軟體發展為主體的資訊產業屬於第四產業，它具有無比廣闊的發展前景。

❷ 產房、監獄、殯儀館是三個最教育人的場所。產房是生命降臨的地方，隨著產婦痛苦的掙扎，隨著一陣清脆的啼哭，一個新生命便來到了人世間。監獄是人性尊嚴蕩然無存之所，也是人性最黑暗之處。殯儀館則是人生離開世界的最後一站，在這裏，你面對著許多冰冷的屍體，頓時會對人生、生命產生許多難以言狀的感受。在殯儀館工作過的人，很少有犯罪，尤其是犯重罪的，「好好生活」似乎成了一個重要的人生信條。

第二章

中華殯葬服務簡史

本章簡略地回顧中華殯葬服務的歷史，它將有助我們瞭解殯葬服務是一個隨著社會發展而不斷發展的。

第一節　中國原始社會的殯葬

一、殯葬的出現

人類是經歷了棄屍、野葬、坑葬三個階段。早期行為與動物並無本質區別。先民們對待死者，就像動物對待同類的死亡一樣，棄之荒野聽其腐爛或任憑食肉動物吞噬。如《孟子．滕文公上》云：「蓋上也（上即古時）嘗有不葬其親者，其親死則舉而委之於壑。他日過之，狐狸食之，蠅蚋姑嘬之。」姑嘬就是撕咬和吮吸。這是原始人類的棄屍階段。

後來，隨著人類自我意識提高，產生了埋葬行為。《周易．繫辭下》：「古之葬者厚衣之以薪，葬（藏）之中野，不封（不覆土）不樹（不種樹、不立碑），喪期無數。」就是說，將死者蓋上一些樹枝柴草，藏在原野的某個地方，喪期也沒有規定。「中野」即原野之中。這是早期人類的野葬階段。《說文》「吊」字（清）段玉裁注：「古者人民樸質，饑食鳥獸，渴飲霧露，死則裹以白茅，投於中野。」就是指這種葬式。此階段的人類已經開始有意識地處理屍體。

「葬（藏）於中野」，屍體仍舊會被野獸找到，並可能引發傳染病。為了解決這一問題，於是出現「坑葬」，人類進入坑葬階段。「葬也者，藏也，欲人之弗見也。」（《禮記．檀弓上》）當然，開始埋得不很深，對墓坑也不講究，這從距今七千年左右仰韶文化的墓葬中可以得到證明。

從現有的考古資料看，距今一萬八千年前生活在北京地區的新石器時代早期的山頂洞人就已經有了我們現在所知的中國最早的殯葬活動。他們在死者的周圍撒上赤鐵礦粉粒，並用石器和裝飾物陪葬。如在山頂洞遺址的下室，埋葬了可以辨認的三具屍骨，一具是老年男性，一具是中年婦女，一具是青年婦女，這幾具遺骨上和他們的周圍都撒有紅色的赤鐵礦粉粒，陪葬的有燧石製作的生產工具，還有石珠和穿孔的獸牙等裝飾品，而且這些裝飾品也用赤鐵礦粉末塗成了紅色。[1]顯然，這是精心安葬的。將氏族的男女老少埋在一起，反映了氏族人對血緣關係的認同，不僅生在一起，而且死後葬在一起，這可視為最早的公共墓地。紅色則被認為代表鮮血，是生命的來源，象徵著靈魂的寄生處，並包含著生者希望死者早返人間的願望。只有從這時起，人類真正意義上的殯葬才算開始。

從「棄屍」到「野葬」，再到「坑葬」，是人類早期的殯葬產生過程。

從最深厚的根源上講，殯葬的出現源於人類心理上的某種需要和認識能力上的某種覺醒，他們希望透過殯葬，即一種「正常的」安置死者的方式，使自己的靈魂有一個歸宿，並早日實現重返人間的願望。

那麼，原始殯葬是否還有諸如火葬、水葬、天葬（讓鳥獸吃盡屍體）乃至腹葬（氏族人分食屍體）等形式呢？對此，我們只能存而不論。因為即使有過，也不會留下任何痕跡。所以，嚴格地說，我們上面只是在討論人類土葬的源頭。

二、母系氏族時期的殯葬

母系氏族即以母親的血緣關係為紐帶而結成原始社會基本單位（氏族）的制度。在生產工具上，大體上相當於舊石器時代晚期至新石器時代早、中期。在中國，這一時期以距今七千至五千年前的仰韶文化為高度成熟時期（1921年首次發現於河南省澠池縣仰韶村而得名）。現已發掘的「仰韶文化」時期的墓葬又以西安市東郊的半坡遺址最為完整，這裏共挖掘了墓葬250座，其中成人墓174座、小孩墓76座。它們大體表現出如下特徵：

1.出現相當成熟的墓地：半坡的遺址分三個部分：主要部分是中部的居住區，東面是製陶區、北面是公共墓地，這與後世周禮（距今三千年）「葬於國北」原則顯然有淵源關係。半坡成年死者的墓坑排列得非常整齊，特別是墓地的西部，更是縱橫成行，呈一條條直線，間距在1米左右；東部和南部的墓葬較亂，被認為可能是本氏族非血緣關係者的墓地。

2.有了基本的埋葬方向：死者的頭絕大部分朝向西方，這表明半坡人對「西方」這一方位有某種文化學上的認識。對原始殯葬中的方向問題，有三種解釋：一是認為可能與氏族遷徙來的方向有關，將死者的頭朝那一方位是為了使其鬼魂更順利地回到老家去；二是認為與太陽的東升西落有關，人死如日落，故使其頭朝西；三是認定某方是一個特殊的鬼域世界，人死後，其鬼魂都要到那裏去生活，因而將死者的頭朝那一方向。

3.有了基本葬姿：葬姿係指死者被埋葬時的姿勢。半坡中最多的是仰身直肢葬，即面朝上、四肢伸直，且都有陪葬品。從大多數情況看，這是處理正常成人屍體的方式。其他的葬姿，如俯身葬則被認為是受到了某種「非人的」殯葬待遇，甚至生前便已受了某種處罰或折磨。俯身葬的頭朝北，都沒有陪葬品，一般不能進入公共墓地，甚至會被捆綁雙手或雙腳。這一反常的「非人的」葬姿明顯地是印有社會壓迫的烙印。從整個情況看，頭朝西、仰身直肢葬是當時正常的葬式，且凡有陪葬品的墓都是頭朝西仰身直肢葬。

4.有了較完善的陪葬品習俗：陪葬品多是陶製的生活用具，有少量的裝飾品及生活用品，如石珠、骨針，生產工具陪葬的較少。這表明生產工具尚屬於比較重要的物品，不輕易用於陪葬。顯然，半坡人認定死者是去了另一世界「生活」，在那裏同樣需要這些生活用品。

5.男女分葬：在半坡，男女分葬，基本上是單身葬。有兩座同性合葬墓，一座是四位女性合葬，一座是兩位男性合葬，年紀都是大約十四、五歲。沒有發現男女合葬墓。這表明，當時尚未形成一夫一妻制的家庭制度。

三、父系氏族時期的殯葬

父系氏族制是以父親血緣關係為紐帶，結合成原始社會基本單位（氏族）的制度，是繼母系氏族之後的階段。在生產工具上，相當於新石器時代的晚期和青銅器朝代的早期。距今約四千八百至四千五百年前的「龍山文化」[2]是這一時期高度成熟的形態。

由於生產工具的先進，社會財富迅速增長，貧富懸殊也隨之擴大起來，這在殯葬上得到了反映。考古工作者挖掘山西襄汾縣相當於龍山文化發展水準的陶寺遺址時，清理出了900多座墓葬（若全部清理，約在1萬座以上），它可以較典型地反映出父系氏族時期的殯葬特點。現說明如下：

1.同性合葬墓不見了，取而代之的是夫妻合葬墓。這表明，舊的氏族制度已遭瓦解，家族或小家庭關係在社會中已成為普遍現象。

2.排列有序的氏族公共墓地消失了，只有一個大致劃定的墓區，其中墓葬排列不很規則，交叉紊亂現象嚴重。這表明人們在埋葬死者時，是以家庭或家族為單位獨立進行的，從前由氏族的某種權威力量統一規劃墓坑的方式已不復存在。

3.使用棺木比較普遍，有的還製作得非常講究。仰韶文化中還未曾使用過棺木。這表明，此時對木材的加工能力已達到了相當高的水準。

4.社會的階級分化日趨嚴重。考古工作者將保存較完好的700座墓分為三個類型：大墓9座，占1.3%；中型墓80座，占11.4%；小型墓640座，占87%以上。大型墓的墓坑大，近方形，長3米多、寬2米多，葬具講究，隨葬品豐富，包括玉石禮器、工具、武器、裝飾品及整豬，多達二百多件；而小型墓的墓坑呈長條形，大小僅可容身，淺埋，多數無木質葬具，有的用草席捲屍而葬，就像埋一隻狗；中型墓介於兩者之間。這表明，龍山文化的社會分化已相當嚴重，因而在墓葬上才有了如此明顯的等級次序。從這裏，我們看到了後來殯葬的影子。

第二節　「周禮」中的殯葬規定

西元前11世紀，周國家建立。它繼承並發展了夏、商以來的政治、經濟和文化制度，其中包括殯葬禮儀制度，這些內容被歸入「周禮」之中。簡單地說，「周禮」就是對人們的各類行為，包括政治、經濟、軍事、民俗習慣、日常生活禮節等所作出的相應規定，其中包括殯葬禮儀規定。人們必須遵守這些規定，否則要受到懲罰。「周禮」的內容載於《周禮》、《儀禮》、《禮記》之中，史稱「三禮」。殯葬禮儀是《周禮》的基本內容之一，它反映了國家對殯葬領域的全面干預。

周禮中有關殯葬的規定，著重體現「親親」和「尊尊」的原則。「親親」即在血緣關係上要親疏有別，親愛自己的親人；「尊尊」即在社會地位上要貴賤有等，尊敬尊貴的人。「周禮」以血緣上的親疏和政治上的貴賤為核心，建立了一整套殯葬制度，概述如下：

一、確立了五服居喪制度

居喪即處於喪期之中，指父母（及尊長）去世後，子女（及臣民）在一定期限內停止「正常生活」以表示哀悼。居喪期間，禁止飲酒食肉（有病可，病癒則止）、嫁娶、歌舞、宴會、遠遊等內容；在外做官者要歸家居喪。以示報答父母養育之恩。根據生者與死者血緣關係的遠近不同，規定了五種居喪的情況，各穿不同的喪服，且居喪時間長短不同，故稱「五等喪服」，簡稱「五服」，內容如下：

1.斬衰（cuī）：喪服用生麻布製成，衣旁和下邊不縫邊，故稱「斬」（一刀斬下之意，以示生離死別），五服中最重的一種。子和未嫁女為父（母）、妻妾為夫、臣為君、諸侯為天子等服斬衰，均為三年（實為二十七個月）。

2.齊衰（cī cuī）：喪服用熟麻布製成，因縫邊，故稱「齊」。齊衰有五種情況：(1)兒和未嫁女為母三年；(2)男子為親兄弟一年；(3)已嫁女為父母一年；(4)孫為祖父母一年；(5)曾孫為曾祖父母三個月。雖然時間長短各異，但這些血緣關係都非常重要，故統稱「齊衰」。明、清後，子女為母親服喪也稱「斬衰」，而不再稱「齊衰」，以示父母同尊。

3.大功：喪服用麻布製成，但較齊衰稍精細，居喪九個月。「功」原指女功，即織布的工作，此指喪服。男子為堂兄弟、未嫁的堂姐妹、已嫁的姑和妹，及已嫁女為母親、伯叔、兄弟等都服大功。

4.小功：喪服用比大功更細的熟麻布製成，居喪五個月。男子為曾祖父母、伯叔祖父母、堂伯父母、堂姐妹等服小功。

5.緦麻：最輕的一種，喪服用精細的麻布製成，居喪三個月。男子為族裡的曾祖父母、祖父母、父母、兄弟等服緦麻。

此外，《左傳》、《史記》等歷代文獻中均有居喪的記載。

這些居喪制度體現了「親親」原則。亦即血緣關係越近的人，在殯葬上的權利與義務也越重。「親親」的意義在於尊重長輩，並以此「收族」，即團結、凝聚同族之眾，體現儒家「孝道」文化。天下多孝子，可以安定社會，所謂「家治而天下定」。漢代以後一般只有子女為亡父母或兄弟居喪，為族內人居喪的情況並不多見。因為一族內的人太多了，都要居喪有些不實際。

二、對死亡的稱謂不同

死者因社會地位不同，稱呼各異。如天子死曰「崩」，意山崩地裂，故《戰國策》中以「山陵崩」隱指君主死亡；諸侯死曰「薨」（hōng），意為傾覆；大夫死曰「卒」，終了之意；士死曰「不祿」，即再也享受不到俸祿了；最下，平民百姓死才直言其「死」。

三、殯葬規格不同

死者的社會地位不同，或死者親屬的社會地位不同，所享受的殯葬規格也不同。並非有錢就可以任意辦喪事，否則即為「逾禮」，要受處罰。比如殯期，「周禮」規定：「天子七月，諸侯五月，大夫三月，士逾月。」就是按級別不同，遺體裝殮入棺後，可以分別擺七、五、三或一個月。殯，客觀上為治喪準備提供了時間，殯期長短也成了顯示貴賤的一個標誌。

送葬人數、陪葬品的種類和多寡也有嚴格的等級規定，後世相沿。如清代，皇家、王爺、貝勒（王子）出殯時抬槓可用80人、一品大員用64人、次者用48人、再次用32人，依次遞減。民間多用8人或16人抬槓，不是想用多少就可以用多少，否則官府會予以追究。此外，墓的占地面積、碑的高度等方面也都有嚴格的規定。

上面體現了「尊尊」原則。就是說，社會地位越高的人，所享受的殯葬規格也越高。「尊尊」的意義在於蓄意顯示死者的社會等級，以刺激民眾爭相為國家效勞，體現儒家的「忠道」文化。隆重的喪禮和顯赫的墓地足以讓民眾羨慕，可謂「哀榮」。

四、規範了殯葬的操作程式

「周禮」規定了治喪的儀式，從而使殯葬操作成了有文字可依的固定儀式。《禮記・曲禮下》：「居喪未葬讀喪禮。」這表明當時的「喪禮」是有明文的。如我們今天辦喪事，有死亡驗定、訃告、殯、辭靈儀式、出殯、埋葬及孝子磕頭，然後是祭祀（如周年祭、清明祭等）等一整套儀式，這些都是從「周禮」的喪禮規定中沿襲而來。有了明文規定，人們只需照著做就行了，這對統一全國各地的喪禮起了很好的規範作用。

「周禮」中的殯葬禮儀規範給中國三千餘年的殯葬定了一個基調，秦漢以後各朝代對它們雖有所增減，但貫穿於其中的「親親」和「尊尊」（即孝道和忠道）的兩個基本原則，一脈相承地繼承下來，並影響到現今的殯葬文化。

第三節　唐代以後殯葬禮儀的制式化

西元前8世紀，周室衰微。前771年，周平王東遷，將都城從西安遷到洛陽，此後直到前221年秦始皇統一中國，史稱東周。東周又分為春秋、戰國兩個時期。這一時期天下擾攘，戰爭頻仍，西周禮制多遭破壞，喪禮亦如此，史稱「天下無道」。

西漢開始重建國家制度，包括殯葬的規範，但此類文獻早已佚失，只留下一些殘句，如墓高方面「列侯墓高四丈，關內侯以下各有差。」漢時1丈合現在231釐米，4丈合現在924釐米，相當於第四層樓面的高度。「差」即等級。即死者的墳墓高度依生前官職高低不同而依次遞減，違者必究。此外，兩漢以後也無「居喪」的規定，只是一些恪守儒道的儒生或官員自願為亡父母居喪三年，以示遵從儒學。

魏晉南北朝，天下分崩，朝代更替頻繁，中國長期處於分裂和戰亂中。喪禮多遵從各地風俗，國家沒有制定統一規範的喪禮。

唐朝甫一建立，為求社會長治久安，大肆推行「法治」和「禮制」並重的治國方針。法治上，制定了對後世影響深遠的《唐律》；禮治上則有唐太宗貞觀7年（633年）製成的《貞觀新禮》和唐玄宗時製成的《大唐開元禮》，對後世的影響同樣深遠。唐的法制和禮制中都有關於殯葬的詳細規定，有的還十分嚴厲，從而使國家對殯葬禮儀的管理繼周禮之後再一次達到全面「制式化」的高度，惟基本精神仍然是儒家的孝道和忠道。

所謂制式化，即規範化、制度化、法制化。也就是說，國家統一了殯葬操作的基本禮儀流程，將它們定為國家禮制，有的還上升到法制的高度，強制執行（如居喪）。就這樣，殯葬禮儀成為國家制度的一部分，如制定了殯葬操作儀式；按死者的社會等級（或死者子嗣的社會等級）對喪禮的規模、內容、殯的天數、銘旌的長度、飯含（死者口內所含物）、棺槨重數、墳和墓碑的高度、墓前石像生[3]、居喪、祭祀等各方面都做了相應的規定等。對逾制者做出了處罰的規定。

唐代殯葬禮儀中對後世影響最為深遠的是重建子女為亡父母居喪三年的制度，並將它納入法律範疇。《唐律・卷十三・居父母喪嫁娶》載：居父母喪，若身自嫁娶或去孝服遊樂，均為「不孝」，屬「十惡」之條，所謂「十惡不赦」。「喪制未終，服從吉，若忘哀作樂，徒三年（即判三年徒刑）；雜戲，徒一年。」「父母之喪，法合二十七月，二十五月內是正喪。若釋服求仕（即去掉喪服去求官），即當不孝，合徒三年；其二十五月外，二十七月內……

（求仕）合徒一年。」「居父母喪，生子，徒一年。」就是說，子女不居喪不僅是禮制上的「不孝」問題，而且觸犯了刑律，要判刑。《唐律》是我國完整保留下來的第一部法書，從中可以大量地看到有關殯葬的規定。

《唐律》的推行，是中國歷史上繼西周以後國家再一次全面介入殯葬，其中貫穿著「親親」和「尊尊」的原則。唐朝希望以此塑造理想人格，多出孝子忠臣，從而有益於社會治理。而且，禮制和法制在某種程度上重新合一，形成所謂「禮法」，對後世影響深遠。宋、明、清對此幾乎全盤照搬，如《大明律》、《大清律》中都有與此相同的規定，有的還更嚴厲。

第四節　中國傳統殯葬文化的四個基本特徵

中國傳統殯葬文化的基本特徵大致有三：重孝道、顯等級、隆喪厚葬。

一、重孝道

儒家文化以孝道為最基本出發點。「孝，禮之始也。」（《左傳·文公三年》）孔子以為，「孝也者，德之本」，「君子務本，本立而道生。」即孝是禮儀、道德的根本。完整的「孝道」有三個環節：敬養——禮葬——時祭。即父母在世時要尊敬地贍養；死後要以禮安葬，當然不是越鋪張越好；以後則每年按時祭祀（如清明節）。生前死後都要孝，所謂「事死如事生，事亡如事存。」中國傳統殯葬文化是以「孝道」為核心建立起來的，替亡父母治喪是在履行一位「孝子」的義務。孔子將治喪的意義提高到社會治理的高度，提出了「慎終追遠，民德歸厚。」「慎終」就是以嚴肅、悲痛、慎重的心情辦理亡父母的喪事，包括居喪，屬禮葬範疇；「追遠」即懷念遠逝的先人，感念先人哺育後人之艱辛和創業之艱難，屬時祭範疇。如此推行「孝道」，人民的道德就會歸於淳厚樸實，天下也就容易治理了。因而，「慎終追遠，民德歸厚」構成了中國傳統殯葬文化的一個綱領性的口號。對此，可參見上一章第四節「殯葬的社會功能」的第四點「社會教化的需要」。

二、顯等級

這是指在殯葬中蓄意顯示死者的社會等級。使有功於國家、造福於社會的人在死後享有「哀榮」，喪事規模上壓倒其他人，並使死者的子孫享有「餘蔭」，以此激勵生者爭相為國家效力。因而，它的本質是推行忠道。

政治上，不同的地位者去世，其稱謂不同，如「崩」、「薨」、「卒」、「不祿」、「死」、「殉國」、「赴義」、「嗚呼」等。喪禮規格上，不同地位者死後，其喪禮操辦、墳墓的高度、墓區內石像生的陳設、墓碑的大小等都有不同規定。如唐代規定：三品以上官員，墓前可設置石人1對、石羊1對、石虎1對；五品以上，墓前可設置石人1對、石羊1對。歷朝都有褒獎忠烈的制度，如漢、唐的功臣可以享受陪葬帝陵之側的待遇；以及祭祀忠烈的制度，如北京八寶山烈士公墓最早就是明代紀念明初一位於戰場捐軀的將軍的忠烈寺。

經濟上，國家對去世官吏的家屬有補貼，漢代稱「法賻」（即法定的賻）。賻指以財物補貼死者家屬，官品不同法賻的數量各異。《漢書・原涉傳》：「哀帝時，天下殷富，大郡二千石（相當於地方級最高長官）死官，賻斂送葬者皆千萬以上，妻子通共受之，以定產業。」這是官府法賻以外再加上同僚所送，由於數量極大，以致成為一筆產業。

精神上，國家還向有特殊貢獻者賜以諡號，以此表彰死者並激勵生者，如北宋名相范仲淹死後諡「文正」，故後世稱「范文正公」。歷代還給一些人立廟以紀念他們，如孔子廟、文天祥廟等。

孝道和忠道是中國古代殯葬文化中兩個最基本的原則。前者將一個宗族及其姻親的人們聯繫起來，後者將人們與國家聯繫起來，以利於人格塑造和社會治理。這樣，殯葬就不再是單純地埋葬死者的行為，而成為推進社會走向良性發展的一種手段。

當然，事情難免會走向反面。如我們看到的，中國人也常常將殯葬的「重孝道」和「顯等級」搞到形式主義乃至荒謬的程度，成了為生者撐臉面的無聊把戲。

三、隆喪厚葬

隆喪指弔唁和送殯者多，而且達官貴人雲集，因而顯得備極隆重，熱鬧非凡；厚葬即入殮衣物貴重且多、陪葬品豐富、墳墓巍峨氣派、墓區飾物（如石像生）眾多等。它的對立面是「簡喪薄葬」。

中國社會的隆喪厚葬至少可以追溯到距今三千五百年前後的殷商時代，從殷墟（今河南安陽）挖掘出來的大量墓葬資料中就可以得到證明。如商王后婦好之墓，墓坑長5.6米、寬4米、深7.5米，墓中人殉十六個，出土陪葬品有各種生活用具、青銅禮器、青銅兵器、玉器等共計1928件，品類齊全，簡直就是一個殷商時代的博物館！以此，我們還可以推測當時治喪時的隆重程度。它在當時還只是一個中型的貴族墓葬。

西漢景帝時人原涉，其母死，送殯者多權勢富貴人物，所乘的車子就有一千多輛，隊伍龐大，轟轟烈烈，招搖過市，時人羨慕不已。（《漢書・袁盎傳》）又如《紅樓夢》第十四回，描寫了賈府為秦可卿治喪時的隆喪情形：喪事辦了七七四十九天，請了100位僧人超度、99位道人打醮共49天；後來送殯到寺中停靈7日，又請了50位高僧、50位道士「做七」。「如此親朋你來我去也不能勝數。只這四十九日，寧國府上一條街白漫漫人來人往，花簇簇宦去官來。」還請了幾班戲團唱戲助熱鬧。這49天中，賈府花錢如流水。由此，中國人在世界上獲得了「最為死人操心的民族」之名聲（18世紀德國哲學家費爾巴哈語）。

隆喪厚葬很容易走向喪事娛樂化，即喪事中雜入娛樂活動的內容。喪事的娛樂化古已有之，西漢《鹽鐵論・散不足》記載了西漢中期富貴之家的喪事娛樂化：「喪事燕（通宴）飲」，甚至「歌舞俳優，連笑伎戲」的情況。俳（pái），滑稽戲；優，演戲。俳優是中國相聲的早期形式，開玩笑做怪樣子逗人發笑。伎（jì）戲，指雜技、音樂、唱戲等活動。這正是儒學成為「國學」並盛行天下的時代。

明初，御史高元侃上書：「『京師人民，循習元氏（指蒙古人）舊俗，凡有喪葬，設宴、會親友，作樂娛屍，惟較酒肴厚薄，無哀戚之情，流俗之壞至此，甚非所以為治。且京師者天下之本，萬民之所取則（準則），一事非禮，則海內之人轉相視效，弊可勝言？況送終禮之大者，不可不謹。乞禁止以厚風俗。』上（指朱元璋）是其言，乃詔中書省令定官民喪服之制。五年（1372年）六月，定喪禮。」（《天府廣記・卷十六・喪制》）可見，元代喪事娛樂化更甚，明初相沿如故，引起明初知識階層的反對。

喪事的某種娛樂化，其本意可能在沖淡喪事的悲哀和恐怖氣氛，表達人們對於死亡的「抗爭」。問題是，喪事往往被搞得過分了，成了一場純粹的娛樂活動。現在有些地方甚至將追悼會變成了一場「歌咏晚會」，載歌載舞，嘻嘻哈哈，招徠看客，毫無「哀戚之情」。似乎喪事不如此吵鬧就不體面，構成中國民俗中獨特的「吵文化」，對死者的不恭或嘲弄實是過了頭，一個壞傳統「有傷孝道」，當予以「禁止以厚風俗」。

第五節　殯葬是社會的一面鏡子

殯葬是社會的一面鏡子。透過它，我們可以從一個側面瞭解那個社會。

首先，可以看到當時的生產力水準及物質生活狀況。每一時代的物質技術條件都會運用到殯葬領域來，如透過對古代墓葬的研究，可以知道那時社會的物質生產水準和人們的生活狀況；同樣，我們今天的殯葬服務就運用了程式控制火化爐、電腦、冰櫃、汽車等現代化的物質技術條件等。

其次，可以看到當時的社會結構、社會關係以及社會財富的分配狀況。比如透過仰韶文化整齊劃一的墓地，我們看到了那時大致平等的氏族社會關係；等級森嚴的龍山文化墓葬則反映了階級分化日趨嚴重的社會關係；國家時代的殯葬制度則反映了階級之間的某種對立，以及國家有意識地運用殯葬，達成某種社會目的意圖。

再次，可以看到當時人們的世界觀和人生追求，以及社會風尚和道德水準。比如，隆喪厚葬從來就不是孝心的體現，而只是生者之間鬥富和沽名釣譽的手段。當一個社會普遍地走向奢靡虛浮，感官主義、縱欲主義盛行之時，隆喪厚葬的攀比之風才會掀起，並愈演愈烈。因而，一個社會狂熱的隆喪厚葬之風，所反映的只能是該社會道德水準的普遍降低，人情的虛偽、社會風俗的虛浮。

正因為如此，瞭解一個社會的殯葬習俗就成為瞭解社會整體狀況的不可缺少的環節。可以說，不懂得殯葬文化就不可能真正的理解這個社會。

註　釋

❶ 賈蘭坡（1950）。《山頂洞人》。上海：龍門聯合書局。

❷ 龍山文化因於1928年，於山東章丘縣龍山鎮被發現而得名。龍山文化與仰韶文化間有明顯的繼承關係，並被認為是夏、商國家時代來臨的前階。

❸ 石像生係指翁仲（即古代所稱之銅像、石像，後被用以稱墓前石人）、石人、石獸，古時只有為官者才能設置兩兩相對的石象生，帝王或貴族的墓前，也往往用仿作的文武官及石像排列而立，用來保衛陵墓。

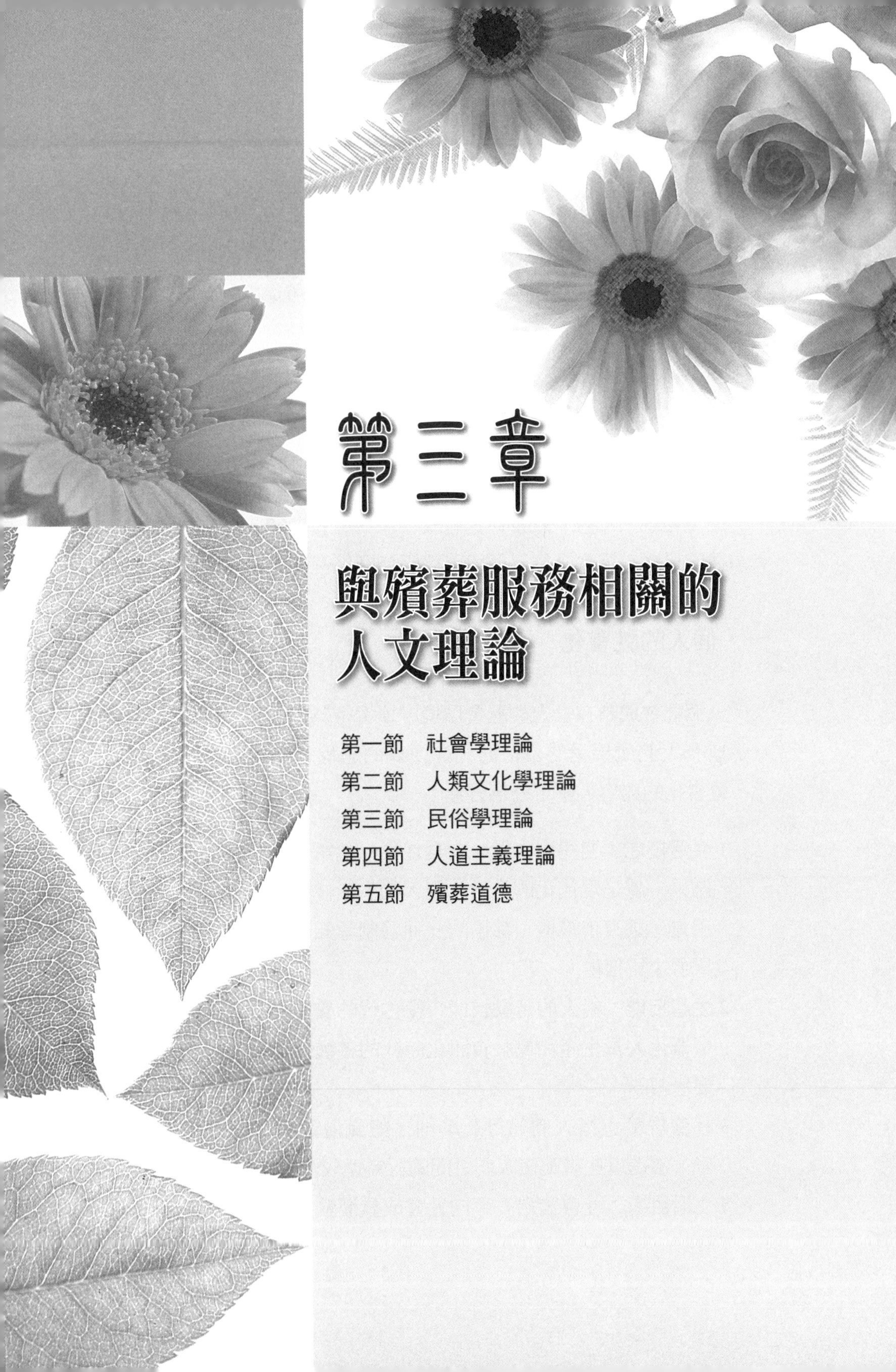

第三章

與殯葬服務相關的人文理論

殯葬服務與社會學、人類文化學、民俗學、社會心理學等人文科學理論密切相關，並受這些學科發展的影響。本章對相關的一些人文理論進行討論，這將有助於提高我們對自己所從事的職業的認識，進而提高服務品質。

第一節　社會學理論

簡單地說，社會學就是研究社會現象、社會問題、社會秩序及其規律的科學。這裏介紹五個與殯葬服務關係密切的社會學理論。

一、個人的社會化

一個社會成員在一定的社會環境中學習行為規範和科學技術，逐步成為人們所接受的合格的社會成員的過程，稱為個人的社會化。社會化的內容大體可分為五類：

1.生活技能：嬰兒出生後，衣食住行以及語言都是社會教育的結果。越是現代化的生活，對人的生活技能要求就越高，如用電、乘火車飛機、都市的交通管制等知識和技能都是需要學習才能獲得。

2.生產技能：指人的勞動技能，從古代的農業、手工業到現代機器化大量生產和電腦資訊化時代的各種生產技能，也是需要學習的。

3.社會規範：指人們的行為準則，如風俗習慣、道德、法律等，透過這些規範使人們之間的行為達成一致。

4.生活目標：社會透過教育向社會成員灌輸人生理想、價值取向、信仰，以使人們形成一定的人生觀。

5.社會角色：社會角色就是一個人的社會身分，如父親和兒子之間、同事之間、領導和下屬之間，人們總是在扮演著一定的社會角色。有時，人們同時扮演著幾個不同的角色，如一個人在父母親面前是兒子，在兒子面前又是父親，在妻子面前則是丈夫。不能準確地進行社會角色的定位，在社會學中被稱為「人格障礙」。

個人的社會化又是人的個性的形成和發展過程，是一個從「自然人」到「社會人」的過程。同時，成年人也需要不斷的社會化，因為成年人也存在著一個不斷學習和適應的問題，所謂「活到老，學到老」，在知識更新越來越快的現代社會更是如此。

我們從事殯葬工作，從職業心態、對職業的定位，到不斷提高自身各方面的素質，都存在著一個不斷的社會化過程。例如在加入「世界貿易組織」（WTO）以後，面對殯葬服務的新形勢，殯葬職工們更應提高自身素質以適應時代的要求。

二、社會群體

社會群體是人們透過一定的社會互助或社會關係而結合起來進行共同活動的集體。通常，社會交往是透過社會群體進行的。社會學對社會群體有多種劃分方法，這裏只講「正式群體」和「非正式群體」：

1.正式群體：是人們根據一定的組織目標和組織原則建立起來的群體，內部有較強的凝聚力，有共同的利益和價值認同，如學校、企業、政黨等。

2.非正式群體：人們根據自己的興趣、愛好或其他某種需要自發形成的群體，內部聯繫較鬆散，成員之間的地位和角色沒有嚴格規定，如球迷協會、釣魚協會、朋友群等。

殯儀館、公墓為正式的社會群體。因為它是「根據一定的組織目標和組織原則建立起來的」經營性企業。喪戶則屬於非正式的社會群體，他們之間或是親朋或是同事，由治喪的需要聚集在一起，喪事完畢則分散。此外，殯葬行業的人相互之間的集會有一種親切感，也屬非正式的社會群體。

作為一個「正式群體」的殯儀館或公墓，其內部應有一定的凝聚力，比如愛護本單位的環境、以優質服務來共同塑造本群體的良好形象等。對於喪戶也應當認識到，他們在行為上可能是感情化的、不穩定的、好衝動的，因為他們是「非正式」的喪戶群體。

三、社會分層

社會分層是根據某一標準將人們劃分為若干等級層次，以便於分析社會結構，更精確地認識人群。

社會學上劃分的標準不同，因而形成了不同的派別。如馬克思按人們占有「生產資料」的多寡，將人們劃分為不同階級，進而又劃分為不同階層。19世紀末20世紀初德國社會學家韋伯認為，生產資料的占有不是社會分層的唯一標準；此外，一個人的「地位」（如家族世系、榮譽、受教育程度、職業等）、「權力」（如在政府或軍隊中擔任的職務等）、「收入」（如實際年收入）等也是社會分層的一個根據，此劃分方法對社會學產生的影響很大。

當然，還可以將人們按性別劃分為男女社群；按年齡劃分為青年、中年和老年；按受教育程度劃分為初等教育階層、高等教育階層；按職業劃分為不同的職業集團；按宗教信仰劃分為中國儒家文化式、基督教式、伊斯蘭教式和佛教式人群；按地域劃分為東部人群和西部人群等等。

喪戶擁有的地位、權力和收入水準各異，屬於不同的消費層，擁有不同的消費能力。殯儀館和公墓對他們在服務態度、服務品質上應一視同仁，而不厚此薄彼。如果我們露出一副勢利嘴臉，就會對喪戶造成加倍的傷害，也有悖於服務業的宗旨。同時，一個地區的一般消費水準是殯儀館和公墓決定服務定位的依據，即殯儀館和公墓的主要服務群體是誰，此為企業決策和企業定位的問題。

再次，居民的宗教信仰也是殯儀館和公墓在確定服務時所必須考慮的問題。如美國紐約市就有不同的殯儀館，除基督教式外，還有猶太人的、黑人的、伊斯蘭教的、佛教的、中國式等殯葬禮儀服務，喪戶可以根據自己家庭的宗教信仰、收入水準等因素選擇殯儀館。

正因為如此，殯儀館和公墓對自己服務地區的人群應有一個清晰的社會分層概念，在殯葬服務進入市場經濟以後更是如此。

四、社會互動

人們之間的言論或行為的相互影響就是社會互動。一個人的言論或行動都會對他人（進而對社會）產生一定的影響，從而導致他人產生相應的反應，進而循環並升級。比如，人們在特別清潔乾淨的環境較少亂扔雜物，因為這種環境對人有一種制約作用，會促使人去保護這一環境。文明的人群中，人也會變得文明，這是良性互動。反之，就會出現非良性互動，造成惡性循環。

影響互動的因素，一般有如下五點：

1.空間因素：互動是在相互可接觸的空間距離內，而且相互距離越近，接觸越頻繁，其互相影響的可能性就越高。如俗語「遠親不如近鄰」，就是因為很近（近鄰）而發生的良性互動，而「同行生嫉妒」則是因為距離太近（同行）而發生的非良性互動。現代社會中人們之間互動的頻率高於古代社會。

2.生物因素：指人們的生物本能、特徵影響到人們之間的互動，如人的食欲、性欲、對美的喜好、情緒、智力和體力等，都會影響人們之間的互動。如人們看見美好的物件就會樂於接近，反之則反應冷淡；情緒、智力和體力高昂時期，人們對事物就會反應熱烈、敏捷，而低落時期則反應冷淡，如此等等。

3.心理因素：人們的性格差異會影響到互動的內容和風格，如性格內向者與人交往就缺少熱烈度，但交往可以持久，而性格外向者容易一見如故，但友誼難以持久；脾氣暴躁者難以與人相處。

4.社會因素：指人們的社會地位、財產、權力等不同，因而其互動會有不同的內容和方式。如俗語「貧居鬧市無人識，富在深山有遠親」。社會地位高的階層，其交往就愈注重禮儀形式；社會地位高者與社會地位低者相交往時通常很隨和，少有架子，而社會地位高不高低不低的人，反而多喜歡裝腔作勢等。

5.文化因素：文化教育程度的不同會造成價值觀、興趣、判斷諸方面的差異，進而影響到人們的互動。如文化層次較高者之間的交往顯得「平淡」，所謂「君子之交淡如水」，而下層社會的交往通常是非常親熱，但翻起臉來卻六親不認。語言也屬於文化因素，語言人際互動的影響是不言而喻的，如語言幽默者多能為人所接受。

殯葬作為一個服務行業，殯葬職工為喪戶提供服務就是一個互動的過程。殯儀館和公墓的環境綠化、布置、職工的儀態舉止及優質服務等，目的是希望達成良性互動，其中最重要的環節是優質服務。我們在與喪戶開始接觸時，就應該對喪戶做一個大概的估價，以利於準確地把握與對方的互動。當喪戶有過激的言行時，我們應當控制自己，以更溫和的態度去軟化對方，不可「對等互動」，防止激化矛盾，失去轉圜餘地。

五、社會控制

社會控制是透過一定的手段將人們的行為限定在一定的範圍內，從而獲得某種秩序的過程。社會控制是一種有目的、有意義的社會統治，旨在求得理想的社會秩序，防範不良社會問題的發生。

社會控制是透過如下形式進行的：

1.風俗習慣：是人們長期在社會生活中自發形成的、歷代相沿的行為方式的總和。它代表著一種秩序，當人們遵循著一定的風俗習慣做事時，便是在遵從著某種秩序，如人們見面時互相打招呼，敬老尊賢等。
2.道德：是自發地調整人們之間、個人與社會之間關係的行為規範的總和。道德所追求的是「真、善、美」，反對「假、惡、醜」。道德對人的影響或控制是潛移默化的。
3.宗教：宗教是一種與人格神相聯繫的信仰，與此相應的則是一整套行為規範，如幾乎所有的宗教禁條中都有「不偷盜」、「不姦淫」、「不殺戮」等規定。以神的名義對人們的行為予以控制一直是宗教的一個社會功能。

4.法律：法律是由國家頒布的、予以強制執行的一種行為規範的總和。它的最大特點就是「強制性」，即與懲罰相聯繫。

5.社會輿論：為社會絕大多數人所認同的、廣為傳播的社會意見。它對單一個人具有相當大的壓迫力，使人有所畏懼。但社會輿論是不穩定且經常發生變化的。

社會控制體現了社會學的實踐功能，它是一個綜合工程。如新建殯儀館或公墓強制推行火化，這些會涉及到殯葬改革中宏觀的社會控制。因為它們有可能遭遇到某種反對，為防止失控，我們必須擁有防止失控的必要力量（如政府支援），並儘量改善硬體、加強宣傳等以減少反對。控制喪禮場面、維持治喪高峰期間館內的秩序、調整與周邊的關係、管理好自己的殯葬職工、職工控制好自己的行為，以求與喪戶達成良性互動等，這些都是殯葬服務中微觀的社會控制。

第二節　人類文化學理論

人類文化學是研究人類文化的起源、性質、功能及規律的學科。這裏簡略介紹兩位西方文化人類學家及他們對於殯葬的見解，以幫助我們加深對殯葬的理解。

一、Gennep的「人生之節」及其「通過禮儀」

Arnold Van Gennep（1873-1957），是20世紀最有影響力的文

化人類學家之一，他最具影響力的著作是《通過禮儀》（*The Rites of Passage*, 1909）。「通過禮儀」，也稱轉移禮儀、推移禮儀。

Gennep認為，人一生中要經歷不同的階段，即個人生命的幾個重要關口，亦為若干的「階段」，如出生、入學、成年、工作、結婚、生兒育女、死亡等。這些「人生關卡」意味著個人在所屬的集團內獲得了身分的變化和新的義務，人也依次扮演著不同的角色。出於保障平安的心理需要，人們在通過這些「人生關卡」時總要舉行一些儀式與活動，以幫助這些關鍵時刻的「安全」渡過。如中國人為新生嬰兒辦滿月酒、生日宴會、男子二十行加冠禮、女子十五行笄禮、新婚儀式中拜天地、拜父母、夫妻對拜等。Gennep將人們這些「人生關卡」期間舉行的儀式及活動概括稱為「通過禮儀」。

Gennep將「通過禮儀」分為三類：(1)分離（separation）儀式，即個體與原有的社會相脫離、相隔絕的階段所舉行的儀式；(2)過渡（margin，或稱閾限）儀式，即從一種狀況進入到另一種狀況的中間階段（或等待階段）所舉行的儀式；(3)整合（aggregation）儀式，即在與新的社會關係結合為一體的階段所舉行的儀式。他用這一理論對殯葬禮儀進行了具體的分析，指出：

1.殯葬禮儀中的「分離儀式」：表示斷絕死者與原來社會的關係，其儀式性的行為有覆面巾、移屍出房、殮屍入棺，焚燒死者的生前用物，乃至殺殉其妻妾、奴隸、牲畜，出殯時砸破一個碗等。諸如棺木、墳塋、墓地等均可視為物質性的隔離措施。在一些原始部落則還有將死者的靈魂驅趕出房屋、村落乃至部落領地的儀式。
2.殯葬禮儀中的「過渡儀式」：是死者進入另一世界的等

待、準備階段舉行。喪禮中一般都有的停屍待葬的時間（「殯」）就是過渡期的標誌，有的民族甚至還要等待屍體完全腐爛後再行二次葬儀式，即撿骨再葬。對生者來說，在治喪期間，常規的社會活動是停止的，並有相當的習俗、各種殯葬禁忌，如孝子女喪期禁食酒肉、夫妻分居等。

3.殯葬禮儀中的「整合儀式」：具有將群體成員重新聯繫起來的作用，如殯葬期間的親朋鄰里相幫、安慰喪主、宴飲、喪後喪主對他人的答謝、祭祀等。集體的鏈條由於某成員的死去遭到破損，整合儀式便進行修復動作，發揮使群體重新聯繫起來的作用。

「通過禮儀」理論還被作為一種普遍性模式用以解釋人與自然、社會的關係，如自然季節交替的分界點，以及相伴隨的一些活動，如中國人的二十四節氣、過年，基督教的復活節等。各民族的這類儀式儘管有形式和細節差異，但基本模式相同，即共同的功能是（心理上的）「通過」。

二、Malinowski的「文化功能主義」

B. K. Malinowski（1884-1942），也是20世紀最有影響力的文化人類學家之一。他的基本思想是：每一種文化及其活動、儀式都有相應的「社會功能」，殯葬禮儀活動也是如此。他認為，即便是很原始的民族，人類對待死亡的態度、情緒都是非常複雜和矛盾的，即對死者的留戀、愛慕，和對屍體的反感、恐懼。這二種心態的深層心理結構是對於永生的渴望和對於死亡的恐懼。一方面是渴望永恆的生存，另一方面卻是冷冰冰的現實，屍體腐爛、生者的永遠終結。

這時，宗教使人們相信靈魂是不死的。一切殯葬和祭祀的儀式都是為了死者去過一種永恆的靈魂生活，或有助於死者的靈魂順利地達到那裏，或使靈魂能順利地再次投胎轉世等。這類關於靈魂永存的（宗教）神話就成了一切殯葬禮儀規範的理論根據。由此，人們對於死亡的恐懼、焦慮被最大限度地或徹底地消除了，對於永生的渴望也得到了最大的滿足。這就是宗教的社會功能。

Malinowski還揭示出了殯葬儀式的「心理撫慰功能」。所謂撫慰，不僅是安撫垂死者，相信死後的存在，戰勝死亡恐懼；也要安撫生者，使他們心安理得，即所謂「死者安祥、生者慰藉」。因而，殯葬禮儀不可缺少的文化價值在於使「個人精神得到完整」。他還揭示了殯葬禮儀的「社會整合功能」。他看到，當一個人去世時，其親屬和地方上的人總要聚集起來，參與治喪，這在世界各民族都是相同的。這種「聚在一起」的禮儀活動有助於人們克服因死亡而造成的削弱、瓦解、恐懼、失望等離心力，從而「使受了威脅的群體生活得到最有力量的重新統合的機會」。這樣，透過個體和群體之間聯結的加強，從而保持了文化傳統的持續和整個社會的再接再勵。

透過上述文化人類學觀點，我們也就能理解，任何一個社會中，殯葬禮儀決不是可有可無的，各時代人們為什麼要花那麼大的精力去治喪。

第三節　民俗學理論

民俗學最早由英國學者湯姆斯（W. J. Thomas）於1846年提出。民俗學是透過研究民間的風俗習慣、民間故事和傳統，從中發現人們的生活規律、生活情趣、生活價值、人生理想和道德規範的科學。民俗學不僅研究古代的民俗（文獻、民間傳說等），更側重於現在正流行的民俗（依靠民間調查）。透過這些民俗現象的搜集工作，進而揭示民俗活動的規律和社會意義。

任何一個社會，都有四大類民俗活動，即婚、喪、節、壽。「婚」即婚姻嫁娶，所謂「男大當婚，女大當嫁」。它關係到一個社會或家族（家庭）的子嗣延續，又關係到人們所追求的穩定的生活模式，故各民族均將婚姻視為大事，極為重視，並極盡排場。在中國，由於婚姻活動中多用紅色，故又稱「紅喜事」。

「喪」即殯葬。屬於「死亡文化」範疇，也就是我們所要研究的殯葬服務。由於中國喪事傳統用白色，故又稱為「白喜事」。

「節」即時令節氣。時令即季節，節氣即年節。如中國農曆的二十四個節氣，其中的立春、立夏、立秋和立冬是一年中的季節轉換的節點；年節則有正月十五、三月三、七月十五、八月十五、九月九、臘月二十四過小年、三十過大年等。這些在人們的心理上是一些具有象徵意義或神秘色彩的日子；其中，陰曆「過年」又是中國人最重要的節日，民俗活動最為隆重。舊時中國民間過年必祭祖。

「壽」即祝壽，中國人重生，故重做壽。從嬰兒出世做滿月起，幾乎每年都要做生日，而尤重12、20、36、50、60、70等生日，12為本命年生日，20為男子「加冠」的年紀，36為三個本命年，很多地方認為36歲以後死了不叫「短命鬼」，50年半百，60為「花甲」（即甲子紀年的一週期），70為「古來稀」等。還講究「男做進，女做滿」。年紀越大、子孫越多，門第越貴，做壽就越隆重。一些農村舊俗，給70歲以上老人做壽，子孫要下跪。

那麼，民俗活動社會意義何在？大體上在於：(1)使人們的行為趨向一致：即人們都循著同一規範做事，於是便具有了「社會控制」的功能；(2)娛樂功能：如春社、過年，及婚姻、節、壽的娛樂性質，能夠調節人們的心理情緒，勿使太緊張而心理失調；(3)教育功能：民俗活動中深藏著對人的教化，如儒家的「敬老」道德就在中國民間風俗中有悠久的傳統，重陽為敬老節，新婚夫妻拜堂時有拜天地、拜父母、夫妻對拜、清明祭祀先祖等，這對人都有著教育作用；(4)審美功能：即人們將美的觀點融入娛樂中，從中受到美的薰陶等。

殯葬習俗是一個社會中最重要的民俗活動。在四大民俗活動中，「喪」所包藏的文化內涵最深厚，對人的心靈震撼最深刻，對人們的教育意義也最大，因而對社會的影響也更為深遠。

民俗是可以改變的。我們現在進行的殯葬改革就是在繼承優秀的殯葬民俗傳統的同時，也在塑造一種新的殯葬民俗（「樹立殯葬新風」）。殯葬職工懂得一些民俗學方面的道理，對於提高殯葬服務工作的品質無疑大有幫助。

第四節　人道主義理論

人道主義，譯於英文humanism一詞，又譯為人本主義、人文主義。human的含義是：(1)人的、人類的；(2)凡人皆有的，顯示人的特點的；(3)有人性的、通人情的。ism意為「主義」、「思想」。因而humanism又可以直接理解為「人類的」、「人性的」、「人情的」的「主義」。人道主義作為一個思想體系產生於15世紀前後義大利北部的一些城市，後傳播到歐洲及世界各地，對人類五百年的歷史產生了深遠的影響。

人道主義是一種以人為本、以人為中心、以人為目的的學說。「本」即根本。它主張：關懷人、尊重人、幫助人，主張人格平等、互相尊重。這樣做就是「人性的」、「人道的」，否則就是「非人性的」、「非人道的」。

殯葬服務是直接為「人」服務，這裏既指「死者」，也包括生者。此時，生者和死者都享有受「尊嚴」、「關懷」的權利。死者雖然已非法律主體意義上的「人」，但在殯葬文化學意義上，死者是「往生者」，即過去曾生存於我們社會中的「人」，是「另類生命體」。因而要以「人道主義」的精神對待將死者。因而，優質的殯葬服務必然是最徹底的人道主義。

儒家主張「事死如事生，事亡如事存」，這實際上是中國古代在殯葬問題上的「人道主義」。世界各民族的殯葬在這一點上是相通的，即承認死者的「尊嚴」。這些都集中體現了一個價值觀念，即「以人為本」。

「人道主義」是殯葬服務最直接的理論基礎，它反映了一個社會的文明發展程度。

第五節　殯葬道德

每一個社會都要制定一些規範來約束人，以防止人們的任意性造成混亂。當然，這些規範同時也是在滿足人，因為沒有規範下的秩序任何人也滿足不了。人類社會的約束規範大體分兩大類：道德和法律。

法律是由國家頒布或認可的，並由國家保證強制執行的行為準則。它的最大特點是強制性，執行者是國家。它以「合法」與「非法」為評價標準。道德是依靠人們的內心信念、傳統習慣和社會輿論來維繫、協調人們利益關係的行為規範的總和，它的最大特點是依靠人們的「自覺性」和輿論「監督力」，即自我約束與社會輿論對人形成的壓力。道德以「善」、「惡」為評價標準。

當社會的一般道德與一定的職業相結合時，便產生了職業道德。職業道德是一個行業內所應遵守的行為規範的總和。職業道德和社會道德的精神是一致的，如社會道德主張人們要「誠實」，舊時商業也提倡「童叟無欺」。

殯葬道德是一種特殊的職業道德。所謂殯葬道德，就是殯葬職工在提供殯葬服務時應遵守的行為規範的總和。有時，還可以將殯葬道德理解為人們在某一殯葬環境中應當遵守的行為規範，如在治喪的環境中不要喧嘩嬉戲、不要唱歌、不要任意踐踏墓地等。

殯葬道德以人道主義為基礎，將社會道德的一般性和殯葬行業的特殊性相結合所形成的道德規範。其內涵至少在於：

首先，給死者以人道主義的對待。殯儀館是提供人生最後一次服務的場所，給死者一個體面的對待，享受最後一次人生服務，使死者安祥、生者慰藉，這既是殯葬服務的行業要求，也是殯葬職業道德的要求。如翻板式進爐車由於屍體沉重地掉在爐膛上，被認為是對死者「不尊重」，因而改進為履帶式進爐車。這樣，進爐時屍體是輕輕地移上爐膛的。這反映了殯葬職業道德意識的提高。火化時，用鐵鏟翻動屍體也被認為「不文明」、不道德的行為。

其次，為喪戶提供優質的殯葬服務。實際上，這也是「等價交換」的商業原則。因為，喪戶已經繳納了費用，因而殯儀館就有義務提供「等值的」，即「優質的」殯葬服務，對喪戶不耐煩、給臉色、索紅包等行為，均屬不道德行為。商界的「顧客是上帝」原則同樣適應於殯葬行業，喪戶也是我們的衣食之源，沒有理由不提供優質的殯葬服務。

其三，要有殯葬良心。所謂良心，即人們在無人監督的情況下，憑道德的自我約束而做出善惡選擇的能力。良心是道德的最高境界，如對死者及其家屬懷有同情心、安慰極度傷心的喪戶、任何時候都按操作規程提供服務等，應該說是上升到了殯葬良心的範疇。既要喪戶「沒有意見」，更要自己「心安理得」，如孔子說的「己所不欲，勿施於人」，亦即所謂「將心比心」。

如混屍燒是殯葬行業最不道德的行為。關上鐵門燒，不准喪戶到爐邊看，或隨便鏟一點其他死者的骨灰打發喪戶走，這種種行為更加重了喪戶對殯儀館的猜忌和不信任感。殯葬職工應經常反思，如果是自己的親人或親屬，自己又希望什麼樣的殯葬服務呢？試想當我們在商店買了偽劣商品時的感受，又何況是「死人」一類的大事呢。

第四章 現代殯葬服務的規定性

現代殯葬服務是在現代社會的條件下形成的一個特殊的服務部門，因而它具有一些相應的「規定性」。本章討論現代殯葬服務的由來，以及現代殯葬服務的規定性。

第一節　西方國家殯葬服務的社會化

西方現代殯葬服務業是隨「工業革命」而興起的[1]。18世紀60年代工業革命以來，西方各國的工業化、城市化進程加快，人口遷徙愈益頻繁，大量的人口湧入城市。在工業集中、人口稠密的城市，要像古代農業時代那樣以一家一戶為單位治喪已不可能，也不能適應社會發展的要求。由於人口的增長，工商業及城市對用地需求的日益增加，防止殯葬對土地的濫占及對環境的污染，以科學和衛生的要求對殯葬進行統一的管理勢在必行。工業革命以來現代社會的一個最大特點在於各行各業逐步實現社會化分工，殯葬服務業也是如此。

所謂殯葬服務的社會化，就是將殯葬服務作為一個服務行業，由經過專門訓練的具有專業操作技能的職業階層來承擔。傳統一家一戶的治喪形式會逐步消失。這就是殯葬服務的職業化、專業化，它是工業化、城市化發展的必然要求。

所謂現代的殯葬服務，指運用現代的科學技術設施並在現代人文科學理論指導下所提供的殯葬服務。如程式控制爐、消煙除塵設備、幽雅的環境、電腦、冷藏櫃、豪華型靈車、豪華型奠禮廳等服務設施，體現了人道主義價值觀、人性化服務、人的尊嚴（人權），是一種弘揚人道主義的溫情服務。

日本公文俊平主編的《日本進入服務產業新時代》[2]一書，描述了服務業的社會化過程：「服務需求產業源於人類自身的需求，如原始人之間的安慰，處理傷口。」工業革命後，工業化、城市化的發展，服務業獲得了大發展，許多服務形式，如飲食、服飾、鞋襪、幼教、養老、職業教育等，從前都是一家一戶的事，現在多已採取社會服務的形式，且形成諸如旅遊、賓館、電影、電視等文化娛樂、教育等許多新的社會部門。到20世紀70年代，西方工業發達國家的服務業從業人員，超過社會就業人數的50%，即超出了第一、第二產業就業人數的總和，形成了一個全新的產業部門。西方經濟學界稱這一嬗變為「第二次產業革命」，認為人類社會從此「進入服務產業新時代」。所謂服務業的社會化，指一個社會形成了門類齊全的專業化的服務體系，也就是服務業全面走向市場。

日本第三產業於20世紀60、70年代出現了「服務經濟化」的熱潮，於1986年1月，服務業的就業人數已超過全國就業人數的50%。這一時期日本殯葬服務業的占有率情況為：專業服務業約占65%、互助會占25%、自助形式占10%。也就是說，殯葬的專業化服務占了絕對優勢。

第三產業廣泛興起的原因在於，物質豐富後，閒暇時間增加，人們更追求自我實現、自我價值，更重視自己的精神需求、尊嚴的滿足。殯葬服務業也是隨著這一浪潮而發展起來的，「人的尊嚴」被作為該行業的最高準則。殯葬教育也隨之興起，出現了以院校形式的殯葬教育，如美國辛辛那提殯葬服務學院等，以代替從前那種父子相傳、師徒相傳的殯葬服務技能傳授的傳統形式。歐美等國還建立了殯葬行業規範，只有接受過專門的殯葬服務教育並獲得了相符證書者才允許進入殯葬服務行業，相當於「從業資格證制度」。殯葬服務終於被視為是一個正規的服務行業。

第二節　中國現代殯葬服務的興起

中國現代的殯葬服務是受西方殯葬服務社會化模式的影響，隨著中國的現代化進程而逐步興起的。

1840年鴉片戰爭以後，西方列強蜂湧進入中國，在中國劃分勢力範圍、建立租界。隨後，他們在租界內開辦殯儀館、火葬場和公墓，辦理本國人的喪事（西方人一般無死後歸葬故鄉之俗）。上海開風氣之先。1844年，英國人開辦了公共墓地——山東路外國公墓，這是外國人在上海開辦最早的公墓。19世紀末美國人韋倫斯在上海開辦了第一家殯儀館，專門辦理洋人殯葬。由於收費甚高，國人無人問津。1927年，英國人在上海租界工部局開辦的靜安寺公墓的火葬處，安裝了上海第一隻煤氣火葬爐，這是中國第一處現代意義上的火葬場（中國古代的火化是以柴焚屍）。

1931年，南昌人陶醒予（家瑤）以恢復中華傳統禮儀為號召創辦了殯儀館，這是國人開設的第一家殯儀館，也是中國現代殯葬服務的發端。隨後政府開始全面對殯葬進行管理，推行殯葬改革，如在城市建立殯儀館及公墓，並完成初步的法制化，如《殯儀館等級標準》及《殯儀館等級評定辦法》，按占地面積、建築施設以及當地火化率等綜合條件分為三個等級，並規定了相應的評定辦法，這些作法使得殯儀館的建設、管理和評定有了一個統一的標準，讓殯葬服務的社會化在全中國展開。

第三節　現代殯葬服務的三大基本原則

現代殯葬服務有三大基本原則，體現人的價值和人性的尊嚴，並保證服務的品質。它們是：

一、人道主義原則

殯葬服務是為人服務，不僅是為死者服務，而且是為生者服務。殯葬服務的最高目的在於使死者安息、生者慰藉，這些都是做人的工作，因而以人為本、尊重人、尊重生命的人道主義原則就成了殯葬服務的第一原則。人是社會的第一存在，沒有人，世界上的一切都將變得沒有意義。尊重死者就是尊重喪戶，尊重喪戶就是尊重人類。

視亡者如同類、視喪戶如親屬，承認死者的尊嚴，以虔誠的態度為死者服務，這便達到人道主義的高度。在這一意義上，殯葬服務比其他的服務業，如旅遊、商業等更能直指人的生命深處，對人具有更強烈的震撼力。

二、孝道原則

中國傳統的殯葬文化，是將治喪視為履行孝道的一個環節來看待，所謂「事死如事生，事亡如事存」、「死者為大」、「孝道盈天」，這些都是指孝子應當以虔誠的孝心治喪，並非鼓勵隆喪厚葬。傳統的殯葬服務是以助人當孝子為目的。

現代的殯葬服務需要繼承這一優秀的文化傳統，殯儀館、公墓提供的服務也是在助人當孝子，助人完善孝道，因而要以莊重、恭敬的態度替喪戶服務，以這一精神去提供殯葬服務，盡力滿足喪戶的合理要求，從而達到殯葬服務的孝道應有的高度。

清明祭祀也是現代殯葬服務的一個內容，體現的仍是一個孝道原則。祭祀者在心靈深處是將死者當作「另類生命體」看待，即「事亡如事存」或「事死如事生」。

三、喪戶至上原則

工商業和服務業提倡「顧客是上帝」，殯葬也是服務行業，因而應當遵守「喪戶至上」的原則。也就是說，急喪戶之所急、想喪戶之所想，為他們提供法律允許範圍內的一切服務和方便。只有真正確立了「喪戶至上」的原則，殯葬服務業才有可能真正成為社會所認同的第三產業的一個部門。在殯葬服務市場經濟環境中，它也將成為一個殯葬單位能否生存下去的前提。

殯葬服務的三大基本原則都是以人為中心，是「人的原則」。由於喪戶遭受喪親之痛，還有的喪戶可能早已被久臥病床的親人折磨得形神憔悴，若再加上對殯葬的無知，此時難免茫然無措。因而喪戶在此時屬於弱勢群體，我們應當去幫助他們渡過難關。

殯葬服務有兩個層次：處理遺體的服務層次和人性化的服務層次。目前的殯葬服務大體上還停留在處理遺體的服務層次上。以下是目前殯儀館的大致情形：

(一)服務模式陳舊、僵化

目前的殯葬服務模式是「以我為中心」，即基本上坐等喪戶上門，人稱「姜太公釣魚」。服務行業的模式應當是「以客戶為中心」，在殯葬行業則是以喪戶為中心，而不是以殯儀館為中心。

(二)服務內容單調

殯儀館大體上還停留在「我有什麼就賣什麼」的經營方式上，服務內容非常貧乏，殯葬服務還處於經營水平粗糙的情況。一支《哀樂》全國所有的殯儀館都播，一個簡單的追悼會形式所有的喪禮上全用；收殮、冷藏、草草化一個妝、開一個簡單的追悼會、火化、裝骨灰，喪事就結束了。殯儀館的營利也主要靠出售喪葬用品，如骨灰盒、火化棺等。服務行業應當是「客戶需要什麼我就賣什麼」，深化殯葬服務還大有潛力可挖，而體現服務品質、殯葬文化也在這些環節上。

目前，中國殯儀館年處理遺體量巨大。很多殯儀館年處理遺體是數千、一萬乃至幾萬，形同「批次處理」遺體，殯儀館也以完成火化率或火化具數來衡量「業績」。嚴格地說，火化率或火化具數是殯葬管理部門的事情，殯儀館的最高指標應當是提供客戶滿意的人性化服務，然後再考慮自己的經濟收入，火化率或火化具數不應當是經營者關心的事情。殯儀館應將服務做得很細、充滿人情味。從國際殯葬服務業來看，殯葬服務應當走向小型化才可能達到人性化服務的水準。

(三)人員素質嚴重偏低

儘管十年來殯葬從業人員的素質有了很大的提高，但整體的素質仍然嚴重偏低，殯儀館就業的「親友」和「關係」現象非常嚴重，將殯儀館的工作視為是一個安排親屬和關係戶就業的場所。殯葬行業急需進行大規模的行業培訓，並適時建立行業證照制度。

(四)殯葬理論嚴重滯後

殯葬改革和殯葬服務發展了近五十年，迄今仍沒有一個殯葬服務方面的理論體系，也沒有一本規範的操作教材，就連研究殯葬文化及殯葬服務的理論人員也寥寥無幾。

(五)服務品質差

相當部分的殯葬職工缺乏職業意識、憂患意識、專業知識、學習興趣和學習熱情，對殯葬服務的禮儀所知甚少，或根本不通。在所有的服務行業中，殯葬服務行業可能是社會滿意度最低的行業，而且相當多的居民對殯儀館是排斥的。

人性化的殯葬服務層次不僅可妥善地處理掉遺體，而且還可將提高人性的尊嚴和品位、安撫家屬、教育生者、宏揚孝道、淨化社會風俗等一系列的社會目的融入其中，也就是將殯葬文化融入殯葬服務之中，以此作為自己追求的更高目標。一般而言，大城市的情況較好一些，中小城市則較差。以第三產業的標準來規範殯葬服務業，將中國的殯葬服務業提升到人性化服務的層次還有一段相當長的路要走，需要全行業同仁的共同努力，尤其需要更多的理論工作者的參與。

第四節　優質殯葬服務的內涵

優質的殯葬服務是高品質的、具有人性品位的現代社會所應有的殯葬服務。可具體地分為全方位服務、溫情服務、規範服務、文明操作四個方面，茲說明如下。

一、全方位服務

全方位服務指殯葬單位給喪戶提供法律許可範圍內的全面服務。對全方位服務可以從時間和空間兩個方面來理解：從時間上，它指從接體（收殮）、化妝整容、冷凍、殯儀悼念、火化、公墓或骨灰寄存，乃至喪宴等一系列的服務專案，又稱「殯葬一元化服務」（一條龍服務）。從空間上，則指盡可能地拓寬殯葬服務的範圍，增設服務專案（收費的和不收費的），以方便喪戶治喪，又稱「多樣化服務」。

殯儀館可以提供如下的「一元化服務」：

1.殯儀館設置值班電話，盡可能是24小時有人值班。
2.在殯儀館、公墓入口處標繪解說示意圖，上面詳細標明各服務部門的位置。業務廳內應有館內治喪的程式、各種服務的收費專案等，使喪戶盡可能多地瞭解本館的服務內容，做到服務透明化。
3.有條件的推行「殯儀引導員」服務。殯儀引導員的任務是向喪戶介紹本館的服務專案、收費情況，並引導喪戶在本館治喪。一位殯儀引導員負責一戶喪事，引導該喪戶將喪事全部辦完。公墓則稱「業務接待員」。
4.為喪戶設置專門的休息室、免費茶水，業務廳等處，有供喪戶休息的椅子。有的還免費播放影視節目，供等候（如骨灰）的喪戶打發時間。這些房間須裝修整飾過。
5.殯儀館和公墓在清明節提供的祭祀服務也屬殯葬服務的範疇。應有一整套服務的流程，從入口出口的道路規劃、人流量的估計，到接待處、祭祀場地、休息場所等，都要做出統籌安排，並且不影響殯儀館的正常業務。

6.有條件的殯儀館和公墓可以提供速食、飲料，或者承辦宴席。

7.多樣化服務：指提供多種服務形式、多種消費層次的殯葬服務，喪戶可根據自己的信仰習慣，或者經濟能力自行選擇。如殯儀館可以為不同宗教信仰的喪戶提供不同形式的治喪服務，而無需局限於那種數十分鐘的「告別奠禮」。當然，這會對殯葬禮儀師的素質提出更高的要求。

8.殯儀館應當提供守靈服務，即為要求替亡者守靈的喪戶提供守靈的靈堂，以及臨時休息的房間等。

9.殯儀館還可上門服務：如上門向喪戶介紹自己的服務專案；上門為死者更衣、沐浴；在喪戶的正房或廳堂建小型祭祀台（又稱「豎靈」），供親屬早晚奠祭；幫助喪戶為房間消毒；代寫感謝信等。

10.殯儀館治喪時基本上是播放《哀樂》，它提供的只是單一的服務。而且殯葬職工成天沉浸在這一音樂中，也是一種聽覺污染，有害心理健康。歐美國家治喪並無固定統一的哀樂，基督教會有一組追念或歌頌上帝的音樂被用來治喪，此外根據喪戶的要求，貝多芬的《命運交響曲》、《英雄交響曲》及《華爾滋圓舞曲》等，也被用來哀悼死者。如美國前國務卿馬歇爾去世，下葬時吹奏的是士兵熄燈就寢號。事實上，中國的《梁祝》、《二泉映月》、《江河水》等曲子都可以在治喪時播放[3]。如果死者生前喜歡某曲子，只要家屬認可，該曲子也可以在治喪時播放。

11.應根據當地消費水準開拓一些服務專案，提供深層次的殯葬服務，如用鮮花布置靈堂、藝術墓地、高檔石材等。這樣，既滿足了不同消費層次的喪戶的治喪要求，又為殯儀館和公墓增加了收入。

從人性化服務的高度來看，殯葬服務應向前、向後作一定的延伸，即臨終關懷，安慰臨終者並安撫家屬，協助家屬做好治喪的準備，對家屬進行必要的心理輔導，以及喪事的善後服務等。從前，舊式的宗族互助治喪中，這些活動都包括在其中。在殯葬服務進入社會化後，這些人際互助的傳統卻沒有繼承下來。總之，全方位服務就是一切為了喪戶，只要能方便喪戶治喪，減少他們的悲痛心理，使他們感到滿意，殯儀館只要有能力提供，又在法律允許的範圍內，設置各類服務專案都是可行的。這才能體現「以人為本」、「人性化服務」等人道主義的殯葬服務精神，並構成優質殯葬服務的一部分。當然，也應根據當地區的實際情況設置全方位服務的專案，不要盡出一些不切實際的項目。跟流行推出的項目往往難以持久。

二、溫情服務

溫情服務即指對喪戶的態度要溫和、表現出同情、同理心。要善待死者，對死者要表現出應有的尊敬，因為它體現了對人性的尊嚴、對生命的尊嚴，同時要善待喪戶及助喪人員。對喪戶的態度要親切、言語溫和、耐心解說、服務周到，對喪戶的要求盡力予以滿足。尤其是對喪戶的提問，任何職工都不允許說「不知道」。自己不知道時，應表示抱歉，並告訴喪戶應當問誰。

殯葬行業推廣已久的「三聲四心」大體上能反映出溫情服務的內容。「三聲」：來有應聲、問有答聲、去有送聲；「四心」：接待熱心、服務細心、解答問題耐心、接受意見虛心。這些都應該堅持下去。

喪戶的社會地位、金錢多寡、文化層次、性格脾氣及喪事幫忙人群等各不相同。對此，我們都要本著「人道主義」的精神向喪戶提供溫情的殯葬服務，一視同仁，而不能根據對方的社會身分、殯葬消費額的多寡來決定對他們的態度。他們都是「客戶」。

安慰喪戶應當是殯葬溫情服務的一項重要內容。但在這方面，必須加強管理，如有些悲痛欲絕的喪戶，尤其是白髮人送黑髮人或中年死亡者，死者親屬哭得死去活來，乃至以頭撞牆、撲向送屍車。此時，殯葬職工往往無動於衷，有的甚至還嘻嘻哈哈地談笑不止，如某市殯儀館其禮廳正在舉行奠禮，死者的子女正傷心哭泣，館內人員就在奠儀廳裏，靠著牆旁若無人地嗑瓜子，談笑自如，這充分說明了殯葬行業職工對自己的職業性質嚴重缺乏認識。

按中國民間傳統，親朋街坊助喪時常為喪戶提供喪事安慰服務。在殯葬服務進入社會化後，殯儀館卻沒有將喪事安慰繼承下來，似乎與自己毫不相關了。很多殯葬職工的態度是儘量不得罪喪戶（怕投訴），但「能不做的儘量不做」、「能索取的儘量索取」。如此離溫情服務自然還有相當大的距離。

綜上所述，溫情服務就是心貼心的服務，使喪戶感受到我們是他們治喪時最可依靠、最可信任的人。

三、規範服務

殯葬服務的規範化係指殯儀館和公墓的管理、殯葬服務的流程，以及職工的儀態舉止、行為、語言、語調合乎一定的標準，因而又可稱為「標準化」。規範化的意義在於防止任意化而導致服務品質下降和產生事端。這裏，我們只談殯葬職工的儀態、行為和語言的規範化（殯葬單位的規範化管理見第十二章）。在殯儀館，殮房、業務室、禮廳是與喪戶接觸最多的三個崗位，規範服務尤為重要。

殯葬職工的規範化服務內涵可歸納為如下三個方面。

(一)儀態規範化

儀態規範化係指職工工作時的儀態舉止要有一定的規範。規範的儀態能為來賓帶來一種良好的感受，營造一種親切的服務氛圍。如：

1.穿著統一的制服、配戴員工識別證，可使員工的身分一目了然。一些殯儀館和公墓還將職工的彩色照片及員工編號（或姓名）貼在業務廳，讓喪戶瞭解。各地情況不同、條件不具備的可以不強求統一著裝，但一定要配戴員工識別證，否則職工和喪戶之間就很難區分了。
2.殯葬職工上班時必須衣著整潔，不得穿背心或赤裸上身，亦不得奇裝異服、髮式怪異、不得穿拖鞋。
3.女職工不得披頭散髮，長髮須紮起，不得任其飄垂；不著豔妝、不抹濃口紅、畫眉、懸大耳墜等。
4.上班時，工作場所不得抽煙，抽煙必須在抽煙室；上班時，不得嚼食檳榔或口香糖；不得隨地吐痰、隨意扔廢棄物。
5.不得萎靡不振等。

上述這些都是指職工上班時的一般儀態舉止，要以規範的姿態工作，精神抖擻，表現出良好的精神風貌。

(二)行為規範化

行為規範化係指職工面對喪戶時的行為舉止要有一定的規範。

哪些事情可以做、哪些事情不能做、哪些事情又要如何做（把握分寸），均應有明確的規定。如：

1.面對喪戶，既要有同情心，又要防止過分熱情，做到不卑不亢，溫情而又不討好。

2.面對喪戶，不得站無站相、倚門而立；不得雙手或單手插在口袋裏；不得翹二郎腿，不得隨意歪斜而坐。應站有站相，坐有坐相。

3.面對喪戶，不得有小動作，如撓癢、挖耳朵、摳鼻子等；放屁、打噴嚏等不雅動作要遠離喪戶。

4.與喪戶交談時，不論坐或站，上身均要往前微傾；站立交談時，右手握左手背置於腹前處或雙手垂於身體兩側（雙手不能置於身後而立）。

5.與喪戶說話時，身體正對著對方，眼平視，大約望著對方的下巴處。不得一邊說話一邊做其他事，或漫不經心地四處張望。

6.對喪戶說話時，不要手舞足蹈、指手畫腳，防止唾沫四濺，防止給對方以輕浮的感覺。尤其是介紹館內的某服務專案或墓穴、墓碑時，言語輕浮不莊重很容易使對方覺得你想欺騙他。

7.嚴禁對喪戶態度不佳和爭吵。

8.當自己與喪戶確實談不下去時，應向對方表示道歉，並立即請示主管，馬上換人繼續與喪戶交談。

嚴格地說，整個殯儀館內均屬治喪區域，上班時間嚴禁嬉戲打鬧；禮廳內更是祭悼亡者的場所，嚴禁做與治喪精神相違背的事情，正在治喪時尤其如此。

(三)語言規範化

語言規範化係指殯葬職工對喪戶說話時要語氣溫和、用語標準。語氣溫和，就是要防止說話生硬，它同時也是溫情服務的內容；用語標準，就是要用標準語言，即文明用語。殯葬服務是特殊行業，用語要規範，有些語言宜禁止使用（見第十一章第五節〈殯葬服務用語〉）。

總之，規範服務就是殯葬服務的一言一行都要有規可依，得體入時。好的言行規範可使喪戶感到現代的殯葬職工確實有教養、非常文明，並進而產生親切感、信賴感和尊敬感。

四、文明操作

殯葬服務的文明操作就是要按照人性的要求、科學的要求、社會發展的要求進行操作。過去，殯葬行業給人們留下的印象通常是：高大的煙囪裏冒著黑黑的濃煙、殯葬職工衣冠不整、殯儀館內亂七八糟等。現在，我們提倡殯葬的文明操作，正一步一步地改變這一行業的面貌。所謂文明，是社會發展的較高程度，人們是否有教養的狀況。殯葬操作的文明程度應與社會的文明程度同步，否則，社會上仍會視殯葬職工為「野蠻人」。文明操作有以下幾個方面的內容：

1.文明進屍，文明燒屍，一屍一爐，這些體現了對人性尊重的要求。翻板式送爐車送大體入爐內後，大體沉重地落在燃燒室的磚面上，這被認為是對死者的不尊重。國內火化爐廠家已將送爐車由翻板式改為履帶式。混屍燒是最不文明、最不道德的行為，必須嚴格予以禁止。

2.大體在燃燒的過程中，用鐵鏟去翻動大體，在國外也被認為是「冒犯死者」的不文明行為而遭到禁止。但在國內的殯儀館，這類行為仍普遍。撿灰爐的優點就在於燃燒完後，死者的骨灰十分完整，因而受到喪戶的歡迎。

3.有些死者身上可能帶有一些病毒。因此，接體、冷藏、整容、化妝、防腐時要注重衛生防疫的科學要求，以保護殯葬職工的身體健康。接體車、防腐整容間等場所應當每天清掃，地面等處要經常以藥液沖洗，防止細菌孳生，並應對職工進行衛生防疫方面的教育。

4.要實施定置化管理，即業務室、防腐整容間、火化間等工作場所以及所有辦公場所，什麼東西擺放在什麼位置要有嚴格的規定，用完後要擺回原處，不得隨意亂放，如起身後要將椅子放回桌子下面。這樣才能創造整潔的工作環境，使職工養成良好的工作習慣。

5.火化爐的燃燒要充分，以達到環境保護的要求。殯儀館和公墓內應當充分綠化，植樹栽花，美化環境；建在山坡地的殯儀館和公墓還要注意保護地表植被，防止水土流失；殯儀館和公墓的廢水要經過處理才能排放等等。

總之，殯葬服務的文明操作就是要按照人性、科學和社會發展的要求進行操作，不造成對社會的危害。優質的殯葬服務不是空洞的，它由上述四個方面的具體內容所構成。正是這些差別，使現代的殯葬服務業與古代的「槓業」區別開來。

第五節　中國殯葬服務行業的一般特徵

殯葬服務是一個特殊的封閉性服務行業，它還是一個為「靈魂」服務的行業，因而在中國有一些自己的特點。對此，我們應當有所瞭解的。此處僅針對中國殯葬行業的三個一般特徵做一簡略說明。

一、市場的穩定性和可變性相結合

市場的穩定性指在和平時期一個社會的死亡人數是大體固定的。如中國年死亡率1993年為6.64‰（參見1994年《中國統計年鑒》），則以13億總人口估計，每年死亡人數為850萬左右。隨著人口老齡化的趨勢，死亡率會有所提高。截至2001年上半年，中國60歲以上的人口已有1.3億，占總人口的10%，已邁入老年化社會（國際社會認定的高齡化社會的標準是60歲以上的老人占總人口的9%），而且正在以每年3%的速度增長，即每年增加390萬老年人口。這就是中國整個殯葬行業每年所面對的全部市場，它是不變的。

但是，服務業是一個具有深層次開發潛力的行業。目前，我們的殯葬服務尚處於低度經營的水準，即服務單調、服務專案少、服務品質差。如果拓寬並優化服務的內容，市場總量自然會有相當大的增長。一個社會的殯葬消費水準是隨人們生活水準的提高、人對生命的認知水準的提高而相應提高的，二十年來中國殯葬行業的發展證明了這一點。

二、社會效益和經濟效益相結合

殯葬服務的社會效益，指殯葬改革。中國殯葬改革的主要內容：一是逐步全面地推行火化；二是規範殯葬用地（包括土葬墓地和骨灰葬墓地）；三是改良治喪禮儀，移風易俗辦喪事。前二項具有強制性，第三項則重在引導，以造福子孫。殯葬服務的經濟效益指殯葬單位的經濟收入，即經營單位的產出超過投入，即「利潤」。

殯葬服務的社會效益和經濟效益，既是矛盾的，又是統一的，兩者不能偏廢。在中國，決不能離開殯葬改革談殯葬服務。否則，殯葬行業就會成為一個沒有規範、失去管理乃至危害社會的部門。同樣，也不能離開殯葬服務談殯葬改革，沒有優質的殯葬服務，民眾就不可能接受殯葬改革。要在殯葬改革的前提下發展殯葬服務，在殯葬服務的基礎上推進殯葬改革。

過去，人們視殯葬為「晦氣」。為追求社會效益，政府大力扶持殯葬行業，如給予財政上的補貼、免稅等等。政府無形中就壟斷了這一行業。改革開放以後，殯葬單位開始轉軌變型，即事業單位企業化經營，將利潤也作為自己的追求目標，以擺脫長期依賴政府財政補貼的局面，增強殯儀館的自我更新能力，並提高殯葬職工的待遇，這就是經濟效益。隨著殯葬消費的逐年增長，殯葬行業愈益成為一個令人眼紅的厚利行業。因此，尤其要防止片面追求經濟效益的傾向，防止短期功利主義的行為危害社會，如不講環保、污染環境、修建公墓對植被造成破壞等。

三、科學和迷信將長期共存

在殯葬問題上，所謂「科學的觀點」就是從物質的觀點解釋一切，而「迷信的觀點」則是相信或假設靈魂在某種程度上的存在。我們的思維方式是基於前者還是基於後者，將大大地影響我們提供殯葬服務的內容。

死亡仍然是一個充滿著神秘而又令人恐懼的領域，殯葬服務在很大程度上本來就是為人們的心理需求提供服務。要照顧到人們的現實心理，給人們留下一個（有限的）寄託追思的場所。如果以純「科學」觀點來提供殯葬服務，走到極端，就勢必要取消一切殯葬禮儀，只留下火化一項，其他的服務，諸如花圈、壽服、輓聯、追悼會、悼詞、三鞠躬、骨灰寄存等統統都是「多餘的」。從「科學」的角度來說，反正人死了就什麼都沒了，一切都取消算了。這樣，人們對待生命、生活的態度會走向虛無主義。

我們一方面要宣傳科學，以科學觀點推進殯葬改革；另一方面，我們面臨著迷信的傳統，在殯葬服務上，要準備「科學」和「迷信」長期共存。事實上，人類有神時期比無神時期要長得多，「迷信傳統」在我們社會的思想意識領域還有相當深厚的根基，這是我們要面對的現實。

目前，我們對於什麼是迷信的殯葬用品還存在著一個定性困難的問題。如為先人燒幾張紙錢、燃幾根香燭，給死者穿上新衣服鞋襪等；進而在喪禮上請人做法事，唱唱哼哼，或清明節掃墓，燒香又磕頭；進而，紮花圈、紙房子、紙汽車、紙人、紙馬……，殯葬上的封建迷信程度究竟定在何處？哪些可以做、哪些又不能做？定性的困難勢必給各地的殯葬管理帶來操作上的困難。

註　釋

❶「工業革命」是以機器生產代替傳統手工生產的一場技術革命，18世紀下半期首先發源於英國，其代表物就是瓦特蒸汽機的發明和機器織布的廣泛運用。後推廣到西歐各國，到19世紀上半期，法國、德國、義大利、荷蘭、奧地利，以及俄國等歐洲主要國家都先後完成了這一革命。西歐以這一物質技術上的優勢獲得了對世界各國的優勢地位。

❷雨谷譯（1987），公文俊平主編。《日本進入服務產業新時代》。北京：新華出版社。

❸臺灣地區的宗教團體則常誦唱《往生的祝福》、《大悲咒》、《心經》等。

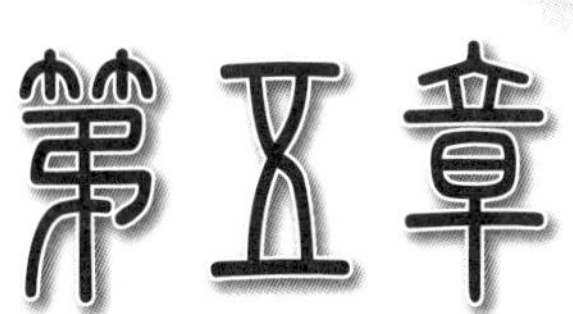

第五章

殯儀服務：死亡生理學與防腐

按照「事死如事生，事亡如事存」的原則，必要時需對遺體進行一定的防腐處理（蘇家興按：臺灣地區並不普遍），它是殯葬服務中，技術要求和心理素質要求相對較高的工種。屬於殯儀悼念服務的先行流程。

第一節　屍體的變化和腐敗

一、屍體的變化過程

人死後，隨著時間的推移，屍體外表會發生一系列的變化。瞭解屍體的變化情況對採取防腐及防疫措施都有積極意義。屍體變化情況大致如下。

(一)屍冷

人死後，屍體逐漸變冷。屍冷的時間與環境氣溫、死者的穿戴等因素有關。屍體冷卻的次序是：

耳鼻→指趾→四肢→軀幹→胃部→腋下→直腸

在室溫10□至15□左右的環境裏，人死後1至2小時，耳、鼻、手、足等先冷卻；3至4小時，上下肢、面部冷卻；10小時左右，軀幹冷卻；14至18小時，內臟冷卻。對於死亡不久的屍體，根據屍冷的部位和程度可以粗略地估計死亡的時間。

(二)屍斑

人死後，血液循環停止，血液因重力作用逐漸沉積在身體的低下部位的毛細血管及小靜脈內。致使該部皮下血管積血擴張，皮膚逐漸出現暗紫紅色的斑痕，初為雲霧狀小塊或條紋狀，逐漸融合成大片，即為屍斑。屍斑一般在死後半小時開始出現，2至3小時已很明顯。

(三)屍僵

屍僵指人死後，屍體出現短暫的僵硬現象。屍僵期的屍體不僅僵硬，而且常呈特別的姿態，如口眼張開、軀幹和下肢挺直，並稍有角弓反張（opisthotonus，概指背肌的強直性痙攣，使頭和下肢後彎而軀幹向前成弓形的狀態），手指微屈等。這是由於眼輪匝肌、咀嚼肌、軀幹和下肢伸肌、手部屈肌收縮力較大的緣故。在氣溫20℃左右時，屍僵約在死後1小時左右出現，5小時完成；經一至二晝夜或更長時間開始緩解，肌肉的硬度降低，關節已易轉動；屍僵完全緩解多發生在死亡三晝夜以後。屍僵的順序一般是：

頭頸→上肢→軀幹→下肢

二、屍體的自溶和腐敗

組成人體結構的許多物質，如蛋白質、糖及脂肪等，本身是相當穩定的。但肌體死亡後，由於新陳代謝的停止，人體的組織細胞會出身自溶（即細胞的分解）。同時，在溫度、濕度、空氣等外部條件的影響下，腐敗菌也會作用於屍體而產生腐敗。自溶和腐敗會相互促進發展，直到屍體完全解體。

(一)自溶

人體和動物體死後，新陳代謝停止，組織失去功能，受細胞本身釋放的水解酶作用進行分解，使屍體的組織變軟，逐步液化，這種人體或動物體死後組織自身的分解現象稱為自溶。一般情況下，胃腸粘膜和胰會最先發生自溶現象，這是由於這些臟器的死後消化也參加了自溶過程。臟器的自溶發生比較早，而皮膚與結締組織的自溶則比較慢。

(二)腐敗

人體和動物體死亡後，其組織蛋白質因腐敗細菌的作用而分解的過程稱為腐敗。腐敗細菌在活體時就存在於口腔、呼吸道和腸胃道中。人體或動物體死後，腐敗細菌即進入血管或淋巴管並大量滋長繁殖。在屍體周圍的物體和空氣中也存在著需氧菌和厭氧菌，它們也參與屍體的腐敗過程。腐敗菌與致病菌不同：致病菌在宿主死亡之後很快地消失，而腐敗菌卻在機體死亡之後大量繁殖。腐敗過程的產物是一些氨類、酸類物質，以及腐敗氣體如甲烷、氨、氫、二氧化碳、硫化氫等。人體或動物死亡後不久，大腸中的多種細菌即產生腐敗氣體，使腸管高度脹氣，腸壁變薄，腹部因而隆起，繼而在右下腹和右季肋部（right hypochondrial region）出現綠色斑塊，被稱為「屍綠」。

屍體的腐敗氣體從口、鼻和肛門排出，從而使屍體在第一天便發出屍臭。當腐敗細菌擴展到全身時，屍體腐敗也就擴展到全身，腐敗氣體使得整個屍體膨脹，最後形成所謂腐敗「巨人觀」，與死者生前的面目全非。腐敗繼續發展，直到屍體軟組織全部溶解消失，僅剩下骨骼和毛髮，稱之為「白骨化」。

從理論上說，自溶是由於組織細胞自己釋放的酶作用所致，與細菌無關。即使在嚴格無菌的條件下，自溶也能夠進行，只是速度相對慢些。但在實際情況下，人體和動物體死亡後，存在於體內的，尤其是腸道內的腐敗細菌迅速地發揮作用，它們所產生的酶也迅速地參與組織的溶解作用。在屍體的自溶過程中，是無法將細菌的作用排除掉的。因此，屍體的腐敗過程是屍體組織內部產生的自溶和外部腐敗細菌相互促進的結果。

(三)影響自溶和腐敗的因素

1.外界環境的溫度：外界環境的溫度對屍體的自溶和腐敗的發生、發展的速度影響最大，攝氏25℃至35℃最適宜腐敗菌的生長和繁殖。夏天，人體死亡後數小時即開始自溶和腐敗，在低溫環境中，屍體的自溶和腐敗會明顯減慢，並趨於停止。

2.死亡的原因：屍體的死亡原因也是影響屍體自溶和腐敗的重要因素。所有急速死亡者，包括機械性損傷致死（如交通事故死亡）、機械性窒息、膿毒血症等，其屍體的自溶和腐敗往往比較快。這可能是由於快速死亡者組織記憶體存在著大量的活性酶，機械性損傷致死的創面則有利於各種細菌的入侵，及因體內血液呈流動性，便於細菌的播散，從而使屍體的自溶和腐敗發展得比較快。

3.濕度、空氣、年齡等：濕度、空氣和年齡等原因也影響屍體的自溶和腐敗。細胞質膜（cytoplasmic membrane）內水分的含量可以影響水解酶的釋放，一定的濕度環境則可以促進各種細菌的生長，所以濕度影響著屍體的自溶和腐敗的速度。屍體暴露在各種環境的空氣中，與各種細菌接觸的機會增加，也會加速自溶和腐敗的過程。屍體的年齡不同，體內組織中的含水量便不同，幼兒屍體體內含水量高，其自溶和腐敗的速度往往比較年長的屍體快，但尚未吃奶的新生兒屍體，因體內細菌較少，所以自溶和腐敗的速度就比較慢。老年屍體因體內含水量少，加上生前新陳代謝本就比較緩慢，各種水解酶的含量相對也比較少，因而自溶和腐敗往往比較緩慢。

第二節　防腐的基本原理和意義

一、防腐的基本原理

防腐在醫學上又稱「防腐固定」，指運用物理和化學的方法保存屍體，不使其自溶和腐敗。防腐固定的基本原理主要包括以下四點：

1. 使蛋白質變性或凝固：屍體組織的自溶和腐敗需要有水解酶和腐敗細菌的參加，而酶是由蛋白質構成的，細菌本身也是由蛋白質構成的。因此，凡是能使蛋白質變性或凝固的物理、化學因素，均能使酶失去活性，抑制或撲滅細菌的繁殖，從而防止屍體組織的自溶和腐敗。常用的化學防腐劑如醛類（俗稱「福馬林」）、酚類、重金屬鹽類，或物理性的加熱、紫外線、乾燥、脫水等均屬這種原理。
2. 干擾微生物的重要酶系統：有些酶之所以有活性，是因為在酶的結構中含有特殊的功能基（如硫氫基）。如果許多酶的功能基被氧化，或與其他物質結合時，就可以使這些酶失去活性，使微生物不能進行正常的新陳代謝而死亡，從而達到防止自溶和腐敗的目的。某些氧化劑、重金屬離子等，均有破壞微生物酶的功能基的作用。

3.使細菌細胞膜受損，改變其滲透性：細菌細胞膜是一種半滲透膜，控制著菌體和周圍環境之間物質的正常交換功能。細胞膜受損後，滲透性改變，使膜內物質外滲、水分內滲，引起細胞腫脹破裂或溶解，從而起到抑菌或殺菌的作用。有些藥物能吸附於脂性細胞膜，改變細胞膜的通透性，使菌體內的酶、輔酶及核酸等重要成分外逸，從而達到殺菌的作用。

4.低溫：低溫可以抑制屍體組織內各種水解酶的釋放，並使細菌內的酶失去活性，屍體組織自溶和腐敗明顯減慢，並趨於停止，從而可以達到保存屍體的作用。埋在高山深雪中的屍體可以多年不腐爛，現代科學研究已發展到將活的細胞在低溫狀態下保存起來，經過一段時間後再恢復常溫，該細胞仍然活著。

此外，還有一些因素也可以起到控制屍體自溶和腐敗的作用。如中國古代使用過的許多防腐措施，有快速入棺、密封深埋（棺槨套合、油漆厚塗、絲綢纏裹、白膏泥固封）、乾燥脫水（棺內置大量的木炭、燈草、生石灰、草木灰）、芳香物質（樟木、松木、檀香木、麝香）、汞劑（朱砂、漆皮、消化道灌注水銀）。如1972年長沙馬王堆出土的西漢女屍就是比較成功的防腐範例。不過，這種墓中保存屍體與我們現在殯葬服務中保存屍體的目的是不同的。古代埃及人製作「木乃伊」乾屍，是將屍體迅速地乾燥脫水，取出內臟，屍身浸泡於芳香油脂中，過若干時日後取出風乾而成。但是，這一方法會引起屍體僵硬、收縮變形過大，在醫學解剖教學和殯葬服務中都不能使用。

民間日常生活中也有不少防腐保存的方法，如風乾去水、鹽糖醃臘、油蠟浸漬等，其基本原理都是運用物理或化學的方法抑制細菌的滋長，阻止蛋白質的分解，從而控制自溶和腐敗。

二、目前的防腐方法

目前國內殯儀館的防腐方法有兩類：

1.冷藏防腐，或稱「低溫冷藏」：即用專用的冷藏櫃（棺）以低溫（2℃左右）保存遺體，為低溫無霜冷藏。它是透過改變外部條件（溫度）從而抑制屍體的自溶和腐敗。現在，有些專門生產冷藏櫃、冷藏棺的商家。

2.藥物防腐：就是將專用的防腐藥物注射入死者體內，透過藥物達到阻止遺體自溶和腐敗的目的。

冷藏主要是物理的方法，藥物防腐則主要是化學的方法。

三、防腐的意義

防腐的意義在於盡可能地使死者保持生前的自然狀態，以便家屬和親友向安祥似睡的死者告別時，不致感到難受和驚恐，所謂「死者安祥，生者慰藉」。它是中國古代「事死如事生，事亡如事存」的孝道原則和尊重生命、尊重人性的具體體現，構成人性化殯葬服務的一部分。

第三節　防腐常用藥物

一、酒精

酒精（alcohol），學名乙醇，其化學結構式為CH_3CH_2OH。酒精是無色透明液體，沸點為78℃，具有揮發性，比重為0.8，能與水任意混合。

酒精具有較強的脫水作用，能將細胞表面和結構內部的水分脫掉，而使蛋白質結構鬆散，使蛋白質發生變性和凝固，這就是酒精殺菌、消毒，保護組織，防止腐敗的基本道理。酒精在組織中滲透性較好，混合防腐液中加入酒精可以加強藥液的滲透力，使防腐液能較快地發生作用。但是，濃度過高的酒精能使組織細胞表面的蛋白質迅速變性凝固，形成一層保護膜，反而阻礙藥物進入組織深層而發揮作用。因此，固定屍體的酒精濃度一般不應超過75%的含量（體積百分比）。

用酒精固定的屍體，色澤保存較好，刺激性不強，也沒有不良氣味。酒精的缺點是脫水作用很強，屍體的收縮率很大，可達15%至20%左右；還有溶解脂肪和類脂的作用，如對腦組織一類富於類脂的器官，酒精對其的溶解作用很大。故不宜用單純的酒精作為固定劑。

二、甘油

甘油（glycein），學名為丙三醇，屬醇類化合物。其化學結構式為$CH_2OHCHOHCH_2OH$。甘油是無色帶有甜味的粘稠液體，能與水和酒精任意混合，但不溶於乙醚、氯仿、石油醚等溶劑。甘油的比重為1.26，沸點為293℃，沸騰時部分分解。

甘油是一種很好的防腐劑，它具有親水性與較強的脫水作用，並隨濃度的增大而加強。高濃度的甘油可使組織嚴重脫水，使組織蛋白質變性，令標本收縮乾涸，呈透明狀，從而起到了防腐固定的作用。由於甘油具有親水性，使用適當濃度的甘油溶液保存屍體，能保持屍體的濕潤和柔軟，亦不致引起屍體的收縮。甘油沒有毒性和局部刺激的作用。但在實際運用中，通常是與其他藥物配製成混合液來灌注屍體。

甘油的缺點是滲透性能較差，防腐固定的效果發揮較慢，高濃度的甘油，因其粘稠性更大，故在灌注或注射時阻力很大。若能同酒精類溶液配製成混合防腐液共同使用，就更能加強防腐對組織的滲透穿入性能。

三、酚

酚（phenol），學名苯酚，又名石碳酸，化學結構式C_6H_9OH，屬於酚類。純酚為具有特殊氣味的無色晶體，熔點為43℃，沸點為183℃。在20℃的水中，其溶解度為8%，在68℃以上可以完全溶解於水。

石碳酸能使蛋白質凝固，是良好的防腐殺菌劑。其缺點是有不良氣味，使用後屍體的顏色不佳。對屍體有固定硬化作用，但作用不強。所以，一般不單獨使用，多與其他藥物配合作用。

石碳酸有很強的腐蝕性，接觸時要注意，濃度高的石碳酸會燒傷皮膚。如不慎沾上，可立即用酒精擦洗。低濃度的石碳酸仍可使神經末梢麻痹。長期直接接觸石碳酸者，應採取適當的防護措施，以保證工作人員的身體健康。

在加熱熔化石碳酸時，應注意到石碳酸的蒸氣易燃，切勿接近火源，以免引起火災。純酚為無色的針狀結晶，在空氣中容易被氧化，逐漸變成粉紅色、紅色或暗紅色。因此，在貯存時應儘量密封，不要與空氣接觸，必要時需要加抗氧劑。已經變色的石碳酸如使用會使屍體色澤受到污染，不宜再使用。

四、甲醛

甲醛（methyl aldehyde），原名蟻醛。甲醛的化學結構式為HCHO，沸點為－21℃，是具有強烈刺激臭味的無色氣體，其40%飽和水溶液的商品名通常被稱為「福馬林」（formalin）。市場上常以福馬林的形式出售。

甲醛極易與蛋白質中的氨基結合，使蛋白質凝固，組織固定，又能保存脂肪和類脂質。甲醛的滲透力很強，收縮率不大，價格較廉，對屍體形態位置的維持和皮膚顏色的保持效果較好。所以，甲醛是一種優良的、應用最多的防腐固定藥物。甲醛的缺點是會讓所固定的屍體發硬，給工作人員為屍體穿衣時帶來一定的困難。甲醛有強烈的刺激氣味，對操作人員的眼結膜、呼吸道粘膜及經常接觸的皮膚均有一定的損害。

固定屍體常用10%左右的福馬林，即4%的甲醛。這一點應弄清楚。有人常誤將10%甲醛與10%福馬林等同起來（甲醛水溶液飽和度為40%，10%的甲醛相當於25%福馬林）。用10%甲醛固定屍體，往往造成使用濃度過高，浪費藥品，使屍體太硬，也影響滲透力，效果反而不佳。用福馬林灌注的屍體，約一週的時間即可滲透到全身各部，但要達到完全的固定則需要四至六個月的時間左右。

甲醛是還原劑，不應與氧化劑配合使用，否則甲醛會被氧化成甲酸（HCOOH）。這一氧化過程即使在日光的作用下也能進行，故應將甲醛存放在暗處或用棕色玻璃瓶存放。為了防止這種氧化反應的進行，可加入適量的碳酸鈣（$CaCo_3$）、碳酸鎂（$MgCo_3$）、碳酸鈉（Na_2Co_3）等進行中和。甲醛的水溶液易發生聚合作用，放置過久，水分蒸發，常與空氣接觸，或低於20℃氣溫時，能生成白色沉澱，即三聚甲醛或多聚甲醛。對於已沉澱的甲醛，可經過加熱處理，使多聚甲醛發生解聚作用，分解成原來的甲醛，繼續使用，不影響效果。

第四節　常用的防腐液配方

一、單一的防腐液

許多藥品均曾單獨作用於屍體的防腐處理，鑒於每種藥品都有其各自的優點和缺點，單獨應用不易克服其缺點，故後來混合配製的防腐液逐漸代替了單一藥品的防腐液。只有福馬林自19世紀開始採用以來，因價格低廉、效果優良、毒性不大，雖有若干缺點，但仍為人們廣泛地採用，至今仍在屍體防腐中占有重要地位。就單一的防腐液而言，福馬林顯示出的優點是其他藥品的單一防腐液所不可比擬的。福馬林的使用濃度一般為10%，尤其適用於固定嬰屍、殘肢、內臟和一些要求迅速保存好外形位置的屍體。

二、混合防腐液

為克服單一防腐液的缺點，相應地加入其他藥品，配製成混合防腐液。混合防腐液的配方很多，每種配方又各有其優點，所以，混合配方時，對於增加或減少某種藥物的指導原則是：「對不同屍體的防腐要求做出具體的分析，選用合理的配方。」充分發揮各種防腐藥物的長處，克服其短處，按照屍體的不同情況和要求，靈活運用，但必須符合藥物配合的規律，避免發生不良的化學反應而造成效力減弱和無效。

(一)含甲醛的混合防腐液

■一般常用配方

藥品	常用比例	調整幅度	防腐效果
福馬林	10%	5%-10%	防腐作用強，濃度愈高，屍體成形愈好，但硬度大。
石碳酸	5%	0%-10%	抗黴殺菌作用強，但濃度過高，對肌肉組織色澤不佳。
酒精95%	30%	0%-70%	滲透力強，色澤較好，過量時對脂肪、類脂有溶解作用。
甘油	10%	0%-30%	增強屍體的柔軟性、耐乾性。
水	45%	適量	--

上述配方適用於一般屍體的防腐，常用比例可參考並調整。如每次使用時對屍體的情況（如環境溫度、死亡時間、屍體年齡、死亡原因等）、防腐固定液中的各種藥物所用比例、防腐液的用量，以及防腐效果等都必須記錄在案，以積累經驗，逐步摸索出一個最佳的配方比例和各種不同屍體的藥物用量增減幅度。

此外，在上述配方的基礎上，針對不同的情況還可以有選擇地酌情增加一些藥品。例如：

藥品	使用比例	藥品	使用比例	藥品	使用比例	藥品	使用比例
氧化鈉	5%-20%	醋酸鉀	5%-30%	硫酸鎂	5%-20%	硝酸鉀	5%-20%
硫酸鈉	5%-15%	醋酸鎂	5%-20%	水楊酸	1%-3%	硼酸	3%-10%
硼砂	5%-20%	明礬	5%-15%	水合氯醛	2%-10%	麝香草酚	少量
樟腦	少量						

■降低甲醛強烈刺激氣味的配方

甲醛的飽和水溶液福馬林具有許多優點，因此，不僅作為單一的防腐液用於屍體的防腐保存，而且在多種混合配方的防腐液中都含有福馬林。為了減少和去除福馬林的強烈刺激性氣味，可在混合液中加入適量的氨水。配方的比例如下：

藥品	使用比例	藥品	使用比例	藥品	使用比例
福馬林	10%	麝香草粉	少量	氨水	5%
酒精	30%	水	55%		

配製時，先將福馬林加水稀釋，然後加入氨水。加氨水後有放熱反應，溶液溫度升高，待其冷卻後再加入酒精和麝香草酚。

(二)不含甲醛的混合液

■由石碳酸、甘油和酒精混合配製的固定液

藥品	使用比例	藥品	使用比例	藥品	使用比例
石碳酸	10%	酒精	20%	甘油	20%
水	50%				

■由明礬、氯化鈉和石碳酸混合配製的固定液

藥品	使用比例	藥品	使用比例	藥品	使用比例
明礬	10%	石碳酸	5%	氯化鈉	10%
水	75%				

第五節 防腐方法及其裝置

一、防腐的方法

屍體防腐的方法分為浸泡法和灌注法：

1.浸泡法：將屍體浸泡在適當濃度的防腐浸泡液中，使藥物逐漸滲入皮膚肌肉和內部器官，達到防腐目的。由於直接滲透的速度比較緩慢，一般只能達到一定的深度，因此浸泡法對整個屍體的防腐效果並不好。它只適用於小件離體的肢體或器官的防腐保存。

2.灌注法：將防腐藥物經加壓後注入屍體的動脈血管，使防腐液循人體的動脈血管流遍全身，在較短的時間內滲透到全身各個組織器官，達到防腐的目的。灌注法是屍體防腐中採用的主要方法。

二、防腐的裝置

按照加壓的方式不同，灌注可以有五種不同的方法，並有相應的裝置：

(一)注射器直接注射法

注射器直接注射法是用大號醫用玻璃注射器（50至1000毫升）或獸用金屬注射器（100毫升）直接注射。由於注射器直接注射的量比較少，手推壓力難以持久，要維持恒定的壓力就更困難了。故此法一般不用於灌注成人屍體，而是多用於處理嬰屍、殘存的肢體、遊離的內臟，或作為成人屍體灌注防腐後的補充性注射。

(二)吊桶灌注法

用一個5至10升的手提式塑膠桶，在桶的底部打一個孔，黏上一段出水管。使用時，將塑膠桶懸於離地面2至3米的高處，利用高度產生的壓力進行灌注。如**圖5-1a**。此法具有以下優點：

1.塑膠桶不易摔壞，自身重量很輕，便於攜帶。
2.塑膠桶呈半透明狀，可以直接看到桶內的液面。
3.塑膠桶有蓋，可以防止甲醛防腐液揮發而污染環境（使用時不要擰得太緊導致防腐液不能流出）。
4.在塑膠桶身上按每500毫升的計量標上刻量記號，就更好用了。吊桶灌注法對於廣大鄉村地區的屍體需要上門防腐注射服務的情況較為簡便易行。

也可以像醫院打吊針的方法灌注，如**圖5-1b**點滴瓶灌注法。杆

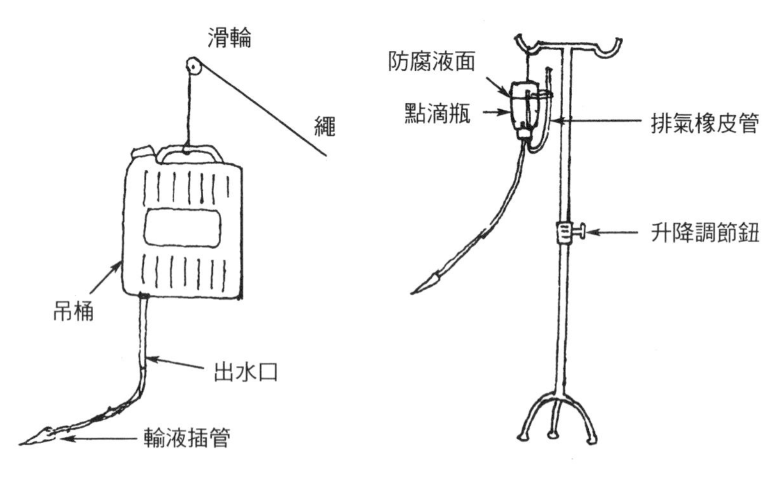

圖5-1a　吊桶灌注法　　**圖5-1b　點滴瓶灌注法**

高約1.5至2米之間，它所產生的壓力一般夠用於灌注了，壓力不足時再升高高度即可。

(三)打氣筒式灌注法

選用一個廣口玻璃瓶，配上一只合適的橡膠瓶蓋。在橡膠瓶蓋上打二個孔，插入一長一短兩根玻璃管：長玻璃管的一端插到瓶底，另一端透過橡膠管和注射針管與屍體的動脈血管相通；短玻璃管的一端插到玻璃瓶內防腐液的平面上方，另一端透過橡膠管與打氣筒連接起來，也可與農藥噴灑器加以適當改裝後連接在一起，最好能裝上簡易壓力計，如**圖5-2**。使用時，在玻璃瓶內加入防腐液；灌注時，防腐液的壓力應維持在140mmHg左右。如果未裝上壓力計裝置，使用時要注意打氣適當，防止壓力過高造成血管破裂，導致屍體防腐不成功。

(四)球囊加壓灌注法

球囊加壓灌法是一種攜帶方便、操作場所要求低的屍體灌注裝置。在醫藥商店購置一只表式血壓計，取一只廣口玻璃瓶。在

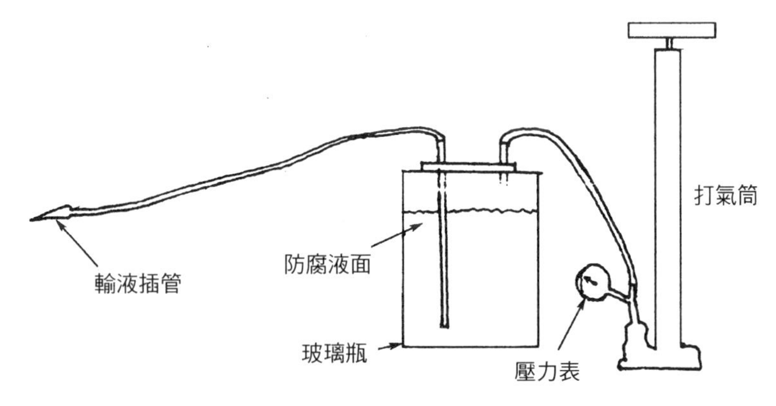

圖5-2　打氣筒式灌注法

廣口瓶的橡膠塞上鑽兩個孔，插入一長一短兩根玻璃管：長玻璃管插入到防腐液中，直到底部，另一端用橡膠管連接注射針管；短玻璃管的一端插到玻璃瓶內防腐液的平面上方，另一端透過一個玻璃分叉管分別與表式血壓計和球囊相連接。使用時，在玻璃瓶內加入防腐液，蓋緊橡膠塞，注射針管插入屍體的動脈血管，用手捏球囊，給玻璃瓶內的防腐液加壓，防腐液即可進入屍體的體內。血壓表能指示瓶內防腐液的壓力情況，一般成人屍體的灌注壓力維持在140mmHg左右較好。如**圖5-3**。

(五)封閉式液位自動提升灌注法

前述方法在實際操作中存在著工作量大、勞動強度高、污染環境等缺點，在固定的操作場所中經常有多具屍體需要防腐處理時，會使得這些缺點更為明顯。這時，就有必要採用「封閉式液位自動提升灌注法」，因採用封閉式的方式可自動提升防腐液的液面。

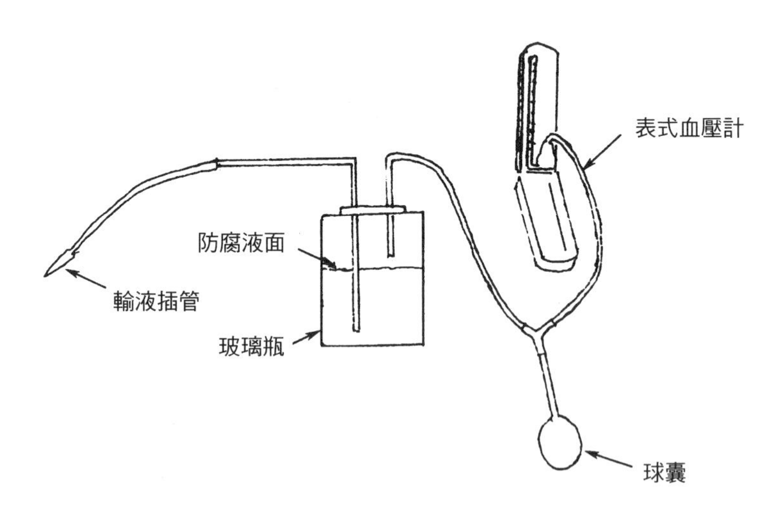

圖5-3　球囊加壓灌注法

該裝置有上下兩個防腐液箱體：上液體箱的容積為4至8萬毫升，離地面高度為3米；下液體箱容積為0.5至1立方米左右（1立方米＝1,000,000毫升）。上下液體箱用聚乙稀管道連接，管道間接一台耐腐蝕泵體。上液體箱的出水口透過管道接控制閥再接壓力錶，壓力錶以下再由橡膠管接注射針管。

工作時防腐液的輸送過程如下：當上液體箱的防腐液隨著注射針管進入屍體血管逐漸減少到設定位置時，水泵工作將防腐液從下液體箱自動輸送到上液體箱內，當上液體箱的防腐液上升到設定的位置時水泵自動停止；當上液體箱的防腐液由於屍體防腐的需要而又減少到設定位置時，水泵再次自動啟動，如此循環不止。灌注屍體時的壓力由壓力閥和壓力錶控制，同時也控制著進入屍體防腐液的流速，以期達到最佳效果。

該裝置的最大特點是大大地提高了工作效率，解決了屍體工作中工作量大、勞動強度高、環境污染嚴重的問題，也避免了藥品的浪費。在多具屍體同時進行防腐處理時，這些優點就更為突出。但是，這一裝置有一定的技術難度，殯儀館最好請醫院的專業人員前來指導安裝。

不管用何種灌注法，在處理過程中，有時屍體的表面某些區域會出現一些大小不等的水泡，特別是在胸腹部較多見。出現水泡現象，說明灌注屍體的壓力太大，應及時予以調整。尤其是含酒精的混合防腐液，在灌注屍體時，一般壓力傾向於偏低，因為酒精的滲透力比較強，因而容易引起水泡；灌注壓力大時對屍體的頭面部不利，容易過早地出現變形腫脹。

第六節　防腐注射技術

在實務中，根據屍體需要保存時間的長短、屍體本身的自溶和腐敗的情況，以及其他要求，藥物灌注可分為局部注射法和全身灌注法。

一、局部注射法

在正常的情況下，消化道記憶體存在著大量的細菌，而存留在消化道內的食物殘渣又為細菌的繁殖提供了營養豐富的生長環境，因此屍體的自溶與腐敗總是較早地出現在腹腔內的消化系統。用注射針頭穿刺腹壁各個點，在腹腔內注入適量的防腐液，既方便，又節約。對於短期保存的效果較好，尤其在氣溫較高的季節，用局部注射法在腹腔多點注射防腐液，配合冰庫低溫保存更為實用。根據情況有時還可以從最下面一根肋骨處，斜向上方穿刺到胸腔，向胸腔內注射適量的防腐液。

局部注射法還可以作為全身灌注法的補充。做全身灌注以後，對因血管病變、血管阻塞或其他原因造成的局部防腐液充盈不足，實施局部注射法，給予適當的補充，使充盈不足的部位得到適量的防腐液。

二、全身灌注法

對於保存時間要求長、保存要求高的屍體，可借助屍體體內的心血管循環系統，使防腐液對全身各個部位進行防腐處理。防腐液灌注部位有：股動脈部位、肱動脈部位、頸總動脈部位、心臟部位等。選擇的原則是：不影響外觀，有較粗大的動脈血管，以及解剖操作方便。

下面提供幾個灌注部位，供參考。

(一)股動脈灌注

在股前區、髂前上棘和恥骨聯合之中（即腹股溝的中點），向下做一縱向切口，切口的長度一般不要超過10釐米，切透皮膚後，找出股動脈。找到股動脈後，用彎頭血管鉗分離股動脈周圍的結締組織，使股動脈充分遊離。然後在遊離的股動脈上下端分別用一根臘線穿過股動脈的後方，線的兩端留在切口的外面。操作時應儘量避免損傷動脈和靜脈的分支，以免灌注時發生滲漏。注意：股動脈的內側是股靜脈，外側是股神經。

在連接有防腐液的橡膠管末端，用Y型或T型的玻璃管接上，然後再連接兩個注射針管，針管的末端最好製成壺腹狀，便於紮牢，不致滑脫。縱行切開股動脈的前壁，兩個注射針管分別向遠側和近側插入到股動脈的管腔內，以便同時向遠側和近側兩個方向進行灌注。如果只灌注一個方向，則不需要Y型或T型的玻璃管。視防腐液用量的多少，考慮將引流針管插入股靜脈，以便在灌注防腐液時靜脈內的瘀血得以排出。針管插入股動脈前，要儘量排除橡膠管內的空氣；針管插入股動脈後，要用股動脈上下端事先穿好的臘線把針管紮牢，以防在灌注時針管滑出。這樣，就可以進行灌注了。灌注完畢後，放鬆結紮的臘線，抽出注射針管，將臘線再次紮牢，防止進入屍體內的防腐液倒流。最後在皮膚的切口內適當填入些棉花，用三角縫針把皮膚切口縫合即可。

灌注時應當經常注意觀察，壓力不要太大、防腐液在灌注時的流速也不要太快，避免過早引起腫脹，影響外觀，尤其是頭面部更應保持生前的面容。髂（qià，音ㄎㄚˋ）骨，位於腰部下面，腹部兩側的骨，左右各一，上緣略呈弓形，下緣與恥骨、坐骨相連而形成髖骨。髖骨俗稱胯骨。

股動脈灌注屍體有很多優越性。股動脈離腹腔臟器比較近，較多的防腐液可以優先到達腹腔器官。消化器官是屍體自溶和腐敗最早出現並發展最快的區域，在屍體防腐保存中，消化系統的保存是否成功將影響到整個屍體的保存狀況。經股動脈灌注的方法，在尚未引起頭面部變形腫脹之前，腹腔臟器已經得到較多的防腐液了；其次，股動脈較粗，便於操作，股前區的解剖操作較為順手，視野也較理想。股動脈灌注的缺點是在屍體進行灌注的同時需要靜脈放血時會感到不便，流出的血水易排放不暢。

(二)肱動脈灌注

在上臂內側肱二頭肌與三頭肌之間，腋窩的下方向手臂的遠側做一縱行切口，切口的長度一般不超過10釐米，在上臂內側找出肱動脈。須注意的是在肱動脈邊有與其伴行的中樞神經和尺神經。動脈與神經索的區別在於，動脈呈中空感，富有彈性，用手指能捏扁；神經則是呈條索狀的實體感，用手指捏不扁。動脈與靜脈的區別在於，靜脈血管的管壁薄，沒有彈性，血管內充滿了靜脈血，外觀上呈紅色或紫紅色；動脈內一般無瘀血，外觀上呈白色，挑出動脈後就可著手進行防腐液的灌注，方法與上同。

肱動脈灌注法有一定的優點。脫去衣服，將上肢充分外展，手術切口就到了屍體推床的外面。因此，在灌注時流放靜脈血收集較為方便；所以，肱動脈灌注法比較容易被接受。但是，肱動脈灌注時要注意，肱動脈離頸總動脈很近，防腐液很容易在未到達腹腔前就經頸總動脈上行，進入頭面部而造成頭面部的過早腫脹，影響面容的外觀。因此要加倍小心，必要時可用手或毛巾在頸根部壓迫一些時間，以阻斷或減少頸總動脈內防腐液的流通，從而保證腹部臟器有足夠的防腐液，從而達到消化器官有良好的防腐效果。

(三)頸動脈灌注

在頸的中部，氣管的外側，胸鎖乳突肌的邊緣，縱行切開皮膚，翻開胸鎖乳頭肌，在其深面找到粗大的頸總動脈。灌注方法基本和前同。不同的是，向頭部一側的頸總動脈段用臘線結紮牢固，使防腐液從頸總動脈的體側段流向體內，流向頭面部的防腐液是靠頸部的另一側頸總動脈得到，透過壓迫另一側的頸根部就可控制進入頭面部的防腐液。灌注時應儘量減少進入頭面部的防腐液，以免引起頭面部的腫脹，使外形變形失真。

頸總動脈灌注法有其優點，它能直接控制進入頭面部的防腐液，以保證頭面部的外形，而且向下可以灌注較大量的防腐液，使腹腔的消化器官得到良好的防腐固定效果。但是，由於頸部切口偏高，會影響屍體的外觀，引起喪家的不滿，故在選用頸動脈灌注法時要慎重，最好能事先徵得死者親屬的同意。

(四)心臟灌注

若做心臟灌注，一般不必切開屍體的胸壁，只需用注射針在胸骨左緣第三肋或第四肋間隙插入，倒抽見有回血時，再注入防腐液。若心腔內血液已凝固，倒抽又見不到回血，穿刺後可緩慢地輸入防腐液。如果防腐液液體流暢，又不出現胸腔積液情況，可繼續灌注，否則應當調整插針的部位和深度。

(五)開放性灌注法

在進行全身灌注時，也可以在屍體動脈灌注防腐液的同時，切開該動脈邊上的靜脈血管進行放血；或用多點動脈灌注、多處靜脈放血，即同時切開兩個或兩個以上的切口，在兩處或兩處以上的動脈進行防腐液的灌注，以及在相應的靜脈處進行放血。常用的是一側股動脈與對側的肱動脈，甚至可以是雙側的股動脈與雙側的肱動脈同時進行灌注，以及相應的靜脈同時進行放血。這樣的灌注法便稱為「開放性灌注法」。

此法的優點是，由於有大量的血液從屍體體內流出，就可以適當增加防腐液的用量，從而使防腐液能充分地滲入到組織內，防腐液在屍體內分布均勻，因而防腐效果更好。但是，此法的技術要求較高，比較麻煩，非對人體解剖學有相當的瞭解者無法操作，故一般情況多不適宜採用。只是對於一些保存時間特別長，要求特別高的屍體（如一些重要人物去世、國際運屍等），才可考慮採用多點式開放性灌注法。遇到此類情況，殯儀館可考慮請醫院的專業防腐醫師前來操作。

此外，還有經過屍體解剖後的人體器官，如心、肺、脾、腎、腸等的防腐。但此類防腐一般由法醫完成，故此處並不討論。

殯儀館使用藥物防腐的情況不多。究其原因，大約在於：一是殯葬一般停屍三天至數十天，冷藏櫃完全可以勝任；二是多數人一時之間還難以接受對遺體進行「注射」這一方式，心理上總覺得「多餘」，因此藥物防腐便被冷藏所代替了。即使是夏天數百公里運輸屍體，也是乘天黑出發，帶上幾塊乾冰。而且現在的接體車上還有空調，故也有降溫的作用。

傳染病和腐敗的屍體必須在24小時內火化，一般不予冷藏防腐處理，除依法認定必須暫時保留者外。此時，冷藏防腐人員必須戴好手套，工作完畢後用肥皂或藥水洗手，謹防被感染。

第七節　冷藏防腐部門的遺體管理

遺體收殮到冷藏庫時，冷藏防腐部門必須有一個遺體交接及管理的作業，這也是殯儀館最需要防止出錯的地方。對此，各殯儀館大都制定了相關的交接及管理手續（如**表5-1**的「冷藏單」）。

表5-1　冷藏單

冷　藏　單	
姓名：	
性別：	年齡：
地址：	
日期：	年　月　日　時

如**表5-1**所示，當收殮工將遺體連同「收殮單」的「第三聯」一起送來時，由冷藏防腐員根據該第三聯的內容填寫「冷藏單」。然後將冷藏單置於遺體上，一起放入冷藏櫃，並將收殮單的第三聯一起夾好（因火化完畢，該聯須返回業務室）。

同時，還要將死者姓名、性別、年齡等幾項主要內容用粉筆寫在牆上的「冷藏櫃遺體一覽表」的黑板上（如**表5-2**）。該黑板用油漆畫成表格，一位死者寫一橫欄。黑板上的序號數須與冷藏櫃的序號數一致，如黑板上第5號便應對應冷藏櫃的第5號。

表5-2　冷藏櫃遺體一覽表

冷藏櫃序號	死者姓名	性別	年齡	死者住址（或服務單位）	喪主姓名
1.					
2.					
3.					
4.					
5.					
6.					
7.					
8.					
9.					
10.					
11.					
12.					
13.					
14.					
15.					

移送遺體時，業務室必須簽發有「遺體火化單」或「遺體移出單」送達冷藏防腐部門。冷藏防腐員則須針對該單核對「收殮單」的「第三聯」、遺體「冷藏單」、牆上的「冷藏櫃遺體一覽表」，三者內容一致，並要喪戶辨認，確認無誤，方能放行。

各殯儀館有自己的表格管理模式，也各有長處，如有的一覽表上只有「冷藏櫃序號」和「死者姓名」兩項，相當簡易。

第八節　防腐整容部門的環境與衛生

殯儀館的防腐整容部門是最需要注意環境與衛生的地方。尤其有些殯儀館將火葬場設計在這些部門的後面，一不注意，這些地方就成了寒冷、炎熱、陰暗、空氣污濁、地面潮濕、嘈雜混亂，並含有有毒物質等的工作環境，這對殯葬職工的身體和心理健康都是非常不利的。

一、環境衛生

(一)防腐整容操作室的環境衛生要求

由於防腐整容的工作性質，以及該類操作室與室外的相對隔絕，這裏很容易形成上述的不良工作環境。其環境的要求大致有：

1. 適宜的溫度：太熱或太冷的室內環境對員工的情緒、心理、工作熱情等都不利，夏天和冬天應當注意室內恆溫的保持。
2. 適中的濕度：溫度太大或太小都會影響身體的代謝平衡。比如，溫度高時，高濕度會妨礙汗液的蒸發，使人感到透不過氣來；溫度低時，高濕度則會使人感到特別冷，甚至會產生凍傷。
3. 良好的通風：操作室要有與外界的通風管道，使室內的混濁氣體能排放出去，將外面的新鮮空氣引進來。因此，操作室必須有對外的門或窗。
4. 充足的日照：一定的日照可以增加人體的免疫力，陽光中的紫外線還具有殺菌作用，即使是透過玻璃進入室內的陽光也有殺菌作用。而且，在春秋冬季節，充足的日照還可以使室內有溫暖融融的感覺，以增加好心情。因此，操作室內有相當時間的適量日照是非常必要的，操作室應當設置在坐北朝南，有足夠的門窗面積採光換氣，以保證或獲得充足的直射日光。

須注意的是，防腐整容操作室不宜使用中央空調。因為，中央空調要求較好的空間封閉性，而這樣卻對防腐整容操作室內的空氣置換、日照不利。久之，室內就會有嚴重的異味，故切忌將防腐整容操作室設計成封閉型的空間。

(二)防腐整容器械消毒

消毒，指透過一定的方法殺滅物體上的病原微生物。殺滅物體上所有的微生物，包括病原微生物和非病原微生物，繁殖體和芽胞，此稱為滅菌。「病原微生物」是指會令人得病的微生物。

化妝防腐等器械要經常消毒，這裏介紹幾種防腐整容器械的消毒滅菌方法：

1.沖洗法：將器械施以肥皂液，擦拭器械，然後以水沖洗。如果可以洗後放在太陽下暴曬更佳。每天下班前，都應以水沖洗地面。

2.煮沸法：在正常的大氣壓下，水溫100℃開始計算時間，煮沸10至15分鐘即可殺滅細菌；者沸1至2小時可以殺滅有頑強抵抗力的細菌芽胞體。在水中加入2%的碳酸氫鈉，使其成為2%的鹼化水溶液，不但能降低水中氫離子的濃度，而且可將沸點溫度提高到105%，滅菌效果會提升，並能防止金屬器械生鏽。在煮沸前，需滅菌的器械必須清洗乾淨。

3.高壓蒸汽滅菌法：此指專用的高壓蒸汽鍋滅菌。一般用於滅菌的蒸汽壓力為1.05公斤／平方釐米，溫度121℃，經30分鐘便可殺滅所有的細菌和芽胞。此法適應於金屬器械、敷料、器皿等。

4.化學藥劑滅菌法：利用某些化學藥劑的殺菌作用進行消毒。用以消毒的化學藥劑，稱為消毒劑。消毒劑的消毒作用取決於消毒劑的濃度、消毒時間和細菌的性狀；即某些消毒劑對某些細菌不起作用，這些可以請教專業的醫生。常用的化學消毒劑有：

(1)酒精：價廉、使用方便，是最常見的消毒劑。將酒精配製成70%至75%的濃度，其滲入細菌體的能力較強。浸泡時間為1小時以上。

(2)來蘇爾（Lysol）：5%來蘇爾溶液浸泡器械1小時；用2%溶液擦洗防腐整容室地面、門窗和桌椅等。來蘇爾能殺滅細菌，但對芽胞作用較小。

(3)新潔爾滅（Benzalkonium Bromide）：對菌類消毒效果較好，無刺激性和腐蝕性。配成5%的水溶液（1份新潔爾滅加入20份水）可用於洗手消毒，將手浸泡5分鐘，清水洗淨即可；配成3%溶液（1份新潔爾滅加入50份水）可用於衣物、手套、器械等的消毒，於浸泡30分鐘後，洗淨即可。

(4)消毒淨（Myristylpicoline Bromide）：有較佳的殺菌作用，化學性質穩定，易溶於水和酒精。1%消毒淨酒精溶液可用於器械等消毒，若在每1000毫升溶液內加入3克碳酸氫鈉可預防器械生鏽。

製成消毒溶液對需要消毒的器械進行浸泡，適應於器械以及不能進行高溫滅菌的物品。浸泡前，器械要洗乾淨；浸泡時，須全部沒於消毒液中。化學消毒劑大多具有毒性，且有刺激性，經浸泡後的器械、物品在使用前必須用生理鹽水沖洗過。

(三)廢物、廢水的處理及空氣的消毒

1.廢物的處理：防腐整容工作中有各種污染性廢物，如死者的頭髮、鬍鬚、棉花、布條等，應妥善收集，統一焚燒。

2.廢水的處理：屍體防腐整容中的廢水帶有大量的病原微生物，如細菌、病毒、寄生蟲等，未經處理就排放，勢必會污染環境，影響人們的健康，故須消毒後才能排放。此項應在當地環保部門的規定和指導下進行。

3.空氣消毒：有些死者在生前可能患有某些傳染性疾病，因而，屍體及衣物中便可能帶有傳染性的病原微生物，在防腐整容室中，搬動屍體並為之穿衣等動作，便會將其身上的一些病原微生物散落開來，重新落在地面。直徑在1微米以下的微生物則可較長時間地懸浮於空氣中，當為人所吸入時就有可能因此致病；故室內空氣的消毒是非常重要的，室內空氣的消毒方法有：

(1)加強防腐整容室內的空氣置換，經常使室外的新鮮空氣代替室內的污濁空氣。

(2)可用紫外線燈照射滅菌。但是，紫外線只能對直接照射的物體表面有效，對不能直接照射的部位則沒有滅菌作用。

(3)利用化學藥劑薰蒸滅菌，如：

①乳酸：按每100立方米空間12毫升80%的乳酸用量，倒入容器內，下置酒精燈，等水蒸發完後將火熄滅，緊閉

門窗30分鐘以下。

②漂白粉和甲醛：一般20至30平方米房間用1公斤漂白粉，加入2000毫升未經稀釋的甲醛，稍加攪拌，數分鐘即會產生大量白色霧狀氣體，緊閉門窗，薰蒸1至2小時。此法有良好的消毒效果，沒有腐蝕作用，亦相當適合家庭消毒。

二、個人衛生

殯葬職工在接觸屍體時，須儘量搞清楚死者的死因。一是直接觀察，二是詢問。傷寒、愛滋病、急性痢疾、痲瘋病等死因的大體，尤其是大體的口鼻肛門等處往往尚有大量病菌，必須防止被感染。對一些異常現象的大體，如面色臘黃、外表潰爛等屍體也應多加注意。這些被感染的危害性，有的可以直接觀察到，有的則無法看出來，因而務須處處注意工作中的防疫及自我保護問題。

操作時，最好戴一次性手套。接觸傳染性疾病的屍體時，必須穿戴專用的衣褲、帽子、口罩、工作鞋和醫用手套。接觸烈性傳染病屍體時，防護物品不得重複使用。另外，切勿在操作室內吃食物，每次操作完後要洗手，下班前尤其要洗臉手、換衣服，不要將工作室的衣服物品穿戴回家；亦不宜留長指甲，以免指甲內藏污納垢。

冷藏防腐人員服務規範

以下提供冷藏防腐人員的服務規範建議予讀者參考：

1.冷藏防腐人員的服務職責：

(1)接收遺體。

(2)發出遺體。

(3)對遺體進行冷藏或藥物防腐。

(4)協助進行化妝整容工作。

2.冷藏防腐人員的儀態要求：

(1)穿著統一的服裝，上班期間配戴員工識別證。

(2)衣著整潔，髮式不得怪異，男士不留鬍鬚，女士不披頭散髮、不濃裝豔抹。

(3)不得在工作場所抽煙、嚼食口香糖等。

(4)儀態端莊得體，不卑不亢。

(5)言語莊重，服務周到，做到「三聲四心」：來有應聲、問有答聲、去有送聲；接待熱心、服務細心、解答問題耐心、接受意見虛心。

3.冷藏防腐人員的服務流程：

(1)做好行前準備工作，如檢查自己的儀態、整理環境、準備備品等。

(2)接收遺體：協助喪戶或收殮工卸運遺體，對遺體進行常規外表檢查，簽發遺體接收卡。

(3)存放遺體：依據業務室簽發的遺體冷存卡存放遺體，編號入櫃。

(4)遺體出箱：依據業務室遺體移出通知單，並核對清楚，然後才讓遺體出箱。

(5)按照業務室開出的服務專案單以及喪戶的要求，根據操作流程對遺體進行防腐。

(6)統計本班的業務情況。

(7)下班前的清理：如關電、衛生清掃、關門窗等。

4.冷藏防腐人員的服務品質標準：

(1)環境整潔、設備良好、用品齊全。

(2)接收和發出遺體都要做好詳細記錄，防止出錯。

(3)經常檢查冷藏設備，保證在預定期限內遺體不變質、變形。

(4)準確地填寫各項表格，核對清楚，且字跡須清晰端正。

(5)嚴禁在無業務室填單的情況下讓大體進入或移出冷藏櫃。

(6)對喪戶言語須莊重、態度和藹，儀態亦須端莊。

(7)做好每日的統計工作。

第六章

殯儀服務：整容與化妝

按照「事死如事生，事亡如事存」的原則，還必須對亡者進行整容與化妝。它們是殯葬服務中對審美能力，以及心理素質要求較高的職業，也屬於殯儀悼念服務的先行服務。

第一節　整容與化妝的基本內容

殯儀服務中的整容係指用一定的方式對變形或破損的遺體提供某種修復服務。它的工作面多在頭面部，但有時也涉及到身體的其他部位。如有的遺體的面部有些變形，眼睛、嘴巴張開；還有交通事故、兇殺而死亡的遺體，有時也需要進行某種修補復原。

化妝就是對遺體的外表進行美化修飾，它的主要工作面也在頭面部。化妝服務還包括為死者洗身；修飾面部，如刮鬍子、洗臉、塗抹油膏或脂粉之類；整理髮型；然後穿戴壽衣壽褲、壽鞋帽等，舊稱「沐浴更衣」。民間認為，如此穿戴整齊打扮一番，準備「上路」。有的地方還有「飯含」、「玉含」、「貝含」等習俗，即將穀類、玉或錢幣等物塞入死者口中，象徵死者在陰間不缺錢花。有的還會為死者披金戴銀，唯此不值得提倡。

一般而言，整容的目的在於使死者著裝後，外形上無明顯的破損；化妝所達到的效果則是使死者儘量符合生前的儀態。整容與化妝通常會互相配合進行，以期達到最滿意之效果。目的在於使死者以一個安詳的、體面的形象供親朋弔唁。這是對生命尊嚴的滿足，同時生者也會獲得某種安慰。因而，整容與化妝的更深層意義其實還在於為生者服務，即為生者的心理需求服務。這一點與冷藏防腐的意義是相同的。

第二節　整容的三類情況

正常死亡的屍體進入殯儀館以後，一般只是化妝，並在短期內進行悼念與火化。但有一定數量的屍體有缺損，需要予以修復，使之盡可能地恢復正常時候的形態，以減少對家屬的心理刺激。因而，殯儀服務的整容，主要是指對有缺損的屍體進行修復服務。

需要整容的屍體大致有三類：

一、眼睛和口腔未能合攏者

有一些屍體進入殯儀館時，瞪眼張口，面容呈現痛苦狀，家屬見了十分害怕。這通常與臨死前的生命狀況有關。眼睛未合的屍體可以採用按摩的方法，用手輕輕地、均勻地按摩屍體的面部，使其皮下組織鬆弛，然後將眼瞼合攏。口腔張開的屍體，可試著用按摩，或於口中塞入棉花；如不行，就在上下虎牙牙齦處各縫上一針，收緊紮牢，口腔即可閉合。如口腔張開的幅度不大，還可用502強力膠（也可用於眼的閉合）。做這些措施時最好避開家屬，或向家屬解釋清楚。還可以用紙錢、毛巾等物頂著死者的下巴，使之閉合。

二、斑痣與腫瘤

屍體頭面部有斑痣或腫瘤，當化妝方法無法遮蓋，家屬如有要求除去，可以用整容方法。斑痣或腫瘤面積較小者，多採用「切除縫合法」，對所需整容的部位做梭形切口，將斑痣或腫瘤切除後，隨即進行縫合；斑痣或腫瘤部位較大無法進行縫合者，就用「切除縫合法」，在屍體胸部或大腿側部取皮膚在切口部位進行縫合，但要注意皮膚顏色的一致。

三、創傷性缺損

由於外部等因素的損害，屍體受到燒傷、切割傷、擠壓傷、撕裂傷等，尤其是頭面部受到了缺損，一般須用縫合方式進行整容。此類情況較複雜，要區別對待，如面部皮膚撕裂導致破相時，要根據死者生前最近的照片進行縫合整容，頭面部的縫合應用透明無色的細尼龍線；顴骨、頜骨處破損時，可借助代用品，如口腔內可墊塞些脫脂棉花；火災燒焦的屍體，根據死者生前最近的照片，可考慮用橡皮泥、石膏等物品對頭面部位進行再塑造，如重塑鼻、耳等，然後進行適當的化妝處理。

第三節　縫合技術

一、縫合的工具和材料

殯儀縫合的工具通常有：鑷子（夾紗布等物品）、手術縫合圓形針（縫組織用）、三角形針（縫皮膚用）、夾縫合針用的持針器、手術剪等。

縫合材料通常有：

1.絲線和棉線：它們是天然纖維紡成，表面常塗有臘或樹脂，強度較好，在組織記憶體存在的時間較久，但對組織有較大的切入作用。

2.臘線：臘線為較粗的天然纖維紡成，表面經過了臘化處理，有較大的切入作用。

3.合成纖維：人工合成的纖維，尼龍、錦綸、滌綸等都是合成纖維。優點在於有更高的強度，可製成有相當強度的細線，特別適宜縫合頭面部；表面光滑，便於化妝。缺點是質地稍硬，打結後較易自行鬆脫，可在結紮打結時增加打扣數（三至五個）。

上述物品在醫療用品商店可以買到，有的材料直接到百貨商店就可買到。

二、縫合方法

縫合技術是殯儀整容的基礎技術，它有對合或閉合組織的作用，為缺損屍體的化妝提供條件。縫合的好壞直接影響到整容的效果。這裏介紹四種縫合方法：

(一)間斷式縫合法和連續式縫合法

在縫合前將切口或創口對合好，然後每縫一針即打一個結，再重新進針，線與線之間互不相連；間距為1至2釐米，進針靠近切緣約0.5至1釐米（即為邊距），此為「間斷式縫合法」。見圖6-1：

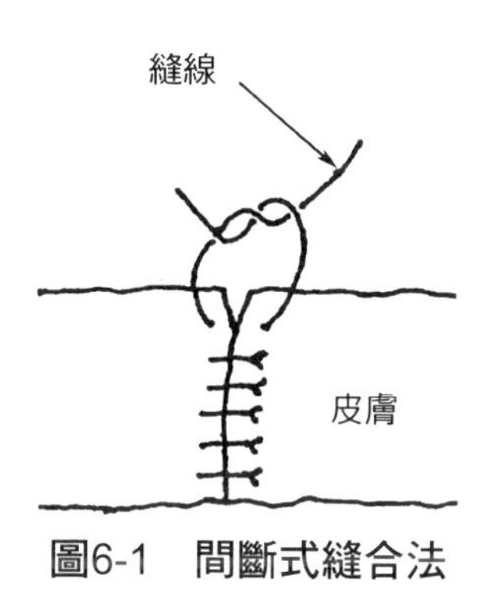

圖6-1　間斷式縫合法

如果每縫一針不打結，收緊後連續縫合下一針，繼續下去，線與線之間相互連接，此為連續式縫合法。見圖6-2：

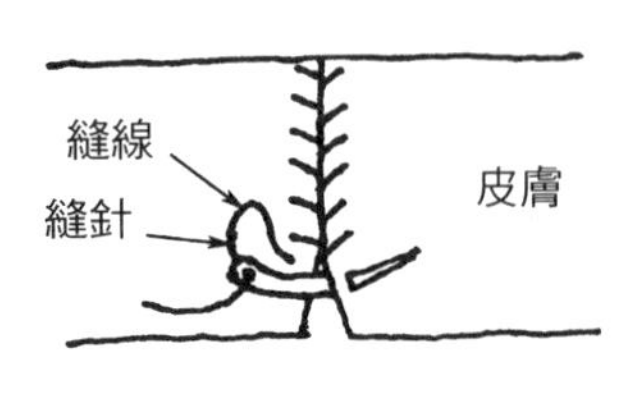

圖6-2　連續式縫合法

(二)褥式縫合法

常用的褥式縫合法有水平褥式（橫式）與垂直褥式（縱式）兩種。

水平褥式縫合法是由兩個間斷縫合法聯合而成（見圖6-3）。垂直褥式縫合法是較深層地縫合在一個平面上（見圖6-4）。這兩種縫合方法均可使創口邊緣對位良好。

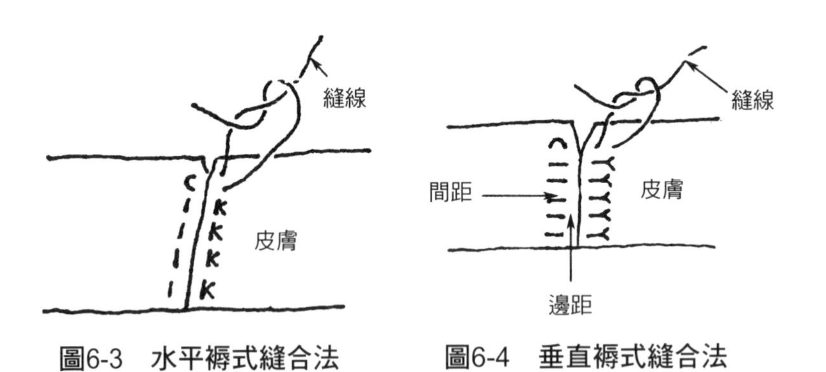

圖6-3　水平褥式縫合法　　圖6-4　垂直褥式縫合法

(三)皮內連續縫合法

將針先從一側真皮深層向其表層部穿出，再由對側的真皮淺層向深層穿出，然後打結。這一縫合方法可使創緣更緊密地對合，如**圖6-5**所示，圖內縫線所聯的虛線表示縫線是在皮下，實線則表示縫線在皮上，見**圖6-5**：

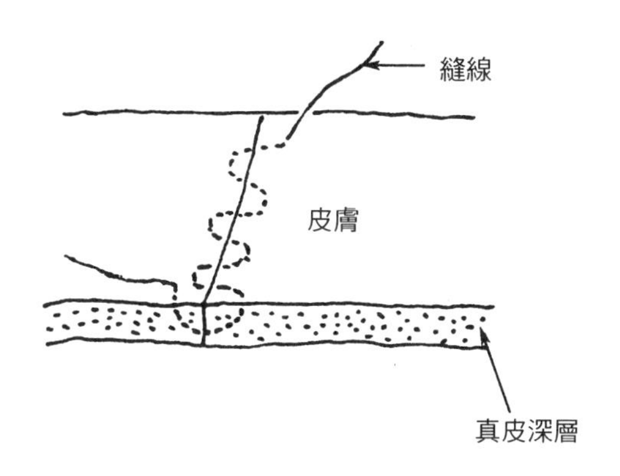

圖6-5　皮內連續縫合法

(四)連續氈邊式縫合法

這是一種連續性的縫合，常用於皮膚的縫合，非常節省時間，但不足的是，如果某處斷裂，就會發生全部縫線鬆開的情形，見**圖6-6**：

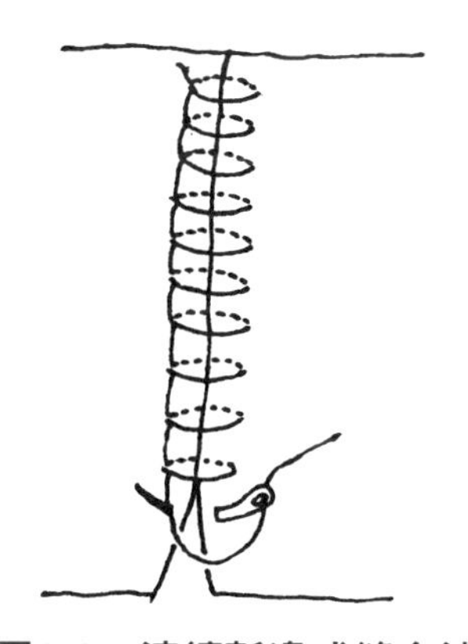

圖6-6　連續氈邊式縫合法

上述各種縫合的基本要求是：(1)組織的創口對合要吻合，並能保持足夠的張力強度；(2)屍體外表形態要恢復良好；(3)頭面的縫合不可影響化妝。

如果屍體的創口很大，則需要用粗絲線或臘線將多層組織一併縫合。為了避免縫線切入皮膚，可加彈性材料（如薄膠片等）於皮膚與縫線之間，以緩衝對皮膚的切入，但這種方法不適宜用於頭面部。

離體斷肢的縫合方面，如果對縫合的要求較高（如搬運屍體），可在斷骨的骨髓腔中插入鋼條固定，先將斷骨接好，然後進行多層縫合，如肌肉、肌腱、腱膜的縫合，最後再縫合皮膚，這樣縫合的肢體就能搬動了。

三、縫合的順序

一般創口或切口的縫合順序，自左到右，自右到左，或自上到下，自下到上均可。但對於離體肢體的縫合就有一定的順序要求。為了保證縫合的肢體能保持正常的人體位置，在縫合前應按正常人體的位置將離體肢體的位置放好，然後再開始縫合。縫合時可按兩種方法進行：（見圖6-7）

1. 180° 縫合法：以斷肢的橫斷面按時鐘鐘面計算，第一針縫合後，在與第一針相隔180° 的位置上縫合第二針，隨後第三針與第四針相隔180° 。經過第5至6針的縫合，離體肢體基本上就恢復了正常形態，此後就可以進行離體肢體的環周縫合了。
2. 120° 縫合法：以斷肢的橫斷面按時鐘鐘面計算，第一針縫合後，在與第一針相隔120° 的位置上縫合第二針，再相隔120°

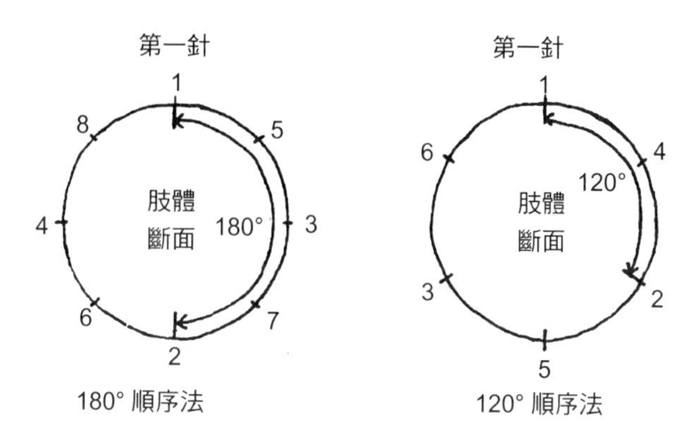

圖6-7　縫合順序示意圖

的位置上縫合第三針。這樣按橫斷面計算，做了二至三個120° 的縫合後，就可做環周縫合了。

四、縫線打結法

屍體的切口、創口或離體肢體經過縫合後，必須打結終止，否則經縫合的皮膚仍會鬆脫。打結時，左手持鑷子夾住穿過皮膚的那一段縫線，在右手鉗子的頭部繞一圈，再用右手鑷子夾住另一線尾，將該線尾從線圈中拉出，打結。頭面部的結不宜打得過緊，防止縫線對組織有太大的切入作用而使皮膚起皺（見**圖6-8**）。

有的殯儀館嫌縫合方式太慢太麻煩，並認為此類整容之目的僅在於追求半個小時的「悼念效果」，因而他們會採用如下方法處理：直接用502強力膠對受損部位進行黏合；當創口太深時則往裏填一些棉花，創口太大時就邊黏邊縫幾針。然後，以粉底霜和化妝粉調和成糊狀抹平創口。如果是面部，則以戲劇油彩和頭油調勻抹平創口，使修補的創口與周圍皮膚的顏色一致。

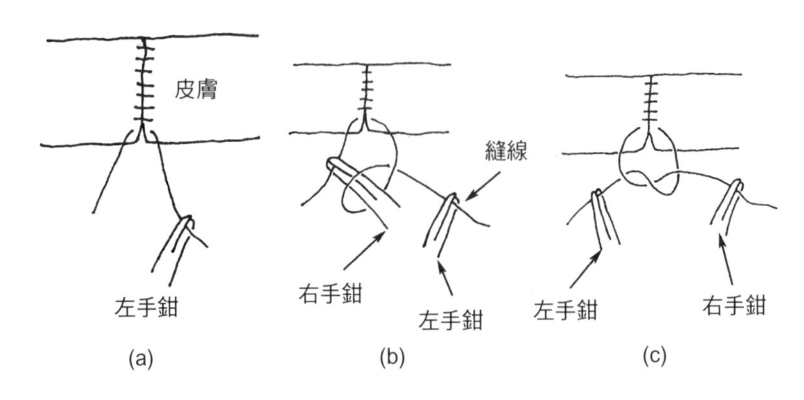

圖6-8　持鉗打結示意圖

有的殯儀館會明文告示喪戶，不對傳染病、腐敗、淹死等嚴重有害或變形的遺體，以及交通事故、謀殺等破碎遺體提供整容化妝服務。如果特殊遺體需要整容化妝，收費多半是另行議定的，價錢上相當高。在有關部門對此未做出明確規定前，各殯儀館可按當地風俗習慣自行處理。

第四節　化妝色彩學常識

一、三原色、間色、複色

所有的色彩都可以從紅、黃、藍這三種顏色中調出，要淺色時再加白色，因此。紅、黃、藍這三色為「三原色」。紅、黃、藍不能由其他色彩混合而成；相反的，其他顏色則可由這三原色（primary colors）相互混合而成。

例如，用紅與黃來調合，就會產生朱紅、桔紅、橙、桔黃、中黃等一系列偏橙色傾向的色彩，只是紅與黃的比例不同，會呈現出不同的差別。用紅與藍來調合，就會產生群青、青蓮、紫羅藍、玫瑰紅等偏紫色傾向的一系列色彩，所不同的也只是藍色與紅色的比例。用黃與藍調合可以產生檸檬黃、黃綠、草綠、中綠、翠綠等一系列偏綠色傾向的色彩，所不同的也只是黃與藍的比例而已。殯儀館對遺體需要整容化妝者，在色彩上多偏用由兩種原色調合所產生的顏色，稱為「間色」，即中間色。

用三種原色相調合也會產生一些顏色。如一定比例的三原色相調合會產生近似黑的色彩，以紅色為主加黃色可以調出褚色（咖啡色），以黃藍為主加一點紅可以調出橄欖綠，或者用一種間色加一種原色產生的色彩也可以與上述色彩一樣。這些用三原色相調、或二間色相調、或一間色一原色相調所產生的色彩被稱為「複色」。

二、色彩的明度

色彩的明度指色彩的明暗程度。明度最高的是黃色，明度最低的是深紫色。色彩的明度可以調節，如大紅色，加入白色或黃色後，明度就會提高，加入黑色或深色，明度就會降低。

色彩的明度在化妝中運用很多。如果能熟練地將一種顏色調出許多不同明度的色彩，而且能控制遞進或降落的速度，就可以調出所需的色彩。

三、色彩的純度

色彩的純度是指一種色彩的純正性達到什麼程度，即該色彩區別於其他色彩時，它本身不加其他色彩。通常都把紅、黃、藍作為純度最高的色彩，而間色相對於原色，純度就降低了，複色的純度就更低了。純度高的色彩，視覺的知覺度就高，就更容易刺激人的視覺，更具有接近人的傾向；色彩的純度越低，鮮明程度也隨之降低，相對就不容易引起注意，會產生向後退的感覺。化妝中，眼影的色彩如果純度很低，眼眶就會產生凹下去的感覺。

色彩配合的種類越多，色彩純度就越低，容易產生色彩「髒」的感覺。因而，事先應該清楚哪些色彩在調合過程中會變髒，使用中要注意。還有，在一次化妝不成功時，應該徹底清洗皮膚。如果馬馬虎虎擦一下，留下的顏色可能會在第二次化妝中發生作用，從而使第二次化妝再次失敗。純度與明度不一定同步。如大紅與粉紅，大紅的純度高於粉紅，而粉紅的明度又高於大紅。這些都是要加以注意的。

四、色彩的冷暖

1.紅色、黃色、橙色、土黃色、棕色等色彩被稱為暖色。
2.青色、藍色、綠色、紫色等色彩被稱為冷色。
3.在色輪中，暖色一般以朱紅為熱極點，冷色以青色為冷極點。在色輪上，我們可以清楚地看到各色的排列，也能看清色彩相互之間的冷暖關係。冷暖色是可以調節的，如黃色加入許多綠色，雖然仍有黃色的味道，但會使人覺得偏冷；而於大紅中加入藍色，就成了紫，也就傾向冷色系。
4.暖色系與冷色系並置在同一版面上，一樣大小的面積暖色塊給人的感覺面積要大些。這說明了暖色予人有膨脹感。換句話說，暖色系與冷色系一相比較，暖色醒目，有向前傾的感覺，而冷色有向後退的感覺。這些知識運用到化妝上，眼影的色彩就應不宜太「熱」，口紅相對於臉頰紅就要「冷」一些，額頭與下巴的色彩也應偏冷些。

5.光源對色彩的影響很大。如日光燈、自然光的色彩傾向是藍、紫、灰等，即具有冷性的特質；電燈光、火光、直射的陽光都是偏紅、黃色的，即具有暖性特點。在不同的光源下化妝，其效果是有差別的。如藍、紫、灰的日光燈光照射在人的皮膚上就會產生一層灰色層，如果我們使用暖的色彩化妝，就要慎重一些，可先試一下色彩的還原性如何，若效果不好，就不要勉強用暖色。在冷光下用偏冷些的色彩化妝，比較容易統一；同樣，在暖光下用暖性的色彩化妝效果也會更好。

6.光對物體可以造成複雜的色彩變化。光色有強弱之分，物體在強光照射下，雖然變得明亮了，但色彩就淡化了、不鮮濃了。在一定程度的弱光照射下，物體會變暗而色彩又濃又重。看一個物體的色彩傾向，應該看受光部分的中間層次，很亮的部分和照不到光的暗部色彩變化較大，不能作為標準。

五、色彩的調配方法

(一)從色彩的明暗程度來調色彩

首先，看一塊色彩是深色（即黑），還是中性色（即灰）、淺色（即白）。假如是深色，就是近「黑」程度，要用深一些色彩去調，如用翠綠、赭石、熟褐、群青、深紅、紫羅藍等色相調，就容易產生深色，而如果用粉綠、淡黃、湖藍等色就不容易調出深色來。如果是淺色，就是近「白」的程度，用淡黃、粉綠、粉紅、湖藍等色去調，效果就會更好。

(二)從色彩的色相在色輪上的位置關係上判準色彩

舉例來說，在色輪上，淡黃如是第一格、第二格為中黃、第三格為桔黃、第四格為桔紅。（可利用坊間的色相表進行比對）那麼，如果要找一塊黃色調的色彩，就可以從上面的相互關係中認識到它的左右是誰，也就清楚地知道了這塊黃色調內的黃與紅的比例。又如紫羅藍這一色，它比群青要「紅」些、比玫瑰紅要「藍」些，是大紅與深藍相加的產物。

(三)從色彩純度上去判準色彩

看一塊色彩，如果是鮮豔的，那麼一定純度高，往往是原色或間色；如果是灰的，那麼就可以加入黑色，或黑加白色，或加上一定的對比色。深灰的色彩可多加些黑，淺灰的色彩可多加些白。

(四)掌握一些常用色彩的調配方法

須清楚綠色是藍色加黃色得出的、紫紅色是藍色加大紅得出的、橙色是大紅加黃色得出的。也應該清楚一般膚色的調配方法：紅色+黃色+白色（大量）。如果要得到遺體膚色近似色，還必須加灰色等常識性的色彩調配方法。而這些應像背公式似地記熟。

上述色彩學的通用知識要經常調試練習，細心體會，這樣才能真切地瞭解色彩調配的變化規律，做到得心應手，運用自如。如果掌握了這些色彩學的基本常識，在殯儀服務的化妝中一般就夠用了。

第五節　臉型與五官

一、臉型分類

殯儀化妝是為了使死者儘量像生前的儀容，親友悼念時有一個較好的心態，因而化妝側重在面部。人的面部大約可分為如下臉形：

1.「國」字型臉：稍有稜角的長方形臉，額頭寬方，下顎飽滿，整個臉形與「國」字相仿。這種臉型的男子具有陽剛之氣。（**圖6-9**）

圖6-9　國字型臉

2.「田」字型臉：田字型臉屬圓形臉，五官距離較近，額頭低，下巴短，雙頰飽滿，臉的輪廓線偏圓，接近「田」字形狀。這種臉有「娃娃臉」之感。（**圖6-10**）

圖6-10　田字型臉

3.「由」字型臉：顴骨以下部分寬，向上漸小，額頭窄，俗稱「三角臉」。主要原因往往是肥胖所致，臉頰部積聚了大量的脂肪，使頰部寬大，臉部上小下大，因而形成了該臉型。（**圖6-11**）

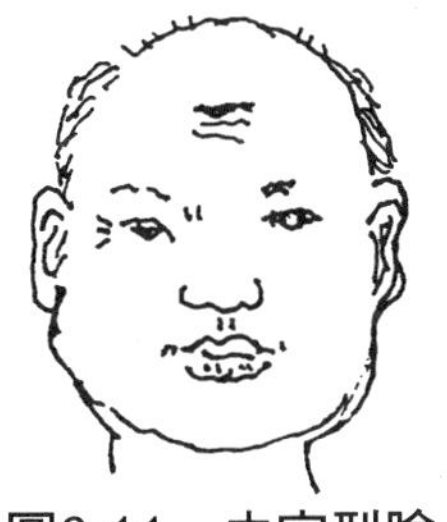

圖6-11　由字型臉

4.「目」字型臉：狹窄的長方形，五官上下距離較大，額頭高，鼻子長，下巴長，顴骨靠裏，整個臉的外廓像

「目」字形狀，即俗稱的馬臉。（圖6-12）

圖6-12　目字型臉

5.「甲」字型臉：額頭寬，下巴尖，有些像「倒三角」形。正常的少年臉形都近似「甲」字，因為小孩的顴骨以下部分還沒有發育完全，其顱骨就相對顯得比較大。（圖6-13）

圖6-13　甲字型臉

6.「申」字型臉：額骨和下巴小，顴面大，本來是瘦長形臉，發胖後就可能成為這種臉型。（圖6-14）

7.「風」字型臉：這種臉型的最大特徵是腮幫大，下頜骨的轉角處突出。（圖6-15）

圖6-14　申字型臉

圖6-15　風字型臉

二、臉部的「三停」和「五眼」

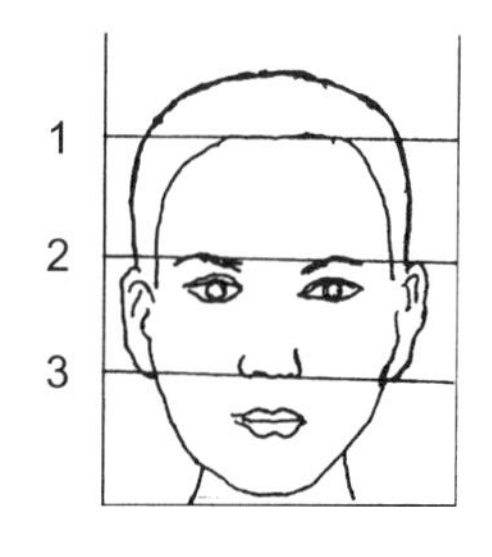

圖6-16　「三停」比例圖

正常成年人的臉，從頭髮邊際處到眉毛、從眉毛到鼻底、從鼻底到下巴，長度大致相等，稱為「三停」（圖6-16）。髮際到頭頂的出入較大，一般也稱「一停」的長度。

正常成年人兩耳之間的寬度大約為眼睛寬度的5倍，即兩眼之間是一眼長；兩眼外側各一眼長，為五等分，稱為「五眼」（**圖6-17**）。

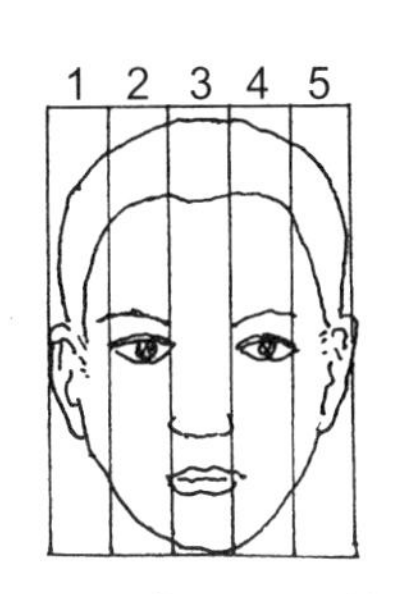

圖6-17　「五眼」比例圖

如果是老年人，則牙齒脫落、下巴上縮（**圖6-18**）；小孩則發育尚未完全（**圖6-19**），會有些變化。

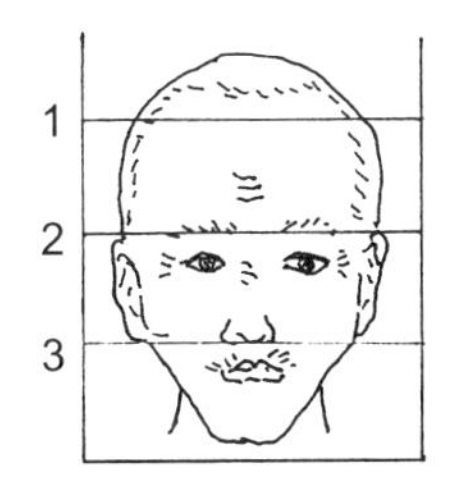

圖6-18　老人頭部比例圖

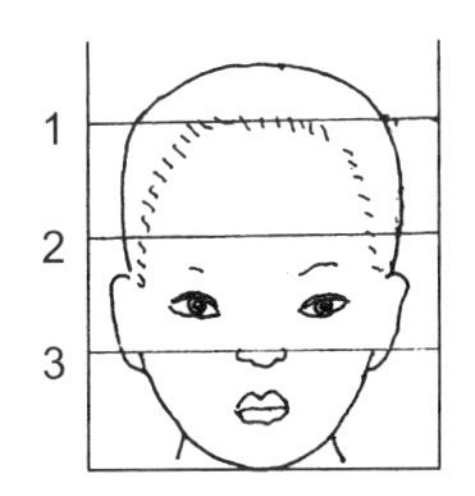

圖6-19　小孩頭部比例圖

第六節　正常遺體的化妝

正常遺體係指外表未受損傷的遺體，其化妝的技術性要求相對上會低一些。

一、遺體的清洗和消毒

清洗遺體，舊稱「沐浴」。沐，洗頭；浴，洗澡。清洗的目的，一是具有衛生防疫上的意義，即讓死者乾淨清潔，治喪時生者不被感染；二是文化心理上的，即給死者穿上新衣服、鞋襪，再化妝，讓死者以乾淨的身體「遠行」。這體現了「事死如事生，事亡如事存」的精神。

清洗和消毒應設置專用的處理室，它可以與防腐灌注室相鄰，以便於遺體的轉運。處理室內配備有固定的遺體清洗台，最好用便於清洗的磁磚或水磨石裝飾表面。清洗台須有一定的傾斜，遺體頭部的位置稍高些。安裝上、下水管，上水管裝在屍台頭部，下水管裝在屍台腳部，配置鵝頸龍頭。處理室要與其他工作隔離開。這些設施，條件不具備的殯儀館可以從簡，但清洗台必須設置，不可省略。

處理遺體前，工作人員應穿戴好防護衣、帽、口罩、橡皮手套和長筒套鞋，並紮緊袖口和褲口，以避免傳染病的感染。脫去或剪除遺體所著衣服後，放入專用塑膠袋中，經家屬同意後集中燒毀。禁止取用死者的遺物。

遺體先用自來水清洗，同時用軟毛刷洗刷體表污垢，再以消毒劑全身噴灑。消毒劑一般用3%至5%來蘇爾水（即50%煤酚皂溶液），或0.1%至0.2%新潔爾滅，或70%至75%酒精。遺體清洗畢，或入冷櫃、或化妝，舉行悼念儀式。每次清洗消毒完畢，都要隨即清洗工作場地，並清洗自己的防護穿戴衣物。

二、遺體的化妝程序

遺體的化妝流程大體如下：

1.清潔面部：可以用醫療用的鑷子夾著棉花球醮著酒精或汽油、或肥皂水、或清水擦拭，再拭乾。要認真地將眼角、鼻孔、鼻翼兩側、嘴角、耳朵、耳孔內等處的污垢清洗掉，使屍體的面部在化裝前呈現出乾淨、整潔的面貌。

2.如果死者皮膚過於乾燥，可在洗淨的皮膚上塗抹一些凡士林，以潤滑皮膚，便於塗底色。也可以在死者臉部先抹一遍頭油（又名「白油」）。用海綿沾頭油輕抹，然後塗底色、抹腮紅等。由於頭油的作用，皮膚在燈光下會有光澤感。

3.塗底色：將調和好的底色油彩均勻地塗於臉部、頸脖部、耳部，使死者的面部膚色呈現出一種健康的、正常的色彩。不要忘了塗抹脖子、耳朵，否則臉部的色彩就會因與其他部位脫節而顯得虛假。

4.將腮紅輕柔地塗於顴骨處，使死者的臉色如生前一般自然、正常。但不要將顴骨處塗得太紅，紅潤到什麼程度應與死者的年齡相仿，否則會顯得滑稽可笑。

5.根據死者的性別、年齡、職業等情況進行眼部修飾，如年齡不大的女士可以描畫眼線、塗抹眼影等。

6.修飾眉毛。

7.修飾嘴唇：先將嘴唇調整好，然後用自然的紅潤色彩塗在上下嘴唇上，以遮蓋死者灰白的唇色。但也要注意不要太紅，尤其是老年死者。

8.修妝：在完成上述化妝程序之後，要根據死者的具體情況進行全面修妝。如有的妝面過於油亮，可用乾粉定妝，以減弱亮光。但是在施粉時要格外小心，用刷子沾上粉以後，先輕輕拍掉一些，然後再刷在死者的妝面上。因為太多、太厚的粉會使皮膚失去質感。如果臉頰塗得太紅，可用底色筆在腮紅部位調和一下，用底色來減弱紅的成分。

三、底色的調配方法

在殯儀化妝中，底色的調配是化妝的基礎。各人的膚色有差別，因而不能簡單地用一種底色去化妝所有的物件。這裏大體以黃色人種為對象，大致要掌握的情況如下：

(一)白晰皮膚色調的底色調配

如果死者很年輕，或者是兒童，那麼本身的膚色基調就顯得白晰。這樣的膚色在調配底色時可用下面幾種方法：

1.直接用肉色或嫩肉色油彩。
2.在肉色或嫩肉色油彩中加入極少量的黃色、朱紅色或棕紅色，調配出的色彩應與死者的膚色接近。
3.以白顏色為主，加少量的黃色、朱紅色或棕紅色，根據死者本身的膚色基調來決定各色彩加入量的比例。
4.如果不用油彩，可以用生活美容化妝品中的粉底霜。粉底霜本身的色彩有深淺之分，可根據死者的具體條件來選擇粉底霜的顏色。粉底霜的色彩一般容易與死者本身的膚色相銜接。

(二)偏黑皮膚色調的底色調配

男性、老年人、從事戶外工作的人等，面部皮膚色調呈黃中偏黑的傾向。在化妝時，如果用較淺淡的顏色作為化妝的底色，就會顯得很虛假。而且，在較深的皮膚上塗淺色底彩，會造成膚色偏灰暗的狀況。因此，如果死者的面部皮膚偏黑，可用下列方法調配底色：

1.用戲劇油彩中的「老年色」或「日曬色」作為底色，在死者的面部薄而均勻地塗上即可。
2.用棕色油彩作為主要基調，調入適量的肉色。
3.用白色加黃色，再加棕色以及極少量的朱紅色。如無棕色，可用大紅加極少量的黑調成棕色。
4.用生活美容化妝品中最深的粉底霜也可以。

(三)紅皮膚色調的底色調配

偏紅皮膚的死者，一種是戶外工作者，常年風吹日曬，形成了一種偏紅的古銅色；另一種是死者由於某種疾病而造成的病態紅皮膚。

對於第一種情況，在化妝時應努力保持其原有的膚色基調。可用以下方法調配底色：

1.用土紅色、肉色、棕色相調配。
2.用大紅色、黃色、白色、棕色相調配。
3.直接使用「健康色」。
4.用「老年色」和少量的紅色相調配。
5.直接使用「日曬色」。

對於第二種情況，在化妝時不能按照其病態膚色化妝，而應還原其本來的皮膚色調。這樣，才可以使其顯得安祥，讓家屬在告別親人時能得到一些安慰。因此，化妝時要遮蓋掉病態的紅色，然後調配出正常的膚色。但不能用過於淺淡的色調，因為過淺的顏色無法遮蓋掉病態的紅色。具體的做法如下：

1.用黃顏色薄薄地打上一層底色。

2.用粉薄薄地塗於臉部加以定妝。

3.用白色加朱紅色，再加少量黃色和棕色，調成比正常人膚色略深一點的底色，然後塗在定過妝的黃膚色上。

4.如果死者的皮膚又黑又紅，那麼可以先用黃色加少量棕色調和打底，然後用粉定妝。

5.用「老年色」加少量的棕紅色調配成比死者原來的面部色調還深兩個層次的顏色，再均勻地塗在臉上。

四、塗底色的方法

調整膚色的化妝品很多，最常見的有粉底霜、粉底蜜、粉底膏，此外還有粉餅、電影油彩、戲劇油彩。油彩與粉底霜的區別在於：油彩是油溶性的，乾性皮膚的人適宜選用油溶性化妝品做底色；粉底霜是水溶性的，對於油性皮膚的人，選用水溶性底色較合適。水溶性底色的特點是油量少、粉質感強，會使乾性皮膚失去滋潤感。

死者的一切機能均已停止活動，皮膚也不再分泌皮脂和汗液。因此，即使生前是油性皮膚的人，死後的皮膚也是乾性的，毫無滋潤、光澤可言。為了使化妝後的皮膚顯得真實自然，可用以下方法塗抹底色：

1.如果用粉底霜作底色，可先用凡士林打底，使皮膚潤滑。然後用海綿將粉底霜均勻地拍打於面部，尤其是耳朵、鼻翼兩側、眼角、髮際、脖子等處都要塗上底色。塗過粉底霜的皮膚有光潔、柔和、白晰的美感，且色彩自然。用粉底霜作為底色，可不必用粉定妝，皮膚便具有滋潤的光澤感。

2.用油彩作底色，須注意幾個問題：一、色彩要調準確，要根據死者的具體情況來調配底色；二、要薄施，用大號的化妝筆或者海綿，將調好的油彩薄而均勻地塗抹在臉上。薄施的油彩容易與皮膚調和，避免造成虛假感；過厚的油彩抹在臉上會使皮膚失真，猶如戴了一個假面具。用化妝筆塗底色時，注意不要留下筆觸的痕跡。最好是用海綿拍打。

3.用油彩化妝會使皮膚顯得油亮，但過於油亮的皮膚又會失真。所以，在用油彩打好底色以後，可以用刷子沾少量的粉定妝，以吸去多餘的油分。或者做局部定妝，即在過於油亮的部位拍粉，其餘的部位保持光澤度。

五、修飾眉毛的方法

眉毛的分布，一般是眉頭與眉梢部位較稀，眉峰較長而密。眉毛的上部受光部位較淺，下部背光部位較深，形成了較強的立體感。各人的眉型不一，須根據死者的年齡、性別、職業等情況修飾眉毛。

修飾眉毛大致有以下幾種情況及方法：

(一)眉毛散亂

眉毛散亂容易使眉眼部顯得髒，可採用以下幾種方法進行修飾：

第一種方法　用小梳子順勢梳理眉毛，使之成型。如果眉毛較硬，可先將眉毛倒梳，然後毛尖上點少量酒精膠（化妝膠水），再用梳子梳順。

第二種方法　用剃刀將眉毛上下的散眉刮掉，使整個眉型顯得乾淨、明確。

第三種方法　用小鑷子拔掉多餘的眉毛。

(二)眉毛長短不一

用小梳子將眉毛逆向梳起，然後用小剪子將眉毛適當剪齊，使之整齊有序。

(三)眉毛稀疏淺淡

有些老年人的眉毛稀疏淺淡，並有幾根偏長，俗稱長壽眉。對於稀疏淺淡的眉毛可用染眉或畫眉的方法修飾。

■染眉

即用較深的顏色刷在淺淡的眉毛上，使之顯濃，但要掌握好分寸，只需在原來的基礎上稍稍加深就可以了。老年死者的眉毛不能用黑色，可用棕色加極少量的灰綠色。

■畫眉

用畫筆在稀疏的眉毛中畫上與真眉線條粗細相仿的假眉，也可先用眉筆在眉毛上畫出眉型，然後用小刷子將畫上去的顏色刷進真眉毛中，這樣可不露出化妝的痕跡。

要注意，如果是畫眉毛，應該用硬芯眉筆，可削尖或削成扁扁的「刀刃型」。用側鋒畫，按照眉毛的生長方向一根一根地畫上去，並與原有的眉毛相配合。這樣就能更真實、更自然地表現出眉毛的立體感。如果用眉筆畫好後用小刷子將真假眉毛刷為一體，那麼就應該採用軟芯眉筆。

(四)沒有眉毛

如果眉毛完全沒有，用染和畫的方法都會顯得十分虛假。為了達到真實的化妝效果，可以用黏貼的方法來解決。材料有：(1)羊毛：可到毛紡廠去買一些半成品的下腳料（即事業單位不要的廢料）；(2)牛尾：也可用麻絲、生絲代替；(3)頭髮；(4)酒精膠水或乳膠。黏貼方法如下：

1.先用眉筆在眉毛部位輕輕描出眉型。
2.理好一小條棕色羊毛（不要純黑色羊毛），長短按眉的需要而定，將兩頭捻一捻，然後將它斜剪為二，將斜剪的剖面的纖維毛黏貼在眉型上。不足之處再修飾，長的剪齊，太細、太短的也可用眉筆添上幾筆。
3.可以用頭髮代替。方法可如上，也可逐根黏貼。手指捏幾根頭髮，用牙籤蘸少量乳膠或酒精膠塗於髮根處，再黏貼，最後修飾。

六、修飾眼睛的方法

眼睛的類型，大致可做如下區分：

1.雙眼瞼：俗稱「雙眼皮」。（**圖6-20**）
2.單眼瞼：俗稱「單眼皮」。（**圖6-21**）
3.細長眼：上眼皮的半月狀弧度小，不明顯，因而眼眶較偏窄，眼睛顯得細長。《三國演義》中，關雲長的「丹鳳眼」即此類型。（**圖6-22**）

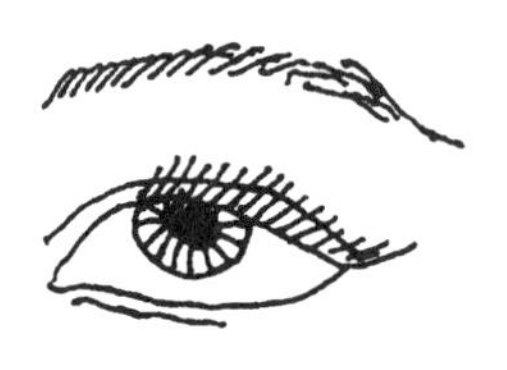

圖6-20　雙眼皮

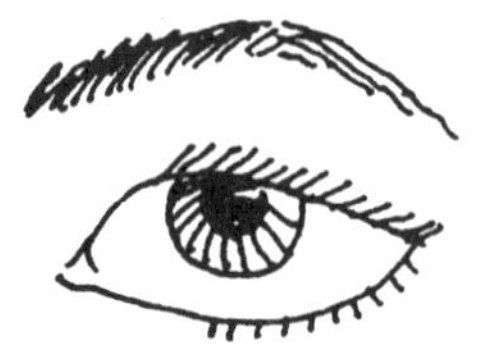

圖6-21　單眼皮

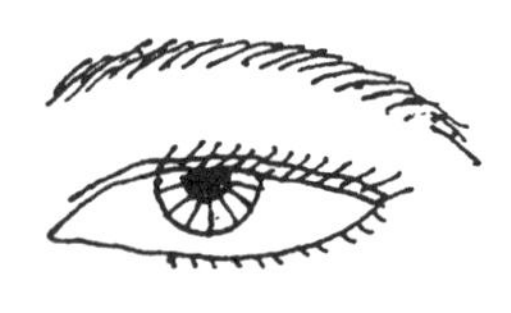

圖6-22　細長眼

4.圓眼：上眼皮的半月狀弧度大，眼眶寬，眼睛顯得圓。（圖6-23）

5.吊眼：從眼睛的內眥（內眼角）經過瞳孔至外眥（外眼角）形成的一條直線，稱「眼軸線」。中國人的眼軸線一般略向上傾斜，歐美人則較平或向下斜。如果眼軸線的傾斜度過高，就形成了外眼角高於內眼角的吊眼。（圖6-24）

6.垂眼：內眼角高於外眼角，眼軸線的傾斜度向下，外形特徵與吊眼相反。由於年齡的增長，上眼瞼皮膚鬆弛，也可以顯出垂眼特徵。（圖6-25）

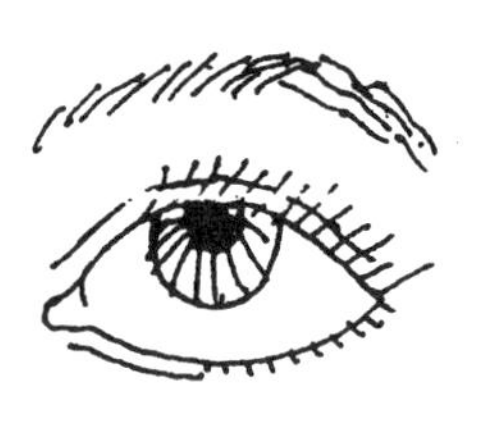

圖6-23　圓眼

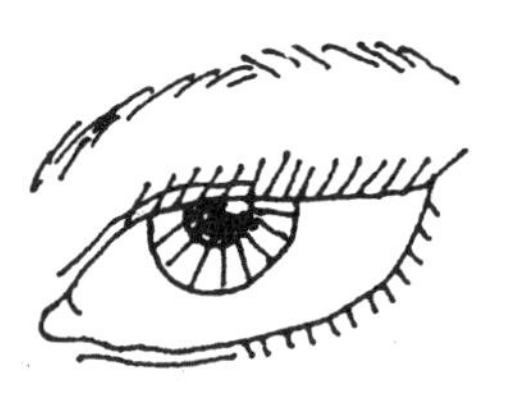

圖6-24　吊眼

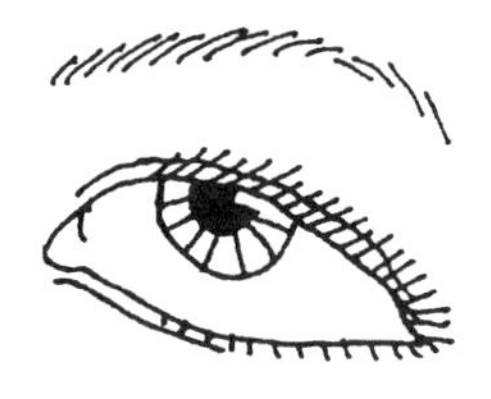

圖6-25　垂眼

在生活化妝中，眼睛的化妝是非常重要的一個部分。因為眼睛居五官之首，被稱為心靈之窗。在眼睛部位所畫的線條和色彩都是為了加強黑白對比，或強調眼睛的形態、神采。但在殯葬化妝中，由於死者的雙眼已閉合，因而化妝的目的在於彌補缺陷，使之呈安祥、端莊之態。當然，也有一些死者是需要用化妝術來進行外貌整容的。

在殯葬化妝中，除特殊情況外，眼部的色彩不宜過於豐富。眼睛化妝有以下四類方法：

(一)陰影色

在希望顯得窄小、深凹的部位塗用的顏色屬於陰影色。陰影色的顏色有暗灰、深褐、藍灰、紫灰、棕色等。如果死者的臉部很平，眼窩很凸起，為了改變這種形象，可以用彩色陰影塗在眼窩部，使之有立體感。但在塗陰影色時，要注意色彩的分寸：一是調出的顏色要準，不要有髒色之感；二是陰影色要與周圍的膚色銜接自然，避免顯得生硬。

(二)亮色

希望眼睛某個部位顯高、突出、豐潤而塗用的顏色屬於亮色。亮色的顏色有白色、淡粉紅色、淡黃色、加螢光的顏色等均屬亮色。消瘦的人，眼窩多呈凹陷狀，尤其是久病而亡的人，眼球深陷於眼眶中。為了彌補這種狀況，在化妝時可用亮色塗於眼窩部。由於色彩的冷暖與陰暗所造成的視覺效果，會使塗了亮色的眼窩顯得稍豐滿。在年輕人的臉上，可用偏紅的亮色，如淡粉紅等；在老年人的臉上，可用中性色彩的亮色，如米色、淡黃色等。

(三)強調色

為了強調、突出某個部位所塗的顏色。陰影色、亮色以及任何色彩都可以作為強調色使用，關鍵在於色彩的比例搭配，並且希望強調什麼。如果幾種色彩同時使用，其明暗度、飽和度、面積大小等都基本相同，就很難分辨出什麼是強調色。

在一個眼部較平的人臉上化妝，如果要強調眼部的眉弓，那麼在眼窩內塗一些偏灰的陰影色，然後在眉弓部位塗上亮色，在陰影色的襯托下，亮色會有明顯的凸起感，這種亮色就可以稱為強調色。

(四)裝飾色

化妝重視色彩的運用，並不僅僅為矯正形象而造型，在很多情況下，色彩發揮了裝飾的作用。比如，當穿著藍色等冷色服裝時，在眼瞼上點綴相似的色彩，就會形成臉部色彩與服裝色彩相呼應的整體美感。又如，白淨的臉上塗上淺紅的眼影時，能使人有年輕、嬌媚之感。在殯葬化妝中，利用色彩做矯正形象畢竟不是太多，更多的是利用色彩起一種裝飾或美化的作用。

至於畫眼線是為了突出黑白對比，增加眼睛的光彩和亮度。但是，在殯葬化妝中，死者的眼睛是閉合的，因而眼睛的神采已不起作用。描畫眼線只是為了讓整體化妝有節奏感，即在臉上形成黑、白、灰的立體效果。眼線可使眼睛部位增加深度和力度。

畫眼線時應畫在緊貼睫毛的部位，線條不宜太粗，可以用鉛筆型眼線筆描畫，也可以用液體眼線筆描畫。用小號化妝筆蘸上黑油彩同樣可以畫眼線。由於死者雙目緊閉，上瞼睫毛複蓋了下瞼睫毛，因而就不用畫下眼線了。

七、修飾睫毛的方法

為老年死者化妝時，主要是為了使其安祥、平和，而不必設法使其漂亮。但在為年輕死者化妝時，就應該化得亮麗一些，尤其是年輕女性死者，更要重視眼睛部位以及睫毛的修飾。睫毛的化妝方法大致如下：

(一)塗染睫毛液

在生活化妝中，塗染睫毛液的方向是從眼瞼緣向睫毛梢滾刷，睫毛液塗在睫毛的內側。因死者的眼睛是閉合的，修飾的部位應該是睫毛的外側，刷的方向也就從眼瞼緣向睫毛末梢刷。殯葬化妝可以用睫毛液刷，也可以用黑油彩刷。塗染睫毛液時為了防止弄髒臉面，可先用一張白紙襯在上睫毛的下面，然後再刷塗睫毛液或油彩。如果用黑油彩塗染睫毛，應使用小號化妝筆，蘸的油彩要少，刷時要小心，才能保持臉面的乾淨。

在塗睫毛液時，如果不小心使睫毛黏在一起時，要趁睫毛液未乾時輕輕地用牙籤將黏在一起的睫毛挑開。如果睫毛液已乾，可用細齒梳子或小刷子輕輕地梳理，刷掉多餘的睫毛液，便可使黏在一起的睫毛鬆散開來。如果睫毛液弄髒了臉面，可用牙籤捲藥棉輕輕地將污點擦去，然後再用底色在擦過的地方修補一下。

(二)製作假睫毛

如果死者由於某種原因沒有睫毛時，可以製作假睫毛。方法如下：

1.自製假睫毛：

(1)用兩根釘子或其他方法將一根深色的棉絲線固定，並繃緊。（**圖6-26a**）

(2)用一根頭髮，如**圖6-26b**所示穿起來，並拉緊；然後再做第二根、第三根等。

(3)根據死者眼寬來決定假睫毛的寬度，一般在4釐米左右。作完一隻後，在棉絲線上略空出一段再作第二隻。每根頭髮之間相隔約一針尖的距離。（圖6-26c）

(4)兩隻睫毛都作完後，沿著棉絲線塗膠水以固定。但不要塗得太多。

(5)用剪刀將假睫毛剪成2釐米長的弧形，然後平放在玻璃板上，右手持刀片與玻璃板形成30° 斜角，將頭髮削薄，形成參差不齊的效果。（圖6-26d）

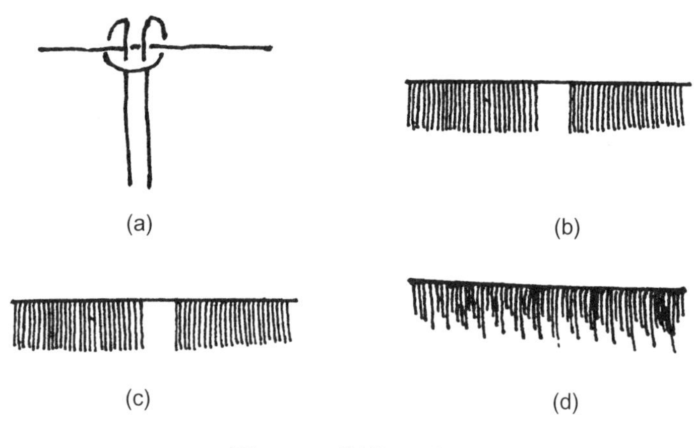

圖6-26　製作假睫毛

2.捲燙假睫毛：為了達到逼真的效果，還需捲燙假睫毛，使之彎曲定型。有以下三種方法：

(1)用冷燙藥水將假睫毛燙卷：可先將睫毛置於藥液中浸透，然後平鋪在透水性較慢的紙上，將睫毛理順。將紙對折，將睫毛夾在兩層紙之間，再用一支筆桿將紙和睫毛一起捲上，捲完後抽出筆桿，用髮夾夾住兩頭，放在陽光下或暖氣邊烘乾。乾透後取出睫毛，洗淨藥水，晾乾後即可使用。

(2)用燙鉗捲燙：這是較為簡便的一種方法。將做好的睫毛用水浸濕後，用紙墊襯，再用加溫後的燙鉗夾住捲燙。操作時要小心，因為睫毛的面積小，容易燙手。

(3)用定型髮膠捲睫毛：將睫毛浸濕後，平放在紙上，將定型髮膠噴在睫毛上，再把睫毛理順，然後將紙對折，使睫毛夾於紙中，用一支筆桿捲起來，捲好後抽出筆桿，再用髮夾夾住，放在風口吹乾即可使用。此法最簡單省時，但捲曲的持久性差於前兩種。考慮到此類假睫毛是一次性的，故此法最適用。

(三)買假睫毛直接使用

也可買假睫毛直接使用。不過，有的假睫毛太長太密，使用後會顯得不真實、不自然，因而還需要對它進行一番修剪加工。可用小剪刀從睫毛梢方向朝裏剪，將睫毛修剪成需要的形狀。

(四)修理散亂的假睫毛

不管是買來的假睫毛或自製的假睫毛，保管不當或使用時不小心都可能損壞，致睫毛東倒西歪。修理方法如下：把散亂的假睫毛用酒精順毛擦洗（下墊一張衛生紙），然後用指甲理順並蘸水浸濕，備一張小紙片（香煙盒內的錫箔紙最好），將理好的假睫毛放在紙片上，用圓筷子或鉛筆壓住睫毛，把底線理直，再用紙將假睫毛捲緊在筆桿上，一般在室溫下靜置8至10小時就可乾透，即可使用。

(五)假睫毛的黏貼方法

1.在假睫毛的底線塗上膠水，注意不要碰到睫毛。

2.在膠水將乾未乾時，將假睫毛緊貼著睫毛邊緣黏上。注意假睫毛較短的一端黏貼在內眼角上。較長的一端黏貼在外眼角上，不要搞錯。

3.假睫毛也可以剪成小段，根據需要在眼睛進行局部黏貼。

八、修飾臉頰的方法

臉頰位於面部左右兩側，是化妝的主要部位。臉頰的形象對人的容貌影響較大。在舞臺化妝中，由於舞臺燈光的亮度、色彩對比的影響，以及舞臺與觀眾席之間的距離（較遠），演員需要用比較誇張的色彩來化妝。否則，演員的臉部就會在強烈燈光的作用下顯得格外的蒼白。在演員的臉頰塗上紅色，稱為「面紅」。

殯葬化妝，人們離死者一般較近，也無強烈的燈光照耀，因而只需恢復死者生前的正常顏色就可以了。

(一)在死者的臉頰部塗面紅的作用

1.表現皮膚的健康：死者的面部皮膚蒼白、枯黃、灰暗，為使其膚色接近正常，就有必要在臉頰部塗敷一點紅色。但要防止塗得太紅而顯得誇張。

2.起均一色調的作用：人的面部結構有高低起伏，皮膚的色調也有許多微妙的變化 ，即使塗上了底色也常常達不到理想的效果，塗上面紅，並在額部、眼窩、下巴等處，均勻地、有深淺層次地塗上面紅色，使明亮的紅色成為一個統一的色調，就可以削弱那些細微的凹凸及皺紋所形成的明暗對比。

3.矯正臉型：臉型整體的形式感、色彩感、神采是由面部五官的個別形態、顏色，以及臉型輪廓的有機結合而構成，在任何一個局部施加一條線或者一塊顏色都會對整體產生影響。在臉頰部位塗上較為明顯的紅色必然會產生新的色彩結構。對於需要改變或矯正的臉型來說，塗面紅是一種方法。

(二)塗面紅的方法

1.用面紅表現健康的膚色：

(1)給死者塗面紅是為了掩蓋面部的蒼白，要自然、真實，不露出化妝痕跡，以表現正常人的健康膚色。因而，面紅的顏色要調配準確，使人感覺是從皮膚的血管中透出的紅色，而不是塗上一塊紅顏色。

(2)用透明度強，能與膚色協調的中性紅色做面紅比較理想，如磚紅色、淺棕色、淺粉紅、淺灰性玫瑰紅等。

(3)塗面紅的主要部位在顴丘，然後將紅色向四周散開，與底色自然相接，不要有邊緣痕跡感。

2.白皮膚適合的面紅色：

(1)皮膚較白的臉上適合色彩純度較低的顏色做面紅，這容易產生生動自然的效果，而不宜塗豔麗的紅色，因為這會使紅色特別顯眼。淺色棕紅、淺桃紅、淺玫瑰紅、磚紅、酒紅等色彩，比較適合作為白皮膚者的面紅色。

(2)膚色白還應避免塗深色面紅。因為深色的紅容易使皮膚與面紅形成明顯的色差，缺乏柔和感。

3.黑皮膚適合的面紅顏色：比較黑的皮膚塗面紅，可以用以下方法：

(1)用比底色稍鮮豔一點的淺棕色做面紅，可以取得良好的整體效果。這種面紅主要是與較深的底色配合。

(2)用膏狀（包括油彩）面紅來加強皮膚的質感，此類面紅的表現力較強。深色皮膚上不宜用粉質化妝品做面紅，因效果欠佳。

(3)皮膚黑面紅顏色應自然、淺淡，過於明顯的紅容易顯得俗氣。

4.如何用面紅統一整體色調：用面紅來統一整體的色調，使整個面部的色調與外部環境的色調相調和。比如，統一整個面部色調，可以清除面部零碎的凹凸感，使面部產生和諧、豐滿的美感。但是，不能在各個部位都塗上同樣深淺的紅色，而應根據具體情況來改變面紅色的深淺，凹下部位的紅色宜淺亮，逐漸過渡到凸起部位的為較深暖的紅色。同時，不能忽視面紅的主次，顴部、下巴、眼窩部位的紅色都要適度。

此外，還要注意整個面部色彩的色系，面紅應與服裝色、環境色等相和諧。

九、如何修飾鼻子

(一)常見的幾種鼻型

1.理想鼻：鼻梁挺拔，鼻尖圓潤，鼻翼大小適度，鼻型與臉型的比例協調。（**圖6-27**）

2.鷹鉤鼻：鼻根高，鼻梁上端窄而突起，鼻尖部呈尖端狀向前方成鉤狀。（**圖-28**）

3.蒜型鼻：鼻尖和鼻翼圓大，鼻球與鼻翼的結構不明顯。（**圖6-29**）

4.朝天鼻：鼻尖位於鼻翼之後，鼻孔的可見度較大。（**圖6-30**）

5.小翹鼻：鼻根、鼻梁與鼻球相對，略微顯低，鼻尖向上隆起，鼻子的線條流暢。（**圖6-31**）

6.小尖鼻：鼻型瘦長，鼻尖單薄，鼻翼緊附鼻尖，展開度不大。（**圖6-32**）

7.獅子鼻：鼻梁偏平，鼻翼及鼻球大而開闊。這種鼻子以南方較為多見。（**圖6-33**）

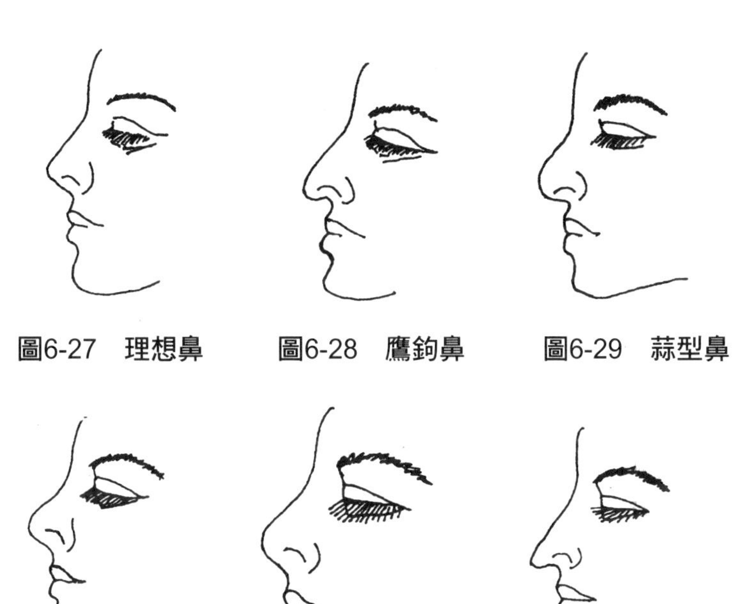

圖6-27　理想鼻　**圖6-28　鷹鉤鼻**　**圖6-29　蒜型鼻**

圖6-30　朝天鼻　**圖6-31　小翹鼻**　**圖6-32　小尖鼻**

圖6-33　獅子鼻

(二)鼻型對臉部視覺的影響

鼻子在臉部占據著最顯眼的位置。它像一條中軸線，將面部分成左右兩半。上端為眉毛和眼睛，左右和臉頰相連，鼻翼透過鼻唇溝聯繫並牽動嘴角，透過人中與嘴唇相呼應。可以說，鼻子在臉上起著承上啟下的作用。

鼻子的高低對臉部的立體層次、節奏、外部形象會產生影響，鼻根至鼻尖的長度又會改變整個臉型的印象。鼻子長，臉型就偏長；鼻子短，臉型就顯短。高而挺直的鼻子，使眼睛有凹下之感，加強這部分的立體結構，額頭、嘴、顴骨均會在高挺鼻子的影響下形成臉面各部分的層次與節奏感，由此引起美好的感覺。

偏平的臉型往往與低鼻梁相關，因為低平的鼻梁使眼睛與鼻子之間不能形成高低層次。

鼻尖有大小、圓尖之分，這些會對臉部容貌產生視覺影響。如尖而鉤的鷹鼻，除了人中顯短以外，還容易使整個臉型貌有凶相。大鼻翼使鼻尖部分寬大，小鼻翼常使鼻形不豐滿。

僅僅依靠化妝鼻子來改變外貌是不可能的。修飾鼻子主要是透過色彩的對比（即塗色），使鼻子對整個臉型產生美的視覺效果，如使大鼻子顯小、小鼻子顯大；低鼻梁顯高、高鼻梁顯低；長鼻子顯短、短鼻子顯長等等。這些都是處理好鼻子與臉部各部位需注意的事項。

(三)用什麼顏色畫鼻側影

畫鼻側影是為了使鼻梁顯高和改變鼻子不理想的部分，以襯托眉眼和臉型。因此，畫鼻側影的顏色就要力求真實，避免虛假。

面部的基底色調是帶有紅、黃、白成分的暖色調，鼻側影的顏色最好也是暖色，只是要拉開與底色的明暗差別。用淺棕色、棕灰色、土紅色、褐色、紫褐色等作為鼻側影容易和底色保持和諧，並形成自然的陰影色。有時，沒有理想的顏色，可以自己調配。比如用土紅色做陰影色時，若覺得偏紅了一點，就加入一些灰色。

鼻側影的顏色除了要和膚色一致外，還應與眼影色相協調。如果在眼瞼（即眼皮）上塗藍色或紫色眼影，而用棕紅色塗鼻側影就不和諧，若是用紫灰色或偏冷的灰褐色，就能與眼影銜接，但還是應掌握好分寸。

(四)塗鼻側影的作用

1.如果用顏色加深鼻梁兩側的陰影，就會使左右內眼角低凹，明暗對比加強，使鼻梁顯得高而挺拔。
2.鼻側影可以和眼影相融合，在一定程度上造成色彩視覺效果，改變鼻子的外形。
3.由於鼻側影畫在鼻梁的兩側，位在面部的中心位置，加上色彩具有一定的深度，可以強調臉型的立體層次。所以在生活化妝中，往往將畫鼻側影作為修飾或矯正臉型的一種手法。

(五)在什麼情況下不塗鼻側影

1.鼻梁窄的人不宜塗鼻側影。如果加重鼻梁兩側的陰影，會使鼻梁更窄。
2.兩眼之間距離近的人不宜塗鼻側影。因為鼻梁的明暗對比強烈，會使兩眼之間距離顯得更近。
3.鼻梁高的人不必塗鼻側影。
4.眼窩深陷的人不塗鼻側影為好。
5.年紀大的死者，為追求自然和不露痕跡的化妝效果，可以不畫鼻側影。

(六)如何使鼻梁顯高

低而扁平的鼻梁會使面部顯得呆板，缺乏立體層次。由於鼻梁兩壁是由兩個側面形成的立體型，因此可以加強色彩的明暗對比，強調它的視覺高度。

在鼻子的兩側塗陰影色，可以用深於膚色的淺棕色、棕紅色、紫褐色等。鼻側影的上端與眉毛銜接，兩邊同眼影混合，下方則消失於底色，使鼻側形成一個自然而真實的側面陰影。在鼻梁上塗明亮的顏色，用淺肉色或淡粉紅加少量的白色與黃色，調成一種比皮膚明亮的顏色。如果用珠光型眼影，由於亮光的反射，會使鼻梁深出，但點染的面積不宜太大，只需於鼻骨及鼻尖上輕輕印擦，而且要符合鼻子本身的生理構造。

也就是說，用陰影色與亮色的明暗對比進行鼻梁造型，從正面看有一定的立體效果，但從側面看，鼻梁顯高的效果就要差些。因為從正面可以看到鼻子的三面體，色彩的明暗反差可以使人產生高低的視覺，而從側面卻只能看到鼻子的一個側面及正面的一部分，儘管也存在色彩的陰暗差別，但無法改變鼻子輪廓線的高低起伏。

(七)如何使鼻子顯短

從鼻根至鼻尖的長度應占臉的三分之一。如果鼻子偏長，整個臉型也就顯得長。改變的方法是降低眉頭。可以用眉筆在原來的眉毛下加畫幾根，或者在眉頭下端揉搓一些綠褐色，再將鼻側影與之相連接。降低眉頭的部位可以使鼻根相應偏低。

鼻側影向內眼角塗染，顏色要淡，向下不要延續至鼻翼，鼻影的顏色要與眼影自然銜接，又要柔和地過渡到眉毛，不要形成顯眼的化妝痕跡。如果在鼻子鼻尖、下巴、額頭、臉頰上均勻地點一些淡紅色，造成和諧溫柔的色調，對減弱鼻子長的印象也有一定的效果。

鼻子與眉眼、臉頰、嘴唇相互關聯，在化鼻妝時應考慮與其他部位的配合及襯托，如眉毛避免向上挑，注重下眼瞼的修飾等。

(八)如何使鼻子顯長

1.將鼻側影向上渲染至鼻尖，向下直到鼻翼處消失，用色彩的縱向引導使人們的視線由於上下移動，從而感覺鼻子的長度有所增加。

2.改變眉型。將眉頭稍向上抬，這樣就抬高了鼻根的部位。

3.加強鼻子的立體。除加亮鼻梁的色彩外，鼻側影的顏色可略深一點，如此較短的鼻梁就會顯得稍長一些。但亮色的面積不宜過寬。

4.要注意減弱鼻翼的色彩，因為明顯的鼻翼會增加鼻子的寬度。

(九)如何使鼻翼顯小

鼻翼的大小一般與整個鼻型是對稱協調的，但也有例外。如果鼻梁適中，鼻尖和鼻翼偏大的鼻型，被稱作「獅子鼻」；有的鼻子，由於鼻翼過大而顯得缺乏秀氣，要使寬大的鼻翼顯小，可以用顏色的深淺來調整鼻子的局部形象。如將略深於膚色的鼻影色從鼻根部延續至鼻翼，同時用比膚色淺的明亮色塗於鼻翼和鼻尖，用這樣的方法來加強鼻尖與鼻翼之間的反差，因深色有收縮感，可以在視覺上感覺鼻翼變小了。

(十)如何使鼻翼顯得飽滿

飽滿勻稱的鼻翼是構成鼻子外形美觀的重要部分。單薄而窄小的鼻翼往往使得鼻子下半部分缺乏力度。改變這種鼻子的辦法是：

1.鼻翼塗淺色：這種顏色可用肉色加少量白色和黃色調和，但要和膚色接近。
2.鼻梁不宜塗得太寬太亮，否則易使鼻翼在相比之下顯得更小。
3.避免將嘴唇畫得大而豔。
4.不要加強鼻尖的亮度。這樣，可以使塗了淺亮色的鼻翼和鼻尖部分渾然一體，在鼻子的整體結構上增加飽滿度。

十、如何修飾嘴唇

(一)常見的幾種嘴唇類型

1.理想型：嘴唇輪廓線條清楚；下唇略厚於上唇，嘴唇的大小與臉型相宜；嘴角微微向上翹；整個嘴唇飽滿而富有立體感。（圖6-34）
2.厚嘴唇：上下嘴唇肥厚，厚唇的唇峰一般較高，如果嘴唇的厚度超過一定的範圍，即有外翻的感覺。（圖6-35）
3.薄嘴唇：口唇部單薄。（圖6-36）
4.嘴角上翹：由上下唇兩端會合而形成的口角（也叫嘴角）略向上翹，可以產生微笑的感覺。此嘴型對人的表情有一定的影響。（圖6-37）
5.嘴角下掛：兩端嘴角略向下而形成弧形線。嘴角下掛容易產生愁眉苦臉的感覺。（圖6-38）

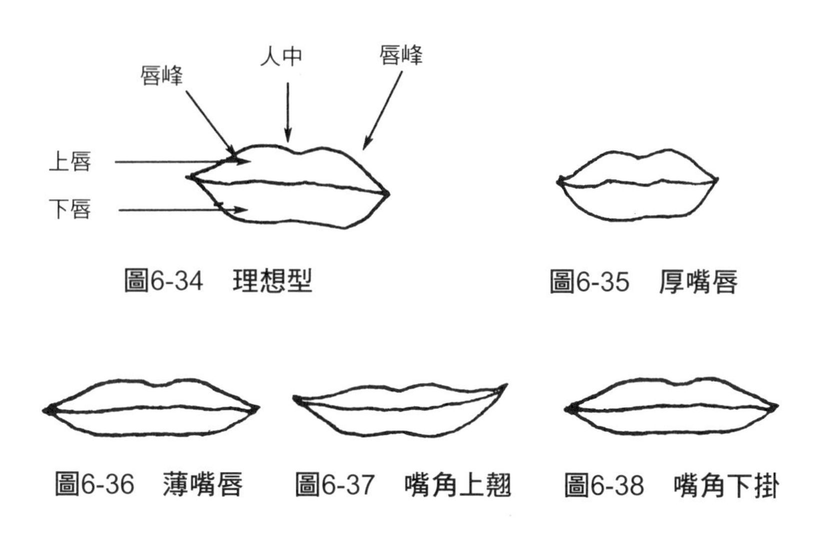

圖6-34　理想型　圖6-35　厚嘴唇

圖6-36　薄嘴唇　圖6-37　嘴角上翹　圖6-38　嘴角下掛

6.尖突型：薄而尖突的嘴唇，一般是唇峰高，唇廓線不圓潤。尖突的嘴唇往往與狹小的鼻子一起，對臉型產生影響。（圖6-39）

7.癟上唇：正常情況下，上牙床位於下牙床的外側，如果上牙床位於下牙床的內側時，就會形成上唇癟、下唇突出的形態，這種嘴唇一般都是上唇薄下唇厚。（圖6-40）

圖6-39　尖突型　圖6-40　癟上唇

(二)塗唇膏的方法

1.用紙將嘴唇擦乾淨。

2.用唇線筆勾勒出理想的唇型。在殯葬化妝中，可以用化妝筆蘸上紅棕色勾畫出嘴唇的外輪廓線。

3.從上唇的兩邊嘴角向唇中塗，再從下嘴唇的兩邊嘴角向唇中塗。

4.塗完外緣後，逐步塗向內側，直到全部塗滿。

5.根據需要，可塗上光亮劑，使唇色滋潤或結構分明。

6.如有塗出唇線外的口紅，可用軟紙、紗布或棉花等輕輕擦去，並將擦過的地方用底色補好。

(三)怎樣確定口紅的顏色

不要盲目塗口紅，在確定口紅的顏色時，要注意以下幾點：

1.選擇口紅的顏色應考慮到年齡：年輕的女性可以用較透明的、鮮豔一些的紅；年輕的男子用較穩重的棕紅色；老年人的口紅顏色使用自然的紅色就好。如果老年人本身的唇色很好，只是由於死亡後顯得乾枯無光，可以塗一些透明的防裂唇膏或無色光亮唇膏以增加光澤度。

2.選擇口紅的顏色應考慮到死者的膚色：如果皮膚較白，可以用淺紅色；皮膚偏黃的人用桔紅色；皮膚深的人用棕紅色。這樣，口紅色與皮膚顏色容易調和，妝面就呈現自然、真實感。

3.選擇口紅的顏色時應考慮到被化妝者的嘴型：如果嘴很大或嘴型很難看，應避免選用鮮豔、淺亮、珠光色唇膏，而以選擇本色紅、暗紅等沉著、穩重的色彩較好。

4.選擇口紅顏色時應與服裝色配合：

(1)不同的年齡，不同的性別，其服裝色彩不一。大體上，服裝色有單純色與組合色之分；有暖色與冷色之分；有深淺色之分等，口紅的顏色應與之協調。與單純色相配的口紅，可以是協調色，也可以是點綴色。比如，年輕女性死者穿一身玫瑰紅服裝時，就宜塗上淺玫瑰紅的口紅，這個口紅色就是服裝色的協調色。如果死者穿一身白色衣服或一身黑色衣服，塗上淡朱紅、淡棕紅等口紅，就屬於一種點綴色。

(2)服裝的顏色往往是兩種以上的多種色彩的組合，與之相配合的口紅色應取其主要色調，這可以加強色彩的整體感。如果上身與下身的服裝是兩種顏色，口紅的色彩應與接近面部的上衣顏色協調。

(3)服裝的色彩性質有冷色與暖色之分，在大多數情況下，口紅顏色應與服裝色相一致。如在紫色、藍色等冷色系服裝上採用桃紅、粉紅、玫瑰紅等帶有冷色傾向的口紅，這比用桔紅、朱紅等帶有暖色傾向的口紅看起來更和諧。

(4)深色服裝用深色唇膏，淺色服裝用淺色唇膏，效果都比較理想。

(5)黑色、白色、灰色具有最佳的搭配性能，因此，與之相配合的口紅顏色範圍就較為廣泛。

(四)嘴唇顏色發紫該如何化妝

有的死者嘴唇呈紫黑色，如果塗上淺亮色口紅，無法遮蓋原有的唇色。在這種情況下，可先用底色在發紫的嘴唇上塗一遍，然後再用棕紅色口紅塗上，就可蓋住原來的唇色。如果將珠光口紅與普通口紅混合使用，還可以使嘴唇產生滋潤的光澤。

在發紫的嘴唇上，應避免用朱紅、桔紅系列的口紅，因為這些顏色的遮蓋力不強。

(五)嘴唇乾裂如何化妝

死者的嘴唇乾裂是很常見的現象。在化妝時可以先在嘴唇上塗一些潤滑劑，如凡士林、防裂唇膏等，這樣可以緩解乾裂的程度。然後再塗上唇膏，就可以達到理想的效果。不能直接抹口紅，因為乾裂的嘴唇會形成許多小縱紋，無法使口紅抹均勻。

(六)如何改變唇型

■將厚嘴唇妝飾得薄一些

常用的方法是將口紅塗抹在紅唇（部位）以內，再用底色遮蓋住紅唇的外露部分。化妝要仔細，尤其是嘴唇的邊緣要畫得乾淨平整。（**圖6-41**）。虛線以內塗口紅，虛線以外用底色遮蓋。

■將薄嘴唇妝飾得豐滿一些

用口紅遮蓋住本來的唇型輪廓，以增加紅唇的厚度。（**圖6-42**）先用棕紅色唇線筆描一個比原來的紅唇略寬一些的輪廓，然後在這個輪廓內塗上口紅。要領有：

1.描畫的輪廓除了要放寬尺度外，還要有較大的弧度。

圖6-41　將厚嘴唇畫薄

圖6-42　將薄嘴唇畫豐滿（一）

2.描畫的輪廓線要乾淨。

3.塗抹的口紅線要厚薄均勻，以能較自然地蓋住紅唇和加寬部分的皮膚顏色。

有的嘴唇輪廓線比較明顯，皮膚與紅唇部的交角坡度大。描畫的輪廓線又越過了這個坡度，這時依靠單色唇膏會蓋不住邊緣，化妝效果會顯得虛假，而必須把上嘴唇原來輪廓線以外部分的顏色加深一些，以抵消受光部位的色差。下唇邊不必加深色，只需在靠近口裂的中段加一點淺色（用皮膚色調和唇膏，或用淺色唇膏），然後把淺色均勻地與唇膏揉和，造成豐滿的視覺效果。（**圖6-43**）

■平直的嘴唇如何塗口紅

平直的嘴唇長在扁平的臉上，一般會顯得比較呆板。要改變這種狀況，應加強唇形的起伏，並與其他部位的化妝配合，使臉型結構清晰生動。（**圖6-44**）

化妝的方法主要有二種：

1.改變唇型輪廓線。在人中的兩側畫出唇峰，下唇的輪廓線呈滿弓型。

2.強調唇色膏的深淺變化，即上唇中段的顏色要淺，畫出的唇峰部的顏色則要深，下唇中段的顏色也要淺，以造成嘴唇中部突出受光的視覺效果。

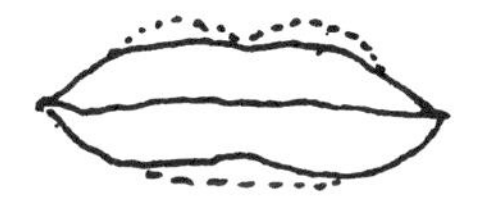

圖6-43　將薄嘴唇畫豐滿（二）

圖6-44　平直嘴唇的修飾

■尖突的嘴唇如何塗口紅

薄而尖的嘴型常與狹小的鼻型有關，嘴型的化妝關係著臉型的外觀，只要將尖突的嘴唇妝化得平一些，整個容顏都會有所改觀。

化妝的方法是：先畫唇形輪廓線。上唇輪廓線從嘴角開始，偏離本來的上唇邊緣，斜向上、向前畫弧線，與原來的唇峰會合（如果原來的唇峰高，則把會合點降低）；下唇輪廓線從嘴角起畫，斜向下、向前在中部外側與原來的紅唇邊緣會合。畫完後，就在輪廓線內塗口紅。（**圖6-45**）

圖6-45　尖突嘴唇的修飾

■上唇癟如何修飾

1. 可用淺色粉底加亮人中兩側的膚色，使上頷部略顯豐滿；同時用偏深的底色塗在下巴上。
2. 用唇線筆將上唇輪廓線適當地向外擴展，下唇輪廓線則畫於原來唇線的內側。由於上唇癟的人，大多數是上嘴唇薄、下嘴唇厚，可以透過增加上唇的厚度，以及適度地減弱下唇來改變唇型。
3. 上唇的唇膏以淺淡的亮色為宜，下唇的唇膏略深，在一定的光照下形成相近的色度。
4. 在上唇的輪廓線內側，用光點加以強調。下唇可以塗得平淡一點。（**圖6-46**）

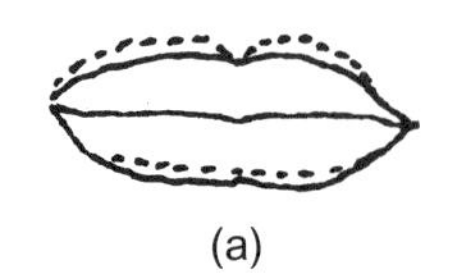

(a)

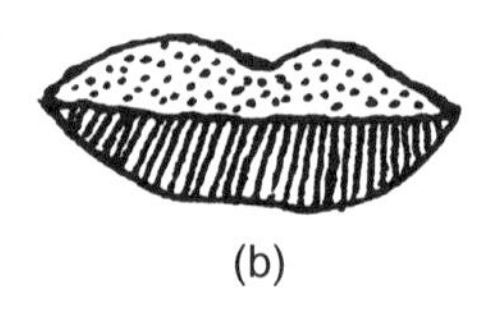

(b)

圖6-46　上唇癟的修飾

■嘴角下掛唇型如何修飾

嘴角下掛唇型修飾的方法如下：

1.口縫的形狀：一般口縫在臉上呈水平狀。如果口縫的兩端向上翹，就成了上翹嘴型；如果口縫兩端向下略斜，即成了下掛嘴型。殯葬化妝的物件都是閉嘴的，下掛嘴唇會比較明顯。化妝時，可以用深棕色點在上唇的兩端，使上唇口角處加厚。當嘴唇由於棕色所形成的陰影改變了水平線時，就會使嘴角的下掛得以改變。（圖6-47）

圖6-47　嘴角下掛的修飾

2.色彩的點襯：在上唇的口角處塗上陰影色以後，在下唇的兩端塗上亮豔的口紅。由於亮色的點襯，使矯正過的嘴角顯得更加深而真實。上唇的顏色偏深，下唇的顏色適當而淺一些，並將亮點略向口角處移動，與嘴角的明亮色唇相融合。

3.在關鍵處矯正：每個嘴唇的起伏轉折都各不相同，要根據不同的唇型加以修改。如改動上唇兩側輪廓線的弧度，使其具有上翹的動勢，再使下唇嘴角的弧線與上唇相呼應；也可以用底色均勻地塗於嘴角部位，以減弱嘴角紋的投影，然後改動上唇兩側輪廓線的弧度，使其有向上翹的感覺（因為向上翹的嘴唇代表著微笑，使人感到親切、和善、愉快）。

■ 如何將小嘴畫大一點

1.將嘴角上下唇線向外加寬，所用的顏色應當與口紅色相近似，以造成嘴角外移、嘴唇寬度有所增加的視覺效果。也可只於上唇嘴角向外加寬。但不要超過一定的限度。
2.塗抹明亮潤澤的唇膏或者珠光唇膏，使嘴唇顯得豐韻飽滿，彌補小嘴型的不足。
3.如果嘴唇小而單薄，可以用加強紅唇厚度的辦法，使嘴唇有所改觀。
4.不要用深色唇線筆勾畫輪郭，以避免不理想的唇型更加明顯。要用淺色勾畫唇廓線，以便獲得理想的效果。

■ 如何將大嘴畫小一點

在生活化妝中，如果要將大嘴畫小，在靜止狀態時還不易看出明顯的痕跡，一旦開口說話，大嘴就會暴露無遺。殯葬化妝的物件，死者的嘴唇是緊閉的，因而可以透過化妝做到這一點。方法如下：

1.嘴唇的輪廓線要畫得模糊些，如果輪廓線太明顯，就會使大嘴的形象更加突出。
2.用深色唇膏比淺亮色唇膏效果好，因為鮮豔明亮的色彩有膨脹感。
3.將嘴唇做立體化妝，強調紅唇的結構。即在上下唇的中段點上亮色，並在靠近嘴角的部分塗暗色唇膏，以加深嘴角的陰影色。這樣可以使紅唇面積在視覺感受上顯小。
4.可以將唇線略向內側收縮一些，即在原來的唇廓線內側畫上新的線條，然後在輪廓線內塗口紅，以縮小唇的厚度，使大嘴顯小。

5.加強眉眼及其它部位的修飾，讓人轉移對嘴型的視線。

■如何加強嘴唇的立體感

1.加強嘴型的外形立體感：嘴唇的結構呈半圓形。嘴角深的人，嘴的大結構明顯，而淺平的嘴角則缺乏半圓形的弧度。因此，要加強嘴唇的立體效果，首先就要加深嘴角的顏色，越往中部，色彩漸亮。用色彩的明暗對比來塑造紅唇，使其具有立體的質感。（**圖6-48**）

2.加強上下唇的立體感：要使單薄的嘴唇具有一定的厚度，使之顯得豐滿，光用唇線勾出輪廓還難以達到立體效果，還要用明暗的色調來表現。即在緊貼輪廓線的部位塗上偏深的唇膏，然後逐漸向口縫處提亮，還可以在中心部位塗上亮光劑或珠光唇膏。由此形成的嘴型，豐厚飽滿，富有立體感。（**圖6-49**）

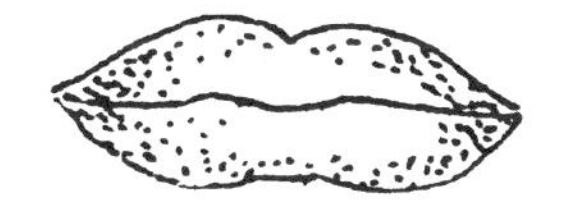

圖6-48　加強嘴型的外形立體感

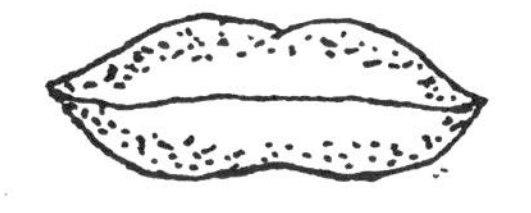

圖6-49　加強上下唇的立體感

3.強調紅唇的重點部位：上下唇的最突出點呈「品」字形。上嘴唇的上唇結節、下嘴唇中間的兩點（分別位於上嘴唇結節的兩側），有如黃豆大小的三個凸起點。（**圖6-50**）這三個凸起點明顯的人，嘴唇的立體感強。三個凸起點不明顯的人，唇型則平直。如果要使嘴唇生動，呈現出立體形象，就應該用口紅顏色來塑造紅唇的重點部位。位於人中線下的上

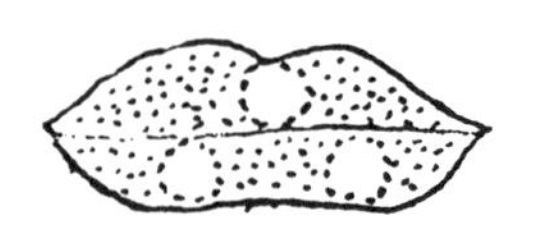

圖6-50　強調紅唇的重點部位

唇結節，是整個上嘴唇的最突出點，可以塗淺亮色口紅，並用同樣的口紅塗在下唇的凸起點上，然後在其餘部位塗上深一些的口紅。但要注意亮色與暗色的自然過渡。

■如何修飾不對稱嘴型

形成嘴唇外形不對稱的原因很多，有先天的遺傳，也有因後天的不良習慣或疾病所造成。在殯葬化妝中，如果因疾病（如中風等）或意外事故造成嘴部歪斜，光用化妝是無法改變的，可用整容的方法進行矯正。如果是輕度不對稱，則可透過化妝進行適當的彌補。

嘴型的不對稱，往往是一邊高、一邊低。化妝時，用陰影色假借嘴角兩端的上下部分形成新的嘴角，即將偏低的一邊嘴角用深色唇線筆（也可以用深褐色的顏色）在嘴角處向上塗抹，而在偏高的一邊嘴角向下側塗抹。使原先高低不對稱的嘴角由於陰影部位的調整而形成新的平衡。（**圖6-51a**）

嘴角的部位確定之後，用唇線筆在右邊的嘴角下端順勢畫出下唇輪廓線，這條線位於後唇線的外側。在左邊的嘴角上端順勢畫出上唇輪廓線，位於原來唇線的外側。這樣，分別假借上下唇部分的輪廓外緣形成嘴唇輪廓的對稱平衡。（**圖6-51b**）在左邊嘴角的下唇和右邊嘴角的上唇塗上淺色口紅，以襯托嘴角的深度。其他部位塗上中性紅色。

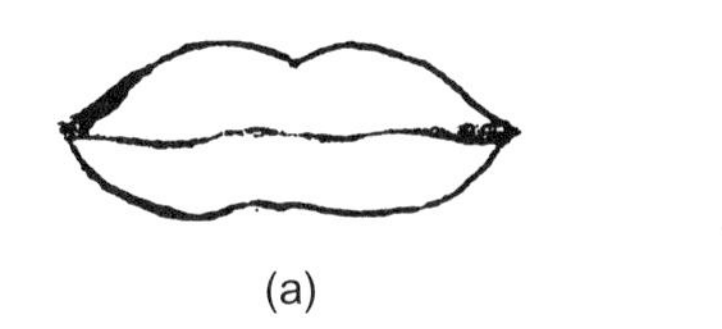
(a)

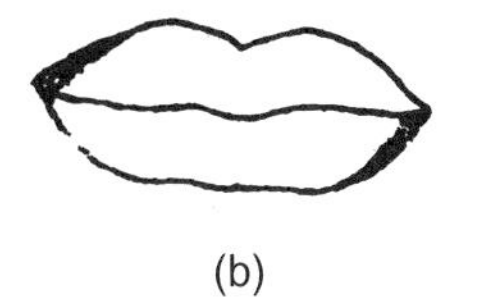
(b)

圖6-51　改變嘴型的不對稱

十一、淡妝、濃妝和豔妝

根據化妝色彩的濃淡程度，殯葬化妝人員習慣將化妝稱為淡妝、濃妝和豔妝三類：

1.淡妝：色彩用自然柔和的顏色，以淺色為主。最簡單的是以化妝粉撲面，再在臉部抹一點紅，嘴部塗口紅即可。一般而言，男性死者、面部較白晰的遺體適於化淡妝。
2.濃妝：色彩較濃而厚，多用紅、黃、白等戲劇油彩或油畫顏料做化妝顏料。一般而言，女性死者、面部較黑而粗糙的遺體適宜於化濃妝。如一位被電擊而死的50歲男性，面部皮膚幾乎全被燒焦。化妝時，在底層塗一層油彩，上面再抹上一些紅粉，效果較好，家屬也非常滿意。開追悼會時，家屬心情平靜了許多，也不再拒絕看親人的遺體。此時若化淡妝便遮不住受損的面部。
3.豔妝：多為年輕女性夭亡而家庭經濟條件又較好者，親朋婉惜其紅顏薄命，給她化豔妝。如修指甲、畫眉、塗口紅、面部抹胭脂、做髮型、戴耳環戒指、披紅戴綠等。此類豔妝通常由家屬請專業化妝師來完成，化妝品為家屬自帶，一般是死者生前用過的或特地購買的高檔化妝品。有時，家屬會要求殯儀館的化妝工給死者化濃妝，此時的收費就不可能那麼高了。

十二、修飾髮型的方法

修飾髮型的工具有：電軋刀（又叫電動推）、梳子、剃鬚刀、剪髮剪刀。這些化妝工具與美容美髮店所使用的化妝工具完全相同，可在化妝品商店購買。

殯儀館與美容美髮店的修飾髮型程序基本上相同。因而，各地殯儀館應根據當地的消費水平、對髮型的愛好，在美容美髮店學習修飾髮型的技術。以下為大致上的髮型修飾程序：

1.男子修飾髮型的操作程序有：(1)洗頭洗臉；(2)剪髮修髮；(3)吹風定型。頭髮長者有時需要用髮膠等加以定型；完成後噴上少許香水。也有戴假髮的。
2.女子修飾髮型的操作程序有：(1)洗頭洗臉：洗頭髮不僅在於使頭髮清潔，而且還在於使頭髮膨脹回軟，便於下一步的修剪；(2)剪髮修髮：根據頭髮的長短分為長髮型、中長髮型、短髮型，分別進行剪修；(3)燙髮：一般分為電燙、化學藥劑燙兩種，讓頭髮初步定型；(4)盤卷：即做理想的髮型式樣，做好後，再用吹風機吹乾；(5)梳理定型：把燙卷過的頭髮梳出需要的髮型。如果缺少頭髮，女子也可戴假髮。
3.死者的髮型以及整個外形的化妝，應以符合死者生前特徵為基本原則，其家屬有要求者除外。

上述這些均可向美容美髮店學習，此處不多討論。

第七節　特殊遺體的整容

特殊遺體係指外表已經有不同程度破損，乃至有部分肢體缺失的遺體，如交通事故、兇殺等原因而死亡的遺體。此類遺體的外表大都非常骯髒凌亂，有的肢體已分離，有的死亡多日並腐敗，有的則缺了手腳等。一般而言，殯儀館對此類遺體是不化妝的。但有時，有的家屬會強烈要求化妝。對此，我們仍應儘量滿足其需求。

特殊遺體的化妝對化妝師的心理素質和化妝技術都有較高的要求。

器官部分（如鼻、耳、臉等）的破損，修補整容尚較容易。但有時，喪戶可能會提出要給死者重塑一個頭、手、腳或耳朵等要求。對此，也可以委託當地藝術學院的雕塑專家去做。殯儀館沒有必要也不大可能什麼都能做（尤其是那些小型的殯葬禮儀社），如果強求萬能，反而會因為成本太高不符成效，故本節僅介紹一般的特殊遺體之修補和化妝。

一、特殊遺體的清洗與化妝

對特殊遺體進行清洗是一項艱難而又需要細心的工作。有的遺體經過河水或海水的浸泡，或死亡數日，皮膚已經腐爛。如果用正常的方法進行清洗，會使腐爛的皮膚一觸即掉。在這種情況下，應該先將臉上的污物仔細地去掉，如用小鑷子鑷掉水草、小石子、泥巴等容易取掉的髒物，再用鑷子夾住棉花，蘸上清水輕輕地洗去眼睛、眉毛、鼻內、嘴內、耳朵內的污物。也可以用酒精或汽油清洗。在清洗時，動作不要太大太重，以免使皮膚脫落而給化妝帶來麻煩。

因交通事故或兇殺等原因而死亡的遺體，面部通常充滿血污。在清洗時，可用紗布蘸清水將血跡擦淨。如臉部有明顯的傷口，要將傷口部位仔細擦洗乾淨，如臉上有石子、砂子等物嵌入，也要仔細取出，以便於下一步的化妝。

特殊遺體的化妝需要注意的大致有：

1.化妝時，比如塗口紅、面紅等，動作要輕。
2.有傷口時，可用凡士林抹平傷口，如傷口太大時，也可用棉花填充傷口。然後再施以粉底霜，再開始化妝。
3.已開始腐爛的遺體，畫眉時，顏料在皮膚表面容易浸漫，因而要用極細的眉筆，筆頭黏少許顏料，試探著畫。一旦浸漫，不可用力去擦，否則會將皮膚擦爛。可用棉簽盡可能地汲去，待其乾涸後，再用粉底霜蓋掉，重新畫。

其他則可以參考正常遺體的化妝。

二、面部缺損的修補

面部缺損通常指面部皮膚、鼻子、下巴、耳朵等部位破損，喪家要求予以補全。有時是交通事故或兇殺造成的肢體分離，喪家要求復位等。因為，殘破的遺體開追悼會時，家屬與來賓都會感到心理難受。

這裏介紹兩種適應性較廣的塑型方法。

(一)油灰塑型

■調製油灰的配方

1.油灰配方之一：

(1)配方材料：①生橡膠；②凡士林；③汽油；④肉色油彩；⑤大口瓶。

(2)製作方法：

①用剪刀將適量的生橡膠剪成細絲條，再剪短，裝入大口瓶內。

②將汽油倒入已裝好生橡膠絲的大口瓶內，最好使汽油沒過生橡膠絲2公分左右，然後將瓶塞蓋好。

③汽油和生橡膠絲溶化成糊狀以後，即取出，然後加進肉色油彩和凡士林油。目的是為了分散橡膠的膠質，以減弱橡膠的彈性。油彩和凡士林都要逐步地加，不要一下加得太多而影響品質。用手摸，像麵糰那樣的柔軟程度，又不黏手，就可以了。

④將加工好的油灰用塑膠袋密封起來，裝在盒子裏，以隨時取用。

2.油灰配方之二：

(1)配方材料：①橡皮泥；②口香糖；③凡士林；④撲粉。

(2)製作方法：

①將口香糖放入口中咀嚼，直至嚼為廢膠。

②將淺色或淺紅色橡皮泥捏軟。要用淺黃、淺紅、淺棕色等與皮膚顏色相近的橡皮泥，而不要用綠色、藍色、黑色等橡皮泥。

③將口香糖廢膠與捏軟的橡皮泥放在一起捏，直到完全溶和為一體，即成。

④在捏的過程中，如果出現黏手的現象，可以在手上沾少量凡士林後再捏。

⑤將捏好的油灰黏上少量的撲粉，置放在塑膠薄膜袋中封

存好，以備隨時取用。

■操作程序

1.工具及材料：(1)做好的油灰；(2)酒精棉；(3)酒精膠水；(4)萬能刀（牙科用的黏固粉調刀）；(5)細紗布；(6)凡士林；(7)細海綿；(8)撲粉。

2.操作方法：

(1)取出油灰。如果油灰太硬，可以烘熱，再搓揉，使之達到柔軟的程度。如果天氣太熱油灰黏手，則可黏少量撲粉。

(2)用酒精將所要黏貼的部位清洗乾淨後擦乾。因為皮膚上如果有油膩，油灰就很難與皮膚黏牢。

(3)在清洗過的皮膚上淡淡地塗上一層酒精膠水。在膠水尚未全部揮發乾燥之前，用一塊細紗布在塗過膠水的部位輕輕地按一按。這樣可以使乾燥後的膠水膜層產生較粗糙的表面，以利於油灰黏貼的牢固。

(4)然後對殘缺部位進行黏貼，並用手或萬能刀予以修飾。如果油灰黏手或萬能刀，可適量地蘸一點凡士林。

(5)海綿蘸著底色，在面部均勻地塗敷。要注意消除掉皮膚與塑件邊緣之間的顏色差。

油灰塑型是一種可行性較強的方法，既可以做局部殘缺或傷口的修補，又可以重塑器官。但要做得更真實、完美，還須在實務中不斷地練習和做記錄。

(二)棉質纖維塑型

1.材料與工具：(1)高級脫脂棉；(2)酒精膠水；(3)眼科用鑷子；(4)細毛膠水筆；(5)細齒梳子；(6)酒精、乳膠；(7)柔軟海綿；(8)蓖麻油；(9)萬能刀（牙科用黏固粉調刀）。

2.操作方法：有的死者由於交通事故或疾病而使面部皮膚嚴重受損，用油彩已無法化妝。在這種情況下，可以用棉質纖維在死者的破損面部再造一層皮膚。方法如下：

(1)將高級脫脂棉撕下一塊（不要剪齊），用細齒梳順著棉纖維縱向梳理，清除掉其中不適用的短纖維和疙瘩等雜物。

(2)清潔死者的臉部，去掉零碎的爛皮膚，用紗布吸乾臉上的水漬、血漬，使臉部保持清潔乾燥。

(3)用細毛膠水筆沾上酒精膠水，塗在需要塑造的部位。如果整個臉部的皮膚都需要再造，則可以從額頭部位開始。膠水不要一下子塗得面積太大，因為酒精膠很快會因酒精揮發而乾。只能是塗一塊，黏貼一塊。

(4)取一塊大小適當的已經加工過的棉質纖維，將它揭成薄片。

(5)在酒精膠水將乾未乾時，用小鑷子夾起撕好的棉纖維薄片，按照皮膚的紋理走向依次黏貼均勻。貼上去的棉纖維，邊緣要很薄，並且很有層次地與死者的皮膚銜接起來。

(6)在進行這些程序時，一隻手按著這些貼上去的棉纖維，另一隻手用沾上少許酒精膠水的狼毫筆，順著棉纖維的走向刷平，使其黏貼牢固。

(7)用吹風機的涼風檔吹乾。切忌用熱風吹拂，因為酒精膠的主要成分是松香，松香遇熱後，不但不會乾燥，反而會黏稠。

(8)一塊棉纖維黏貼完畢後，再黏貼第二塊、第三塊，依次類推。要注意兩塊之間須銜接自然。

(9)整個面部全貼完後，用筆刷沾少許稀釋的酒精膠水（在酒精膠水中加酒精即可）在黏貼過的纖維表面塗一遍。膠水的濃度要適宜。過於濃厚，會降低棉質纖維素的彈性；過於稀淡，膠水則會全部滲入纖維素的內部，從而不能在其表面形成與油彩起隔離作用的膠膜，由此給塗敷底色造成困難。須注意的是，季節、溫度、空氣的濕潤與乾燥程度等因素，都會影響到膠水的濃淡調配。

(10)為了讓最後一道膠水迅速乾燥，可用吹風機的冷風檔吹拂，待其表面還未最後乾涸時，趕快用一條濕潤的絲光毛巾在塑型纖維素表面輕輕地按一按，使其表面將要形成的薄膜不致光滑反光。這樣，在塗敷底色時，也容易與死者的皮膚表面銜接，有助於加強皮膚的真實感。

(11)塗底色。塗底色時最好不要用手去觸摸，因為手指容易撞破塑型表面的隔離膜。如果表面的膠膜被損壞，塗敷底色後，被損壞部位的色彩會比其他部位深，而且還會顯得灰暗、骯髒。這是由於底色油基透過潰破的隔離膜被內部纖維素所吸收，塑型物表面只殘留下來一些濃厚的油彩顏料，致使油彩的明度和折光率都顯著地降低；而塑型纖維表面的隔離膜沒有被損壞的部位，化妝底色中的油基不容易往塑型纖維內部滲透，底色也就完全可以保持正常色調的飽和度；為了防止該弊端，可使用微孔細軟的海綿塗底色。取一塊長條狀海綿，剪去一角，將斜角部位用蓖麻油滋潤一下，用它蘸著所需之底色在調色板上揉勻，再輕輕地從黏塑部位的中心往外，逐漸地拍打均勻。

(12)撲粉定妝。使用棉質纖維素的化妝，不宜用粉太多，過多的撲粉會使塑型物表面失去比較自然的光澤，而降低皮膚的質感。要從具體情況出發，看是否需要撲粉。如果個別部位反光、出油很突出，可用細毛軟刷沾少許撲粉在反光的部位輕輕地刷一下就行了。

棉質纖維塑型在電影、電視、舞臺化妝中運用得很廣泛，且非常逼真，如演員用棉纖維塑造的老人皮膚、皺紋等，在電視鏡頭中放大幾十倍都看不出破綻。只是在初學時有一定的難度。好在死者是不動的，且毋須擔心化妝材料對被化妝者的皮膚的刺激。

三、簡單的整形

有的遺體已經肢體分離，為親屬悼念的需要，須對此進行簡單的整形。好在這些遺體經過整形後，親屬不會去搬動，所以，只要做到直觀上看不出破綻就行。如果有的親屬想去搬動，工作人員務必要好言勸阻，比如說這樣做對死者不敬等等，家屬一般都會聽從。

當遇著頭部分離的遺體時，可為死者穿上高領衣物，遺體放入火化棺後，將頭擺好，頸部多放些鮮花以遮住斷開的痕跡。若遇著肢體分離的遺體時，這些斷肢一般都很難縫合，尤其是經某種程度腐敗後更是如此。對此，可用三夾板固定，取寬約5公分、長約30公分的三夾板，一個斷處可用二根，夾住斷處，兩端用細繩子捆紮。然後穿上衣服，多擺放鮮花以遮蓋。

新殯儀館建立防腐、整容工作室時最好請專業的醫務工作者前來指導，同時可請教其他的殯儀館。

四、化妝整容員工服務規範

以下列出「化妝整容員工服務規範」供讀者參考：

1.化妝整容員工的職責：

(1)對遺體進行化妝和整容工作。

(2)協助遺體的冷藏或藥物的防腐工作。

(3)協助接收遺體和發出遺體的工作。

2.化妝整容員工的儀態要求：

(1)穿著統一的制服，工作時須配戴員工識別證。

(2)衣著整潔，髮式不得怪異，男士不留鬍鬚，女士不得披頭散髮、不濃裝豔抹。

(3)不得在工作場所抽煙、嚼食口香糖等。

(4)儀態須端莊得體，不卑不亢。

(5)言語莊重，服務周到，做到「三聲四心」：來有應聲、問有答聲、去有送聲；接待熱心、服務細心、解答問題耐心、接受意見虛心。

3.化妝整容員工的服務工作流程：

(1)做好行前的準備工作，如檢查自己的儀態、整理內外環境、準備用品等。

(2)按操作程序對遺體進行化妝整容。

(3)推遺體到禮廳（或火化間）。

(4)整理工具。

(5)下班前的清理工作，如關電、衛生清掃、關門窗等。

4.化妝整容員工的服務品質標準：

(1)環境整潔，設備良好，用品齊全。

(2)化妝著色均勻，使死者自然安祥、衣著整潔。

(3)能按照喪戶的要求對死者進行特殊化妝（如豔妝）。

(4)及時清理、消毒。

(5)輕抬、輕放，不墜屍，不拖屍，善待死者。

(6)發現貴重物品時應及時交給喪戶或交組織處理。

(7)不能做的事情（如喪戶有過分要求時）得向喪主解釋清楚，或請主管出面處理。

(8)能處理特殊遺體。

(9)不得刁難喪戶。

(10)不得收受紅包。

(11)對喪戶言語莊重、清晰、準確，且態度和藹。

第七章

殯儀服務：奠祭儀式

奠祭，指在喪期以供品及某種儀式對死者進行悼念。它是殯儀服務中最具文化含量的環節，也是對司儀人員的文化素質要求較高的環節。

在殯儀館，中國傳統的奠祭儀式被簡化為「追悼會」形式。由於這一服務主要在悼念禮廳中進行，故通常又稱為「禮廳服務」，工作人員則稱為「殯儀服務員」。本章對殯儀服務的奠祭儀式進行說明。

第一節　奠祭概述

《說文》：祭，寫作祭，「從示，以手持肉。」意為右手持肉獻給神靈享用。「示，神事也。」即以自己的行為向神靈表示虔誠，實現「人神相接」。《說文》：祀，寫作祀，解釋為「祭無已也」，即子孫相嗣不斷，世祀不絕。因而，祭、祀二字通常連用，意義並無區別，指以供品供奉鬼神祖先的行為。

奠，指置供品祭祀鬼神或亡靈。《禮記·檀弓下》孔穎達注：「奠謂始死至葬之時祭名。」就是說，在殯期間的祭祀稱「奠」。奠者，（安）置也，（安）定也。即安置、安定死者。奠也是祭祀，故有時稱「奠祭」。舊時人們治喪，在靈堂正上方掛一個斗大的「奠」字，即為此意。

在中國傳統文化中，死人稱「凶事」，治喪禮稱「凶禮」，祭祀死者稱「奠」，奠時讀的哀悼辭稱「奠文」。安葬後，再對死者進行祭祀，就視為「吉祭」，祭祀的文辭稱「祭文」。因為，亡靈已經被安頓好了，死者後繼有人，鬼魂可以饗用後人的供品，因而視之為「吉事」。此後的祭祀稱「祭」而不再稱「奠」了。（參見

《辭源》的凶祭、凶事、吉祭、吉事等條）

廣義上，祭、奠不分。狹義上，則有區別，奠特指喪期之祭，而奠禮就是殯儀館通常講的「禮廳服務」。

第二節　靈堂佈置

靈堂，喪家治喪時停放靈柩、舉行奠祭儀式的場所。靈者，靈魂也。中國古代又稱「靈堂」為「孝堂」，臨時搭的治喪棚子稱「孝棚」。因為，它是孝子盡孝的場所，故如是稱呼。現在殯儀館則稱為「禮廳」。

靈堂佈置應尊重喪家的宗教習慣。不同的宗教，靈堂佈置會有差別。中國民間靈堂的佈置大體是遵循著儒家（孝文化）、道家（豁達人生）、佛家（超渡亡靈）的理念，以及一些民間信仰而進行的。這從下面介紹的通行的靈堂佈置就可以看出來，殯儀館也大體是如此佈置靈堂的。

靈堂門口的佈置：一條橫幅，上書「○○○先生（或女士）治喪」。如果要按傳統方式寫複雜一點，也可：「故孫公○○府君告別奠祭場」或「顯考孫公○○府君告別奠祭場」；如去世者為長輩女性，則「故孫母劉太夫人告別奠祭場」或「顯妣孫母劉太夫人告別奠祭場」亦可。這裏，用「奠祭場」或「奠禮場」均可。「府君」是舊時對成年男子的尊稱；「夫人」是舊時對年紀較長、輩份較高的已婚女子的尊稱，加上「太」字則表示更尊敬。

兩側是輓聯，一幅、兩幅不等，以烘托氣氛。如多幅，則中間一幅為主輓聯。有條件者，還可以用鮮花將橫幅和輓聯點綴起來。正對門的左側擺一張或數張「禮桌」，作為來賓登記、上禮薄、發

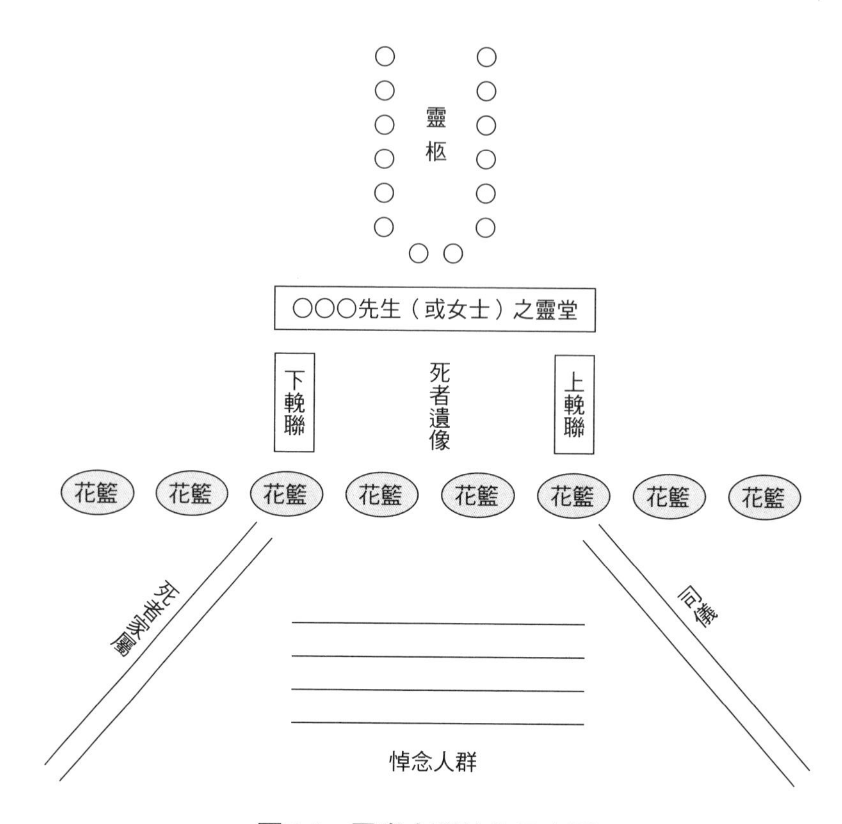

圖7-1　靈堂人群站位示意圖

註：本圖整理修改如臺灣的模式呈現。

白花和黑臂紗之處（靈堂內的佈置如**圖7-1**）。

靈堂一般是坐北朝南，與中國民間的房屋坐向相當。正前方最高處懸掛橫輓幅，上書「悼念○○○先生（或女士）」。它有點明主題的作用，相當於開會時的主要標題，使人一看便知這是給誰辦喪事。下面是死者的遺像，通常用黑紗圍起來，也有的會在遺像後面的牆上掛一個斗大的「奠」字。靈堂內的輓聯，右聯為上聯，左聯為下聯，用以概括死者一生的主要功績或經歷，橫掛於橫輓幅的兩側。有時，有兩幅以上的輓聯，則靠內的為主輓聯，靠外的為副輓聯。傳統治喪，靈堂還有輓額，即一幅大約4：6關係的長方形整幅白紙或白布，上橫書「遺德可風」、「音容宛在」、「功勳卓著」之類，從右往左橫寫；右邊題「○○○先生千古」，女性則題「○○○女士仙逝」，左下落為贈者姓名（不書官職），均小字豎寫。也有不題款識的。懸掛於靈堂正中，在靈案處從內向外掛，字面朝外，內尊外卑。民間還將親朋贈送的祭幛懸於靈堂兩側，上寫贈者單位或姓名。此類祭幛越多就越熱鬧光彩，它最能顯出死者及喪主的社會地位。殯儀館禮廳則用花圈佈置於兩側，花圈上也書寫有贈者單位或姓名。

靈堂的位置源於中國傳統的方位觀。死者處於面朝南的「最尊位」（所謂「南面稱王」），體現了中國傳統殯葬文化中「死者為大」的原則。樂隊立於靈堂右側，居於次尊的位置（尊右位，意「無出其右」），死者家屬處於左側的卑位（臺灣則將家屬列於右側，左側為司儀，如**圖7-1**所示），以示尊敬樂隊，因為他們是前來襄助喪事的「外人」，理應以尊禮對待之。同時，靈柩右側又可視為靈柩之上方，家屬子女不能居於亡父母之上方。悼念人群處於最卑之位置，北面悼念死者（意「北面稱臣」）。殯儀館追悼會的最後一項通常是瞻仰遺容並慰問親屬，悼念人群均由右側入、左側出，源於民間辭靈儀式的「繞棺三周」的與死者告別禮，由上位進、下位出。

死者家屬的排列次序是：前排尊、後排卑；靠北尊、靠南卑。與死者血緣近的站前排、上方（靠北），反之站後排、下方；同一血緣關係的，長者站上方，反之站下方；男嗣站右方，女嗣站左方。從前一排到後一排、從北到南依次站立。依傳統，長子為「喪主」，無子則為女。於是靈堂的站立次序是：長子長媳、次子次媳……，然後是長女長女婿、次女次女婿……，再是孫輩人等，依次序排列。這體現了中國古代的血緣宗法精神。死者的長輩不參加追悼會，所謂「長不送幼」。

公葬、國葬所遵從的大體也是這一站位。

兩側的輓聯，可多可少；鮮花的佈置，也是可多可少。因而喪家在殯儀館辦治喪時，為求規模，便在這兩方面提高規格，如將鮮花裝飾靈堂門面，並擺滿一個300至400平方米的悼念廳。

第三節　悼念服務

本節以殯儀館的「追悼會」為模式，說明悼念服務的流程。

殯儀服務員在提供悼念服務過程中的工作範圍大體包括：

1.接待喪戶及來賓：如私家治喪，就要與喪主取得聯繫；如公家單位治喪，則要與治喪委員會取得聯繫。安排人在禮桌，負責分發小白花、黑臂紗；提供茶水，招待休息等。
2.先期為喪戶寫好悼詞，或稱奠文。
3.擬定悼念儀式的程式。
4.協助或指導喪戶進行悼念準備，與喪戶做儀式前的最後溝通，如檢查各環節是否全部到位，將悼念儀式、悼詞等告知喪戶並求得其同意；核定主持人和各發言人的次序等。
5.佈置悼念廳或靈堂。
6.主持追悼會或稱追思會、奠禮、告別儀式等。
7.安置喪戶休息，陪同喪戶，安慰過於悲痛的喪戶。
8.護送靈車火化，並告知喪戶下一步應做的事項等。

也就是說，追悼會全部的禮儀服務包括：(1)先期準備，包括擬定儀式流程、代為撰寫悼詞、佈置靈堂等；(2)接待喪戶和來賓；(3)主持追悼儀式。

禮廳的悼念服務是需要文化素養相對較高的一個環節。因為，它需要服務者氣質高雅、儀態大方，能熟練地運用殯葬語言、人性語言和生命語言，熟悉社會，懂得社會心理學，善於控制會場，並能獨立主持各種類型的悼念儀式；還要熟練地操作追悼廳內的燈光、音響、電腦等。

禮廳是與喪戶打交道最多、最能反映出殯儀館人員素質水準的地方，因而是殯儀館的一個非常重要的「視窗」。一場高品質的悼念儀式，可以給生者以溫馨、安慰，可以是一場很好的人生教育、生命教育。一位優秀的喪禮司儀是殯儀館的一個品牌。

目前，殯儀館的追悼會儀式大體如下：

1.主持人宣布「○○○先生（或女士）的追悼會正式開始」。
2.樂隊奏樂：(1)樂隊可先奏一段其他曲子以集中人們的注意力；(2)再正式演奏本次治喪的主題音樂，它可以是哀樂或其他音樂。
3.向死者默哀（1至3分鐘）。
4.致悼詞：安排專人，或由主持人代為宣讀。
5.死者親屬講話：多為孝子孝女，回顧先人恩德和親情，及對親朋襄助喪事表示感謝。
6.來賓講話：死者代表，生前友好、街鄰等，此項安排可視情況增減。
7.來賓向死者之靈三鞠躬。
8.全體悼念人員依次繞靈一周，向死者告別，並慰問親屬。

9.宣佈追悼會結束，以下自由悼念。

追悼會是被高度簡化的一種奠祭儀式，故對悼念死者的方式提出如下建議：

1.禮廳服務員的服務職責：

(1)接待喪戶。

(2)主持或協助喪戶主持悼念活動。

(3)送遺體去火葬場。

2.禮廳服務員的儀態要求：

(1)穿著一致的制服，配戴員工識別證。

(2)衣著整潔，髮式不怪異，男士不留鬍鬚，女士不披頭散髮、不濃妝豔抹。

(3)不得在工作場所抽煙、嚼食口香糖等。

(4)儀態端莊得體，不卑不亢。

(5)言語莊重，服務周到，做到「三聲四心」：來有應聲、問有答聲、去有送聲；接待熱心、服務細心、解答問題耐心、接受意見虛心。

3.禮廳服務的操作流程：

(1)做好行前準備，如自我檢查儀態、整理環境、準備用品等。

(2)佈置禮廳，做好追悼會的會場準備工作。

(3)主持或協助主持追悼會。

(4)清理會場。

(5)做好工作記錄。

(6)下班前將清理工作完成，如掃地、消毒、關電、關門窗等。

4.禮廳服務員的服務品質標準：

(1)環境整潔，設備良好，用品齊全。

(2)推運屍床要平穩，輕抬輕放，不墜屍、不遺物。

(3)對喪戶言語莊重、態度和藹、儀態端莊，並耐心地解答喪戶所提出的問題。

(4)不得為難喪戶。

(5)擺設靈堂花圈、鮮花，整理靈堂環境，保持禮廳內的整潔。

(6)管理好燈光、音樂，讓光線適度、音響適量、氣氛肅穆，並能熟練地掌控追悼會。

(7)棺罩玻璃透亮無塵土、無污跡。

(8)按時召開告別奠禮。

(9)用標準用語主持告別奠禮。

(10)不接受喪戶的饋贈，推託不掉的饋贈，交由負責單位統一處理。

(11)滿足喪戶或治喪單位的正當要求，不能滿足的要耐心解釋，或交由負責單位處理。

(12)清理禮廳。

第四節　現代治喪禮儀全流程

第四節主要提供讀者參考用，寫作上基於下列兩點思考：

1.中國現行的追悼會因時間過短難以滿足人們對治喪的心理需求，也因為它太簡單了，簡直就是取消了人們對先人的奠祭權，往往是人還沒有回過神來，儀式就結束了，因此有必要將治喪的全過程做適當的延長。10分鐘的追悼會是過去戰爭年代的產物，沒有必要將它絕對化，作為治喪禮儀的唯一形式。

2.在中國傳統的文化中，治喪是履行孝道的一個重要環節，傳統的殯葬文化中充滿了孝道精神。但傳統的治喪儀式太複雜，也無必要。在治喪禮儀中，我們如何繼承傳統的孝道精神，又不與現代社會生活相衝突，即在傳統和現實之間找到一個結合點，使傳統的孝道的殯葬文化在現代社會中得以生長，顯然是一個非常重要的問題。

以下為作者所提列之建議，僅供各地同行參考研究。

現在的治喪禮儀流程大體包括有：接電話、禮儀師的準備、接體、冷藏、豎靈、治喪協調、家屬著裝、小殮、守靈、家公奠、瞻仰遺容、大殮封釘、出殯發引、火化、返主豎靈、居喪禮儀、居喪畢、復常、骨灰安靈等，以下舉其要者說明之。

一、接電話

一般而言，服務由接電話開始。接電話要有基本的禮貌，最好是鈴聲響二至三聲時接，太早或太晚都不宜，以下是建議的應對方式：

「我是○○殯儀館，您好！我是○○○（或幾號服務員）。請問您有什麼需要？」

稱對方為先生，女士，您；稱死者為故老先生、故老太太、故先生、故太太、故女士；見面時，也如此稱呼。另外，不可用「謝謝你的來電，再見。」、「來日方長」之類的結束語，而應以「請節哀」等用語來代替。有些事情要在電話中提醒喪戶時，可用「請您注意」或「建議您」之類的用語。儘量用標準用語。

二、禮儀師的準備

提供治喪服務的人員，一概稱「禮儀師」。每一樁喪事，原則上由一位禮儀師做全程服務，直至治喪完畢。如果一樁喪事須前去幾位禮儀師，也可分為「首席禮儀師」和「助理禮儀師」。此時，接電話的人員應按規定將此喪訊報告部門主管，由部門主管指派禮儀師準備前往。

禮儀師接到派單後，應將有關治喪的所有文書帶齊，穿戴整齊，做好與喪戶面談的準備。可能前赴喪家，也可能在殯儀館內談。出發面見喪戶前，禮儀師必須穿戴西服、西褲、襯衫、領帶、領帶夾、皮鞋、工號牌，面容乾淨，頭髮整齊，不撒香水，女士不化濃妝等。衣服要平整，皮鞋要擦亮。如果是夜間洽談，不得表現出倦容。在喪戶面前，不得嚼食口香糖或檳榔。總之，要以莊嚴、穩重的形象與喪戶見面。這既代表公司的形象，也表現了對亡者的尊重；同理，凡是與喪戶相交往的禮儀師或員工都應遵守這一原則。

三、治喪協調會

治喪協調會是殯儀館與喪戶達成提供服務與接受服務契約關係的正式協商，通常要簽定正式的協議。它一般是在公司的服務中心舉行，以便客戶挑選服務專案和用品，而且在業務室內，服務的氣氛也比較濃。服務人員要衣著整齊，且協調室要有一定的佈置。

禮儀師出面與喪主商定治喪的各項事宜。並與主事者（通常為長子、長女等）將治喪有關事項逐一商定下來，並逐份簽字。喪戶來的人員不宜太多，一般以三、四人為宜，要能拍板主事、有主見的人。以免人多嘴雜，意見難以統一。

禮儀師要讓家屬一方當場確定一位代表，作為治喪期間的主要溝通對象，並互相交換電話號碼。首席禮儀師要詳細的向家屬介紹本館可以提供的治喪服務流程、服務內容、商品種類及價格，並告知家屬本館職工不得收紅包等。禮儀師要語言簡潔、清晰而準確，儀態大方得體，充滿自信而又謙恭，使家屬充分相信你的業務能力。要根據家屬的治喪費用以及家屬的願望，向家屬建議服務專案。但不要過於勉強，以免家屬產生逆反心理。喪戶沒有想的，要以適當方式予以提醒。

到殯儀館來尋求服務的一般都是沒有經驗者，他們通常心情慌亂、舉止失措，渴望獲得幫助，包括心理上的幫助。在這一意義上，他們屬於弱勢群體，殯儀館人員應當去幫助他們，不可懷著過於強烈的商業動機，一心只想讓他們從口袋裏掏錢，從而失去社會對殯葬行業的信任。

喪家與殯儀館需要商定的內容有：

1.喪戶需要的服務專案，以及需要多少禮儀師助喪。要準備「公司服務專案收費一覽表」供喪戶參閱。

2.確定各項服務的具體時間，如入殮、出殯、守靈、追悼會（或家公奠）的時間。

3.確認並書寫家屬的基本情況，並請家屬核對，無誤後請家屬簽字：

(1)亡者的生卒年、月、日、時辰。

(2)亡者的生平、職業、職務、死因等。

(3)亡者家族親屬表，包括與亡者的關係及姓名。要備有專用的「親屬表」。

4.除殯儀館提供的服務專案外，還應詢問喪戶需要哪些服務專案和用品，如是否需要代發訃聞，以通知相關親友前來弔唁等。協調完畢後，禮儀師須代表殯儀館與喪戶簽定「殯葬服務委託書」，並排定「治喪日程表」。

5.禮儀師通常還要替喪家寫奠祭文。奠祭文寫畢，亦需請喪家簽字認可。

四、家屬著裝

著裝係指家屬穿戴喪服，舊稱「成服」。一是直系子女、孫輩著喪服；二是其他親屬及來賓左胸前戴小白花，或戴黑臂章，也可兩者兼用。死者為男，黑臂章戴於左臂，死者為女則戴於右臂，所謂「男左女右」。舊時，右位為尊，左位為卑。戴於左，從對面看就成了右邊，戴於右則成了左邊。以此顯示男尊女卑，久之成為一種風俗。

殯儀館應準備家屬需用的喪服，最好是一次性的。可根據當地的風俗設計孝子女、孝孫輩的喪服式樣，並指導家屬穿著喪服。

五、小殮

指為亡者洗沐（舊稱抹身）、換衣服鞋襪、化妝、覆面巾（蓋臉）、包裹等。小殮可以在喪戶家中，也可以在殯儀館進行。

小殮時家屬在側，直系的孝子女、孝孫需於正面下方下跪。由禮儀師司禮：「現在，給亡者更衣。請孝子、孝女、孝孫人等下跪！」聲音要嘹亮，腔要拖得稍長一些，以造成氣氛。由於地上可能不乾淨，殯儀館應預先備有專用的跪拜墊（墊套可用一次性的）。小殮畢，禮儀師再司禮：「更衣畢，孝眷請起！」

要告知家屬：亡故者若是父親，在門外的右邊貼一小張白紙條，上寫「嚴制」；若是母親，則寫「慈制」；或籠統寫「喪中」。以示鄰人，這裏正在治喪中。

六、接體

接體就是將亡者遺體接至殯儀館。有些殯儀館稱「接屍」，這不好聽，還是稱「接體」好。對於喪家，就是送亡者出門，與舊時的「出殯發引」意義相同。在小殮後，有「大殮」（即入棺封釘），然後是出殯，即送入墓地埋葬。現在推行殯葬服務社會化，提倡在殯儀館治喪，並實行火化，於是在這裏就增加了一個「接體」的程式。

接體的禮儀，要類似於舊式的「送殯」。儀式由禮儀師主持。

禮儀師：「吉時已到，準備發——引！請孝眷下跪，恭送○○○起——駕！」舊稱男死者為「○公○○府君大人」，女死者稱「○母○○太孺人」。現代也可直稱：「○○○（老）大人」。當準備完畢時，再宣布：「吉時已到，起——轎！」聲音要嘹亮，造成氣氛，以壯聲勢，且警示在場之人。

須注意的是，隨行的助理禮儀師要指導家屬行禮，不可弄錯。死者的晚輩下跪，平輩和來賓立正侍立兩側即可，來賓屬晚輩，自願下跪亦可；長輩一般不參加送殯行列，所謂「長不送幼」。當遺體已送上車後，則宣布「禮畢！孝眷請起，家屬、來賓請復位！」

七、冷藏

冷藏是將死者遺體放入冷藏櫃或冷藏棺中，以低溫防腐。現在殯儀館通常是在告別奠禮前為死者沐浴、更衣、化妝等，即完成小殮儀式。因為，過早的小殮，大體在進冷藏櫃後會使衣服產生皺摺，水氣也會破壞面部的妝色。故將死者置入冷藏棺，一直到火化，通常就不會再搬動遺體了。

因此，如果遺體放入冷藏棺，則小殮可以在剛死後進行；如果遺體放入冷藏櫃，則可以在告別奠禮前進行。

八、守靈

中國傳統的治喪為三日，即三天兩晚。目前，殯儀館通常只提供冷藏遺體、舉行告別奠禮等簡單的服務，使得一些喪戶只好在自家門前搭靈棚治喪，否則悼念尊長的願望不得滿足。應當適當地恢復那些有益的治喪傳統，如守靈服務。殯儀館應準備專門的守靈室供喪戶守靈使用。

遺體可置於守靈室內的正上方，也可將遺體置於冷藏櫃，守靈室內只擺放死者靈牌位（舊稱「神主」）和遺像。

九、豎靈

豎靈就是給亡者豎起靈堂，包括牌位、祭品等物，供生者懷念和奠祭亡者。豎靈可以在殯儀館的守靈室中進行，也可以在喪戶家中進行：

(一)在殯儀館內豎靈

正上方懸掛橫輓幅，書「○公諱○○大人之靈堂」。下面是靈案。靈案正中擺神主牌位，如「○公諱○○大人之靈位」。牌位後面是亡者遺像。牌位前面擺供品（各地可視本地風俗自行其便），目前多以六菜碗及四果供奉，可以置六個盤，二個肉食類、二個餅乾類食品、二個水果類。重在悼念，肉食不可擺放太多，以免腐敗而污染空氣。舊時靈案上大擺豬肉、整雞整鴨乃至整豬整羊等熟食而奠的方式已不可取。原兩支紅蠟燭可用紅色電蠟燭代之；香爐、香方面，可為前來奠祭者點燃一支香，或鞠躬或磕頭，禮畢，就將香插入香爐，以示敬悼亡者。當插的香過多而影響室內空氣時，可將多餘的香去掉。

如果靈柩放在守靈室內，就置於靈案的後面。亡者的頭朝上，腳朝著奠祭者方向。若由於靈柩比靈案長，因而靈柩的一截就要置於靈桌之下。靈桌可以用紅色或黃色布幔圍起來。門口要豎立醒示牌，豎形，上書「○府治喪」。類似於舊式的銘旌。

中國大陸治喪三日，豎靈就是三日。比如，今天去世，即豎靈，並開始守靈至明天一天；後天上午出殯，即為三日兩晚。臺灣地區則無日數限制，一般多在十至二十天之內，出殯後即撤靈。

(二)在家中豎靈

家中豎靈於廳內上方或一角均可，供品、神主、橫輓幅等擺設大體與上同。只是城市居民的廳一般較小，因而靈案要較小才行，可用小桌子充任。火化或安葬歸來後，也要行「撤靈」儀式：即孝子女上香、三跪九叩首，然後撤靈堂。

十、家公奠

奠，置也，定也，薦也。即安定亡者，將物品薦給亡者之靈。奠禮，出殯之前舉行的儀式，分為家奠和公奠。

1.家奠：由家屬、親屬、親戚等依輩份次序向亡者舉行的悼念儀式。
2.公奠：由治喪委員會、各機關團體或民間社團向亡者舉行的悼念儀式。
3.奠品：喪家為亡魂供饗之物品，如牲、果、酒、餅等食品。非食品類，如紙錢，稱「吊品」。追思之文，稱「弔文」。治喪居喪已畢，再以物品追思亡者，則稱「祭」，如祭品、祭祀、祭文等。
4.家公奠儀式：家公奠儀式的流程大致如下：司儀就位；主奠者（指孝子女）就位；與奠者就位；奏樂；分次序行奠禮，內容為上香、獻花、果、奠酒等；行跪叩禮或鞠躬禮；讀奠文；儀式畢，請孝眷家屬及來賓復位（操作細節請見第五節）。

家公奠禮可以在火化或安葬的前夕舉行，也可以在火化或安葬的前一日舉行。少則20至30分鐘，中則1至2小時以內，隆重的2、3個小時不等。視亡者身分、家屬及來賓之多寡而定。司儀要預先估算好時間，並與家屬取得共識。在操作中，還需根據現場情況靈活掌握，如家屬的悲痛心情、天氣情況等條件，做適當的提前或延後。總之，要使亡者有哀榮，生者感到慰藉。

奠禮中，靈堂兩側要備有坐凳，奠禮時間長時尤需如此。當家奠儀式時，其他家屬及來賓可坐著休息並觀看。年老者，儘量勸其不要參加，可安排他們坐在休息室。必須參加，就讓他們坐著行鞠躬禮。但是，孝子女自始至終都不能去休息，有病在身或孕婦除外。

奠禮的核心人物是司儀。奠禮司儀一定要經過專業的培訓，不僅要聲音高亢，鎮定自若，而且要具有相當精深的殯葬禮儀方面的知識和經驗，能解答家屬提出的各類問題，能處理一些突發事件等。這樣，就能自如地操作奠禮，並對家屬產生親和力。

十一、「出殯發引」

由於奠禮在殯儀館內舉行，因而「出殯發引」就只具有象徵意義。奠禮完畢，司儀覺得可以結束了，便可開始出殯發引。

儀式如下：司儀引導家屬繞靈柩一周後，整個奠禮處於暫時的休息和停頓，此時可以自由悼念。此時，司儀與喪家主事者商定出殯事宜。準備就緒後，便開始操作。司儀高喝一聲：「準備出殯！恭請孝子孝女孝眷人等各就各位！」襄儀指導孝眷晚輩跪於靈柩之側，其他人立於旁邊。然後出殯正式開始。

司儀高喝一聲：「吉時已到，請出殯發引，送○○○老大人登程！」出殯的行列為：司儀（類似舊時的「法師」）——樂隊——遺像——神主（由孝子或孝女手捧）——靈柩——重服親屬——親屬——送殯者。此儀式在殯儀館內舉行，且現在的禮廳後面通常就是火葬場，因而出殯發引可在禮廳外面做象徵性地周遊一圈，並不需要真正抬靈柩出來。只是進行土葬或火葬場較遠時，才按這一次序送往墓地。

十二、火化

火化相當於土葬的「下棺」，這是生、死之間的最後訣別。因而要有一定的儀式。儀式如下：設置臨時供桌，其上置神主牌位、六盤供品、兩支紅燭。司儀主持，孝子孝女行三跪九叩首大禮，孫輩行一跪三叩首小禮，在正式進爐時舉行。孫輩不滿15歲者一般不宜參加。

十三、返主豎靈

火化或安葬畢即撤靈。家屬脫孝服，表示治喪完畢。返主是安葬或火化後，將亡者神主牌位迎回供奉。也可將原來的神主牌位燒掉，重新製作一個新牌位。因為，殯儀館內用過的東西不宜帶回家。主者，神主牌位。有時也有以遺像作為神主象徵。

火化畢，殯儀館內的靈堂即已撤除。但是，治喪事已畢，居喪事並未完。因此，還需要在家中建靈堂祭祀，稱為「返主豎靈」。此時的豎靈相對比較簡單，大致為：靈桌、神主牌位、香爐、香、一對瓶花、四盤水果。此後稱「祭」而不再稱「奠」，祭品不必太奢侈。可將靈桌設於廳的正上方，也可設於廳的一角。視家中的環境而定，不求鋪張，重在「心存孝念」。接下來，就是居喪守制。

十四、居喪守制

古代，父母去世，孝子（女）要居喪三年，即十二月行「小祥」祭，二十四月行「大祥」祭，二十五月行「禫祭」（禫，dàn）。故三年之喪，實為二十五個月。《禮記．三年問》：「三年之喪，二十五月而畢。」

「小祥」即初步吉祥，「大祥」即基本吉祥，「禫」即淡然平安，此祭後全部恢復正常生活。

居喪期間，禁婚嫁、遊樂、宴會嬉戲、士子不得應考、官員須離職歸家等。居喪禮儀，唐代以後列為國家法制，故稱「守制」。違者即為犯法，要處刑，官員要罷官問罪。現代社會的生活節奏快，居喪期間的行為規範不可能全部仿古，但需禁絕出入娛樂場所、謝絕宴會、無事歸家，心存孝念，靜心而守。居喪期間，孝子女要早、晚捧飯各祭一次：即擺上飯、夾上菜，行一跪三叩首禮。大約一餐飯的時間即可撤下。祭時燃三根香（為防火，離人時須熄滅）。

小祥、大祥、禫祭，要稍隆重，以六菜為宜，三葷三素，兩紅燭，孝子女行三跪九叩首大禮，孫輩行一跪三叩首小禮，並奠一杯酒，即畢。禫祭後，就可撤除靈桌牌位等物，全部恢復正常生活。

禮儀師要將居喪守制各環節的操作方式告知家屬。必要時，可以上門指導。若家屬是四處奔波之人，實在不得空閒，也可將治喪後的小祥、大祥、禫祭等重要儀式委託給殯儀館代為操辦。不過，孝子女在外時，仍需早晚叩首遙祭，只是不必設靈桌、供品等，謂之「殺禮」。殺，減少的意思。居喪重在心誠。

十五、骨灰安靈

骨灰入塔、入骨灰堂（廊）、或下葬、或撒海等，都應有相應的禮儀，可稱為「骨灰安靈」禮儀。它在骨灰安置時舉行。

骨灰安靈儀式，可參照家奠儀式制定。

第八章

殯儀服務：火化、骨灰寄存

中國自20世紀50年代推行火化以來，迄今火化率已達48%左右（臺灣的火化率高達90%），而且仍在進一步上升。因而，火化以及隨之而來的骨灰寄存成為殯葬行業的主要業務之一，並構成優質的殯葬服務的重要組成部分。

第一節　火化的意義

火化，用燃料焚化遺體的一種葬式。中國在三千年以前就有以火化行安葬者，但漢族作為農業民族仍以土葬為主。隨著佛教進入中國（東漢初，西元1世紀），魏晉南北朝以後，此葬式曾經一度變得非常流行，在江、浙一帶人口十分稠密的地區尤甚。明、清時被禁止，理由是「有傷孝道」。古代用木柴作燃料；後來曾用煤作燃料；現在的火化機一般以柴油作燃料，也有用煤氣者。火化使遺體在土壤的自然條件下需要幾十年，乃至更長時間才能分解的過程，在數十分鐘內便完成。

由於中國人口多、人口密度大（東部尤甚），人均生存資源有限，水土流失嚴重，因而火化以不占土地、不耗木材、不污染地下水源，保護生態平衡，且又經濟、衛生而成為首選。目前中國的人口仍在增長中，人口密度將進一步增加。或許應當給子孫後代留下一片綠色的生存空間，美好的生存環境，故實行火葬意義深遠。

第二節　火化的服務環節

火化工作具有一定的技術含量，現在中國以程式控制火化爐

（簡稱「程式控制爐」）對火化工的技術素質有了提升。操作者可以將所需要的操作程式輸入程式控制爐的電腦板中，程式控制爐就可以按照輸入的設定值自動操作。程式控制爐一般有兩個或三個燃燒室，可以做到較充分地燃燒，從而減少對環境的污染。同時燃盡後的骨灰看上去更白更酥，喪戶也更容易接受。

火化的過程中，無害、節能、時間三個要素是互相矛盾的。火化中要無害，就得按規定操作，火化爐達到無害燃燒所需的時間一般在60分鐘左右。由於遺體量大，為了盡快地燒完下班，火化工常常以手動調節閥加大噴油量，提高爐溫。這樣雖節省了時間，但黑煙滾滾，污染環境，首先受污染之害的當然是殯儀館職工。同時也為社會留下了「殯儀館污染環境」的口實。

有關火化爐的原理與操作技術方面，本節僅側重討論火化的服務流程。

火化工必須憑業務室發出的「遺體火化卡」（臺灣稱「火化許可證」）才能進行火化，如**表8-1**。有的殯儀館是「火化通知單」的形式，表格大同小異。火化工務必要將遺體火化卡上的姓名、性別、年齡等內容確實核對清楚，才能進行火化，切忌出錯。

表8-1　遺體火化卡

○○殯儀館 遺體火化卡 NO：007788			
死者姓名			
性　　別		年　齡	
死亡日期	年　　月　　日		
火化時間	年　　月　　日　　午		
骨灰處置			
工作人員 蓋　　章		登記本 編　號	
註：本卡未加蓋「可以火化」章無效。			

同時，喪戶辦火化手續時，業務室會在骨灰容器上貼一張小型的「骨灰識別卡」，以辨識骨灰，如**表8-2**。該卡反面有膠，撕去反面的膠保護層，直接粘在骨灰容器上，由殯儀引導員送至火葬場。此時，火化工應將骨灰識別卡的內容與遺體火化卡的內容重新核對，確認無誤。

表8-2　骨灰識別卡

○○殯儀館 骨灰識別卡			
死者姓名			
性　　別		年齡	
骨灰容器		價格	
火化時期	年　月　日		

火化相當於舊式的「下葬」，即最後的生離死別之際。殯儀館應當提供一定的禮儀服務。火化過程能讓喪戶看的，應儘量讓他們看，以免家屬產生疑慮。

火葬場必須按時準確地填寫火化操作記錄，如**表8-3**。

喪戶領取骨灰必須簽名。有的館在「火化登記表」上設有喪戶領取骨灰的簽名欄，也有另設簽名表格的。如果喪戶領走骨灰卻沒有簽名，可能會留下後患。另外，在火化過程中，用鐵鏟翻動遺體及混屍燒是不文明且最不道德的行為，應予禁止。

這裏，再介紹一種「殯殮服務追蹤卡」，是某些殯儀館對各單位的服務進行跟蹤監督的一種規範化方式（**表8-4**）。殯殮服務追蹤卡由業務室發出。最先交給收殮駕駛員，填寫後，交給收殮工；然後，一個一個環節往下傳，最後由家屬領取骨灰簽名後，由火化

表8-3　火化操作記錄表

日　期	年　月　日			操　作　人				
死者姓名	性　別	年　齡	進爐時間	出爐時間	火化時間	耗油量	冒煙	骨灰品質
火化數				用油量				

表8-4　殯殮服務追蹤卡

殯殮服務追蹤卡 NO：000018						
死者姓名		性別		年齡		死亡原因
接體地點						
聯繫人姓名		聯繫人與亡者的關係				
順序	月　日	項目		經手人簽名		
1		駕駛車輛				
2		接體				
3		大體入庫				
4		大體出庫				
5		更衣、化妝				
6		禮廳服務				
7		同意火化（家屬）				
8		進爐				
9		裝灰				
10		發盒				
11		領盒家屬				
12						
註：請各責任人認真填寫並妥善保管，以備查驗。						

班交回業務室存檔。透過這一表格，殯儀館就可以將各環節責任釐清。

火化工作人員的服務規範

以下列出「火化工作人員服務規範」供讀者參考：

1.火化工作人員的職責：

(1)接待喪戶。

(2)火化遺體。

(3)裝骨灰。

2.火化工作人員的儀態要求：

(1)穿著統一的制服，配戴員工識別證。

(2)衣著整潔，髮式不得怪異，男士不留鬍鬚，女士不得披頭散髮、不濃妝豔抹。

(3)不得在工作場所抽煙、嚼食口香糖等。

(4)儀態應端莊得體，不卑不亢。

(5)言語莊重，服務周到，做到「三聲四心」：來有應聲、問有答聲、去有送聲；接待熱心、服務細心、解答問題耐心、接受意見虛心。

3.服務工作人員操作程序：

(1)做好行前準備，如檢查自己的儀態；檢查設備和儀表，如電器系統、油系統、水系統、風系統是否正常；整理環境；準備用品等。

(2)驗證、核准遺體姓名等，檢查是否有不能火化的違規殉葬品。

(3)入爐火化。

(4)出骨灰，裝骨灰。

(5)喪戶領取骨灰時，核准喪戶簽名。

(6)填寫「遺體火化登記表」。

(7)做好本班的火化統計。

(8)下班前清理工作須確實，如熄火、關燃氣、關電、衛生清掃、消毒、關門窗，交接工作亦需確實。

4.火化工作人員的服務品質標準：

(1)環境整潔，設備良好，用品齊全。

(2)推運屍床要平穩，輕抬輕放，不墜屍、不遺物。

(3)對喪戶言語莊重、態度和藹、儀態端莊，並耐心地解答喪戶提出的問題。

(4)發現貴重物品時應及時上交。

(5)不得為難喪戶。

(6)嚴格按照火化爐操作規定進行操作。

(7)一屍一爐。

(8)不得用鐵鏟翻動遺體。

(9)不接受喪戶的饋贈，推託不掉的饋贈，交由負責的單位統一處理。

(10)滿足喪戶或治喪單位的正當要求，不能滿足的要耐心解釋，或交由班組長、負責的單位處理。

(11)下班前須清理環境，並按規定消毒。

(12)火葬場的物品實行定置管理，各類用具用畢應放在固定的地方。

(13)定期擦拭火化機、入屍車等設備。

(14)向館（所）長報告火化機須檢修的時間。

第三節　骨灰寄存

中國人是農業民族，以土葬為主要方式，人去世後，遺體要盡快入土安葬，故有「入土為安」的傳統。「為安」，指死者安息，生者安寧。土葬後留下一個墳堆、一塊墓碑，在中國人的心目中，那就是自己祖先的象徵、自己的家族所在，因而對它們寄予了一種特殊的感情，這就是中國人強烈的「祖墳情結」。由於這一情結中深含著孝道精神，因而歷朝歷代並不反對，反而有意無意地加以宣導。

應當逐步改變中國人的「祖墳」觀念，推行殯葬改革，使之既能繼承孝道，又能保護土地資源，與現代社會的生活條件相吻合。用一種不占土地或儘量少占土地的辦法，將亡者的骨灰保留下來，使人們在清明等時節能祭拜自己先人的亡靈，表達自己對先人的追思，是非常必要的。這就是骨灰寄存場所的背景。

骨灰寄存，指提供寄存死者骨灰的服務及其場所。寄存骨灰的場所有：骨灰樓、骨灰堂、骨灰牆、骨灰廊、骨灰塔等。有的地方將骨灰寄存場所建得非常漂亮、典雅，並起了一些很含蓄而又具教育意義的名字，如「長安樓」、「念親樓」、「懷親堂」、「慈孝堂」等。

骨灰寄存場所必須建立規範的骨灰管理制度。通常有：(1)「骨灰寄存內卡」（**表8-5**），它是骨灰寄存場所的內部檔案；(2)家屬所持的「骨灰寄存證」；(3)骨灰取出和存入制度。

家屬持有一本「骨灰寄存證」，上面載有死者的姓名、年齡、死亡及入寄的時間，裝骨灰的容器類型等；家屬的姓名、年齡、住址、聯絡電話；家屬前來悼念的記載等內容。它是家屬存取骨灰的

表8-5　殯殮服務骨灰寄存內卡

<table>
<tr><td colspan="6">○○○殯儀館骨灰寄存內卡</td><td>室號</td><td></td></tr>
<tr><td>死者姓名</td><td></td><td>性別</td><td></td><td>骨灰容器</td><td></td><td>電話</td><td></td></tr>
<tr><td>寄存人姓名</td><td></td><td>住址</td><td colspan="5"></td></tr>
<tr><td rowspan="6">寄存期限</td><td>起</td><td colspan="4">年　月　日至　年　月　日止</td><td rowspan="6">發票號</td><td></td></tr>
<tr><td>起</td><td colspan="4">年　月　日至　年　月　日止</td><td></td></tr>
<tr><td>起</td><td colspan="4">年　月　日至　年　月　日止</td><td></td></tr>
<tr><td>起</td><td colspan="4">年　月　日至　年　月　日止</td><td></td></tr>
<tr><td>起</td><td colspan="4">年　月　日至　年　月　日止</td><td></td></tr>
<tr><td>起</td><td colspan="4">年　月　日至　年　月　日止</td><td></td></tr>
<tr><td colspan="2">備註</td><td colspan="6"></td></tr>
</table>

憑證。家屬前來悼念時須驗定他們的「骨灰寄存證」，取走骨灰則要收回「骨灰寄存證」。

同時，骨灰寄存場所的牆上必須公示「骨灰取出存入管理辦法」，請家屬予以遵守。

骨灰寄存處要注意防火，常備有消防滅火裝置，如消防栓。要防濕，骨灰樓內要有溫度表和濕度表，以監測溫度、濕度。樓內要經常開門窗通風。現在廠商生產有「除濕劑」，置於骨灰罐內，再以粘合膠或透明膠將骨灰罐封閉以防濕。木質骨灰盒的防濕相對較難。南方春夏梅雨季節防濕之外還要防蟲，尤其是木質骨灰盒以及未封閉的石質骨灰罐都存在防蟲問題。要防盜，有的犯罪分子將目光鎖定骨灰寄存場所和公墓。他們盜走骨灰，然後要脅殯儀館和公墓出錢贖回，否則就以告訴其家屬來鬧事相威脅；因而骨灰寄存處晚上必須有人值班，有條件的可以養狗。

骨灰安放時應有儀式，可稱為「安靈儀式」。

如果建有骨灰塔，要考慮到清明的祭祀問題。因為，當存放到五萬骨灰時，清明節前來祭祀的人群就會達到數十萬之眾，而中國人通常是將骨灰取出來祭祀，此時附近的交通、塔陵的祭祀場地、停車場、廁所、取出和存入骨灰都會成為大問題。當然，如果能推行不取出骨灰的祭祀方法，問題就會簡單很多。

骨灰寄存場所應與殯儀館尤其是火葬場分離。首先是因為要考慮寄存場所的交通擁擠問題；其次，按照中國的傳統，清明祭祀先人屬於「吉祭」，祭祀畢，可以坐下來喝咖啡、喝酒、嬉戲、歌唱等，而殯儀館、火葬場會對祭祀人群造成視覺污染。

骨灰管理員服務規範

以下列出「骨灰管理員服務規範」供讀者參考：

1.骨灰管理員的職責：

(1)保管骨灰，並管理骨灰存放場所。

(2)接待喪戶。

(3)辦理骨灰的存入、取出。

(4)協助家屬進行瞻仰活動。

2.骨灰管理員的儀態要求：

(1)穿著統一的制服，上班時須配戴員工識別證。

(2)衣著整潔，髮式不怪異，男士不留鬍鬚，女士不得披頭散髮、不濃妝豔抹。

(3)不得在工作場所抽煙、嚼食口香糖等。

(4)儀態應端莊得體，不卑不亢。

(5)言語莊重，服務周到，做到「三聲四心」：來有應聲、問有答聲、去有送聲；接待熱心、服務細心、解答問題耐心、接受意見虛心。

3.骨灰管理員的工作流程：

(1)做好行前準備，如檢查自己的儀態、整理環境、準備用品等。

(2)接待寄存骨灰：①接待；②審核登記；③收骨灰，發給「骨灰寄存證」；④安放。

(3)接待取出骨灰：①驗證，骨灰卡與寄存證須一致；②發放骨灰；③暫留「骨灰寄存證」，並予以登記。

(4)接待取走骨灰：①驗證，骨灰卡與寄存證須一致；②發給骨灰；③收回「骨灰寄存證」；④登記。

(5)寄存室內瞻仰：①驗證；②瞻仰。

(6)建立骨灰寄存場所的檔案。

(7)下班前的整理，包括衛生清掃等。

4.骨灰管理員的服務品質標準：

(1)環境整潔，用品齊全。

(2)主動介紹，熱情接待。

(3)存入時，查驗骨灰盒，粘貼卡片，一灰一證。

(4)取出時，查驗骨灰盒，一證一灰。

(5)及時整理並保存資料，書寫工整，並整理歸檔。

(6)認真驗證，須憑證入內。

(7)清理環境衛生，確保環境安全。

殯葬禮儀

人類制定了諸多的禮儀規範，將自己「包裝」起來，從而使自己變得溫文爾雅、循規蹈矩，變得更有文化味道。殯葬禮儀包括社會生活其他方面的禮儀，任何時候都是必不可少的。當然，禮儀太多則煩，會妨礙社會生活；但是，太簡單則近於虛無主義。

本章側重討論殯葬禮儀的文化意義，旨在提升對殯葬禮儀的理論性認識。至於具體的殯葬禮儀形式，則散見於各章節之中。

第一節　禮、儀的字源學含義

《說文》：「禮，履也。所以事神致福也。」履，履行。就是說，禮是一種事奉神靈以求福祉的行為。

此字的右邊是豊，《說文》解釋為：「行禮之器也，從豆，象形。」此字也讀作禮。近代學者王國維《觀堂集林》解釋說：「象二玉在器之形，古者行禮以玉。」就是說，古代以玉器做祭品向神靈行禮，故造字取兩塊玉放在一個小碟中，再置於「豆」器中敬神。豆，是一種高足盤，上頭容物部分大而平，中間腰細而長、下面又稍大，《說文》寫作豆。上面的ㅁ為容器部分，一橫表示覆蓋物，中間兩豎為高腰腳，下面一橫為底座。「豆」指大豆，後起義。禮的左邊的「示」字，《說文》解釋為「天垂象，見吉凶，所以示人也。三垂，日月星也。觀乎天文以察時變。示，神事也。」造字取將一祭物（最上的短橫）置於一個盤中（短橫下的長橫），下面的三豎則象徵祭祀的日月星，因而「示」的意思也是「神事也」，亦即事奉神靈。後來，將「示」和「豊」合起來表示「禮」字，而「豊」字就只表示「行禮之器」了。

「禮」是敬神，於是就產生了相應的敬神規定，即哪些事可以做或必須做、哪些事不能做，以及應當如何做，所謂「有所為，有所不為。」如祭先祖、拜神靈時須虔誠，不要信口開河，所謂「敬神如神在，不敬神不怪」。後來，又引伸出「與人打交道」的諸規定，由此形成了諸人際交往的「禮」。所以，「禮」被理解為一定的行為規範，如拜見尊長、迎送客人、言行舉止等。它們大量地進入了民俗範疇，假如我們沒有按這些約定俗成的規定去做，人們就會指責我們「失禮」。以此觀之，「禮」原來有兩層含義：其一是與神靈交往的諸規範，其二指人際交往的行為規範。後來，「禮」主要指人際交往的行為規範。由於禮、理相通，因而民間也經常將「無禮」說成「無理」。

「儀」，《說文》解釋為「度也。」即行為的恰到好處、適宜。儀是表達禮的，或說是禮的外部表現，恰到好處地表達了「禮」的要求就稱為「儀」，否則即為「不儀」。如見了尊長主動打招呼的「儀」就體現了敬老尊賢之「禮」，待人以禮要恰如其分，不要缺禮、也不要過禮。個人的言行舉止稱「容儀」，故有「容儀舉止」之說，如民間所說的「坐有坐相，站有站相」；朝廷上君臣的言行舉止等規定稱為「朝儀」；官員出行時前有儀仗隊開路稱為「威儀」等。同時，「儀」又可理解為「義（道義、道理）」，即「儀」必須合乎「義」才是可以接受的。

分而言之，「儀」是「禮」的外部表現，「禮」是「儀」的內容；合而言之，「禮儀」就是一定的行為規範和儀式的總和。

第二節　禮儀概述

禮儀是人際交往中的一整套程序化了的行為規範、儀式，如人們見面時打招呼或敬禮等。它們反映了人與人之間的相互關係，如長幼尊卑平行等關係。

禮儀最早起源於原始人生活中的一類習慣。為了生存，人們常常有意無意地用一些象徵性的動作，相互表達自己的某種意向、情感。久之，這些被大家所認可的動作定型成為習慣，於是就有了最早的人際禮儀。比如，不同氏族的人相遇時，各伸出一隻手，掌心向前，表示自己未藏武器，並讓對方撫摸自己的掌心以示親近友好，這被認為是後世握手禮之起源。人們見面時，互相點頭或微笑致意以示友好。人們在聚族而居的生活中互相幫助，有了好東西分而享之，節日期間群聚而歡，親朋之間請客送禮等。於是有了「互助」、「和睦」、「謙讓」等禮儀。

隨著文明的發展，社會財富的增加，社會衝突也隨之發展，人們在制定法律的同時，禮儀也隨之建立並豐富起來，有的還寫成條文，成為制度的一部分，稱為「禮制」。現代社會，按照適用的領域劃分，常見的有：服飾禮儀、飲食禮儀、宴會禮儀、居住禮儀、社交禮儀（如握手、拱手、鞠躬、介紹、交談等）、會議禮儀、通訊（信）禮儀、節日禮儀、慶典禮儀、婚姻禮儀、殯葬禮儀、家庭禮儀、辦公室禮儀、公務禮儀、學校禮儀（師生、同學、校園行為等）、商業禮儀、禁忌禮儀等。國家之間則有國際禮儀（或涉外禮儀），如外事會見、會談等。總之，人類社會的每一個領域都有相應的禮儀，我們無時無刻不在禮儀的規範之中。

禮儀的方針是「有所為，有所不為」，即有些事必須做，做了就「合禮」，如撫幼養老，待人斯文；有些事不能做，做了就「違禮」，如棄幼侮老，待人粗魯。這一方針的原理與法律是一致的，法律上也是根據人們的行為是否「有所為」或「有所不為」而定性的。

禮儀的原則是「恭敬，得體」。「恭敬」即認真、謹慎，所謂「禮主敬」，禮而不敬，等於無禮。「得體」即「合乎度」，恰如其分，不卑不亢。太熱情、太頻繁為「過度」，孔子稱「過猶不及」，即過分和不及都不合乎禮儀。

禮儀的社會作用在於：

其一，協調人際關係，建立和諧秩序。禮儀是相互的，禮儀使人們互相尊重，達成良性的人際互動。比如，子對父母須「孝」，而父母對子女則「慈」，所謂「父慈子孝。」同理有「兄友弟恭」、「夫和妻順」，親朋之間則講「信」等。因而，禮儀又是權利與義務的統一，人際秩序由此建立起來。

其二，限制人欲的無限化。過分的欲望、要求會損害人際關係，因而每個社會都對個人的欲望有相應的禮儀限定，比如，「有飲食，先生饌。」即有好吃的東西讓尊長先吃；尊長不坐，晚生不先坐；「不取不義之財」等。

其三，優化個人修養，改善社會觀瞻。各個社會都對人的行為（即使是純個人行為）提出了「斯文」標準，比如，站有站相、坐有坐相、吃有吃相。吃似乎是純個人行為，但狼吞虎嚥總是一副餓相，不好看，因而不合禮儀規範。坐、站都是如此。服飾禮儀也關係到一個人的觀瞻問題。孔子曰「文質彬彬，然後君子。」「文」是文采，「質」是質樸，一個人要「文」和「質」結合起來才算是一個君子形象。「彬彬」，文質兼備的意思。這些規範旨在塑造個人的外部形象，為的是營造良好的人際氣氛。

當然，隨著時代的變化，禮儀也在變化之中，有些禮儀會由有益的禮儀而變為有害的禮儀，而這需要人們隨著時代變化對禮儀進行改革，如現在有的城市禁止燃放鞭炮等。

第三節　殯葬禮儀概述

殯葬禮儀，就是人們在殯葬活動中所遵循的行為規範和儀式的總和。可以說，殯葬行為從什麼時候開始，殯葬禮儀就從什麼時候開始。因為，當原始人懷著異樣的誠惶誠恐的心情，按照一定的行為規範和儀式處置死者遺體時，如殮、弔唁、給死者塗抹紅色礦石粉、按照一定的方向埋葬死者等，這些「固定的」行為模式就構成了當時的殯葬禮儀。

隨著社會的發展，物質財富的豐富，人們對殯葬活動越來越重視，殯葬禮儀也隨之發展起來，它構成民俗活動的一部分，從一個側面反映了民風民俗、社會面貌。

一、殯葬禮儀的分類

為了便於對殯葬禮儀深入認識，我們按照三個不同的角度對殯葬禮儀進行分類。

(一)第一種分類

根據殯葬禮儀所指向的物件看，可分為「事死」與「事生」，其中，「事死」又可分為「事屍」與「事魂」。

- 殯葬禮儀
  - 事死
    - 事屍
    - 事魂
  - 事生

殯葬服務一部分是為遺體服務，如大小殮、沐浴、殯、埋葬等，服務時伴隨有一定的禮儀，古曰「事屍」；一部分是為死者的靈魂服務，如招魂、奠、祭、喪服、立碑、謚號、居喪等，其中也有相應的禮儀規定，古稱「事魂」。魂者，精神也。事者，服侍、侍奉也。孔子說「事死如事生」就是在這一意義上講的。殯葬服務的另一部分是對生者（喪家、助喪者等）的服務，它也會產生一些相應的禮儀，如接待弔唁者、居喪規範、殯葬語言、殯葬禁忌規範等。此可概括為「事生」。

(二)第二種分類

根據殯葬禮儀所規範的範圍，可分為「治喪程序禮儀」和「治喪個人行為禮儀」。

殯葬禮儀
- 治喪程序禮儀
- 治喪個人行為禮儀

治喪程序禮儀是指治喪過程中的禮儀規定，如初終禮儀、殯禮儀、悼念禮儀、葬禮儀等。治喪個人行為禮儀是指治喪中個人應遵守的禮儀規範，如衣著樸素、儀態端莊；三跪九叩首禮、一跪三叩首、三鞠躬禮；助喪者在治喪範圍內不得嬉戲喧嘩等。同時，殯儀禮儀人員在治喪場合也有相應的行為規範。

(三)第三種分類

根據殯葬禮儀的時間順序，可分為「殯禮儀」、「葬禮儀」和「時祭禮儀」。

殯葬禮儀
- 殯禮儀
- 葬禮儀
- 時祭禮儀

殯禮儀大致指從初終到奠祭儀式完成期間的禮儀，如小殮、守靈、奠祭、出殯、喪宴等禮儀。葬禮儀指從出殯到埋葬完畢過程中的禮儀，如墳墓的規格大小、陪葬物多寡、下葬、立碑銘等。殯儀館實行火葬時也應有相應的禮儀。時祭禮儀是指治喪完畢後，每年的祭祖活動。時祭即按時而祭。中國古代祭祀先人的禮儀非常多，如四時之祭、陰生祭、忌日祭、清明祭、臘祭等，現在大體只有清明節祭祖了。所謂「君子有終身之喪」，就是指終生都要祭祀亡故父母。按照中國的文化傳統，治喪屬於「凶禮」，此後每年的祭屬於「吉禮」。由於現在的殯儀館在清明期間也提供這一時祭服務，故這裏一併列入。

二、殯葬禮儀的心理假定

儒家殯葬文化提出「事死如事生，事亡如事存。」（《禮記·中庸》），「事」，事奉、對待，即以對待生者的態度對待死者，如同死者還活著一樣。《荀子·禮記》：「喪禮者，以生飾死者也，大象（像）其生，以送其死。」這裏面都包含著一個心理假定，即：「死者仍然活著」。其實，各時代、各民族的殯葬禮儀都是以一個心理假定為前提的，那就是死者有知。

「死者有知」的觀念是從遠古的原始社會延續下來的。即便是現代人，在治喪時的心靈深處仍存在著這一心理之光。比如悼詞中經常有「假如死者在天有靈，定會含笑九泉……」之類的語言，給死者燒紙、磕頭，送殯時砸破一個碗（讓死者去陰間吃飯，或理解為趕死者的鬼魂出門）等行為，均是如此。人們按照「死者有知」的思路來設計全部喪事程序。也就是說，在我們的心靈深處是將死者視為「另類生命體」來看待的。

如果我們持「極端的」唯物主義觀點，或視死者為泥塊磚頭、無用之物，可以隨意處置，則一切殯葬禮儀就都不存在了。當然，這會比隆喪厚葬有更嚴重的社會後果，也就是社會心靈的嚴重傾斜，人們對生命的價值和尊嚴的蔑視。任何時候，殯葬禮儀所滿足的只是人們的心靈情感。人類有著豐富的心靈世界，心靈的存在和需要與物質的需要是同樣真實而重要的。

三、殯葬禮儀的基本精神及三項規定

各民族殯葬禮儀的基本精神其實都是一致的，說是「人道主義」精神，這只是陳述上的不同。如中國傳統的殯葬文化的基本精神是「孝道」，孝子孝女治喪，披麻戴孝、磕頭、居喪等禮儀規定，都是在履行孝道；親朋戚友助喪則是在幫助孝子孝女盡孝道。它所要求的和指向的都是人。這裏，死者與生者均被視為人。因而，「孝道」是人道主義的一種是中國古代的說法。

殯葬禮儀中的人道主義，就是承認死者的尊嚴和體面，恭敬虔誠地為其提供人生的「最後一次」服務。這其實也是在承認人類的尊嚴和體面，因為我們都屬於同類。對死者實行人道主義，就是對生者的人道主義。死者固無知，但生者會寒心。當然，殯葬禮儀又必須符合時代和社會的要求，不能妨礙生者。由此，便產生了殯葬禮儀的三項規定：原則規定、方針規定和氣氛規定。具體說明如下：

1.殯葬禮儀的原則規定：「生死兩相宜」：這是說，殯葬禮儀各環節的設立，應有益於生者對死者的懷念，又有益於生者的身心健康、有益於社會精神文明的建設、有益於社會環境。任何時候，殯葬禮儀都不能「虛無」，但也不能「太濫」，既要對得住死者，又不傷害生者、不妨礙正常的社會生活，所謂「禮不害生」。殯葬服務是「送死」，而送死是為了「養生」，使死者安息、生者安寧，兩者都要恰到好處，這就是「生死兩相宜」。這需要我們尋找「兩相宜」的交接點。

2.殯葬禮儀的方針規定：「有所為，有所不為」：即必須具有一些有益的殯葬禮儀，否則就是殯葬禮儀上的虛無主義，此即「有所為」；同時，廢棄過時的、落後的殯葬禮儀，杜絕有害的殯葬禮儀，這就是「有所不為」。

3.殯葬禮儀氣氛規定：「莊嚴」、「寧靜」：即以一種什麼樣的態度治喪的問題。民間很多地方有嚴重的殯葬娛樂化傾向，旨在吸引人們前來觀看，生者之間競相攀比，它帶來的只能是虛張聲勢，這也違背了儒家的治喪氣氛原則。治喪是生者悼念死者，理應莊嚴、寧靜，而不是生者之間的鬥富攀比，是否有人圍觀非治喪者們所追求的目標。同理，悼念廳治喪時，殯葬職工亦不得在裏面交談、抽煙、嚼檳榔、嗑瓜子等，這與治喪氣氛並不吻合。

中國民間風俗存在著嚴重的「吵文化」現象。人們見面相互客套時吵、宴會上吵、喝酒時吵、婚禮上吵、殯葬禮儀吵，直吵得頭昏腦脹，左鄰右舍乃至一條街都不得安寧，禮儀才算是合格。人際在交往中推崇熱鬧，以熱鬧表達熱情，乃至熱情時常有些誇張和做作。比如喝酒，諸如「感情深，一口吞；感情淺，舔一舔」之類的酒席格言不知有多少，逼著人一杯一杯地往肚裏倒，直搞得顛三倒四、神志不清、紛紛倒地仍不肯甘休，口裏還要一直喊「我沒醉，下次再來。」這一「吵文化」影響到殯葬領域，造成了民間喪事的娛樂化，屬於反省禁止之列。

四、殯葬禮儀的意義

各民族的殯葬禮儀都是為著一定的社會目標而設定的，體現了一定的文化內涵，具有一定的社會功能，此即殯葬禮儀的意義。它們大體在於：

(一)營造適宜的治喪氣氛

從原始時代以來，人們就能準確地把握「治喪」不同於「治喜」，兩者的儀式不同，氣氛也絕然相反，因而殯葬禮儀的意義首先就在於營造適宜的治喪氣氛。「死生，大事也」，歷來受到重視。比如，治喪時的氣氛治喪，小殮、沐浴、喪服、孝子女們披麻戴孝向死者磕頭、祭品、奠酒、奠禮儀式等，這些禮儀規定都可以幫助營造一種治喪氣氛。如果什麼禮儀都取消了，就什麼氣氛都沒有了。

(二)滿足生者心理需求，表達情感願望

直接地，殯葬禮儀是為死者而設。而實際上，它是在滿足生者的某種心理需求，表達某種情感願望。生者與死者有過較長期的共同生活的經歷，對死者懷有各種各樣的心理和感情，諸如懷念、感恩、崇拜、內疚、贖罪、寄託等，其中最重要的可能是懷念、內疚。現在死者一去不復返了，於是生者透過一定的殯葬禮儀來滿足這些心理需求，表達這些情感願望。如果沒有一定的殯葬禮儀，人們會覺得人生「不完滿」，還缺少一點什麼。

在這一意義上，那些看似有些繁瑣的殯葬禮儀的文化意義其實是在為人們提供一連串的心理過渡，即透過一定程序的禮儀形式，使生者於親人去世所導致的悲痛和慌亂的情緒中穩定下來，接受死

者「已死去」的事實；向死者表達自己的沉痛、內疚、懷念、報恩等心理；並從喪事氣氛中逐步擺脫出來，由此恢復正常生活等等。在殯儀館的奠儀廳內常可以發現此類情況：數十分鐘的告別奠禮，人們還沒有回過神來就完了。告別奠禮開完後，死者的子女們（尤其是女兒）拼命拉住靈車，不讓往火化間去，大喊大叫「再讓我看一看呀！」這是生者覺得自己沒有「陪夠」死去的父母，有內疚心理。如果殯儀館為家屬提供足夠的守靈時間（一般是三天），家屬是不會發生這些行為的。

(三)強化人際聯繫、凝聚人際感情

殯葬活動是強化人際聯繫、凝聚人際感情的一種形式。殯葬活動又是靠一定的殯葬禮儀「串聯」起來的，沒有一定的殯葬禮儀，就不足以將人們聯繫到治喪現場上來，因而殯葬禮儀也就起到了聯繫和凝聚的作用。比如，沒有清明祭祖的禮儀，死者的後人就不會在這一天相聚，親情也會隨之淡薄。

(四)對人進行教育

各民族的殯葬禮儀中都包含著對生者的人生教育，這一教育與該社會的意識形態又是一致的。如基督教的殯葬禮儀就是教育人們要皈依上帝，死亡只是靈魂重新回到上帝的身邊，因而無須畏懼死亡、人生在世要行善等。也就是說，基督教的殯葬禮儀所確定的是人與上帝的關係。中國傳統的殯葬禮儀中貫穿著儒家的「孝文化」，各禮儀環節是按孝道思路設計的，如孝子孝女磕頭、奠文中多有「不忘父母養育之恩」的說法、居喪三年等。它所確定的是生者對死者的關係，即與已亡父母的關係，這種關係是他們生前關係的延續，所謂「生，事之以禮；死，葬之以禮，祭之以禮。」

（《論語·為政》）殯葬禮儀中對人的教育內容很多，這裏不詳細討論。

綜上所述，殯葬禮儀有著深厚的人性依據和重要的社會意義。從殯葬禮儀在人們心理上的、孝道的、人道主義的，再到社會聯繫等方面的作用來看，殯葬禮儀既抒發了人們對死亡、死者的諸多複雜感情，又寄託著人們諸多複雜的希望。因而，任何時候，殯葬禮儀絕不是可有可無之物，我們應以慎重的態度對待殯葬禮儀。

第四節　常見的殯葬禮儀簡介

一、下半旗致哀

下半旗致哀的禮儀被認為源於英國。1612年英國商船「哈茲伊斯」號在探尋一條航路時，船長被北美洲海岸的愛斯基摩人殺害。返航途中，該船以降半旗方式致哀。後世引為國際慣例，沿用至今。一國的政府首腦或其他重要人物去世後，本國或友好國家將國旗降下一半表示哀悼。國旗是整個國家的象徵，將國旗全部扯下來表示亡國，下半旗則表示舉國低頭致哀。具體做法是：將國旗升至旗桿頂，然後降至離頂三分之一處。下半旗時間的長短視情況而定。例如：1953年6月史達林去世，中國下半旗3天致哀；1969年法國總統戴高樂去世，中國於法國舉行葬禮那天下半旗致哀；1976年9月9日毛澤東去世、1997年2月鄧小平去世，中國均於整個追悼期間下半旗致哀等等均是。

1990年10月1日起施行的「中華人民共和國國旗法」第十四條

對下半旗致哀，提供了法律依據：

第十四條　下列人士逝世，下半旗致哀：

(一)中華人民共和國主席、全國人民代表大會常務委員會委員長、國務院總理、中央軍事委員會主席。

(二)中國人民政治協商會議全國委員會主席。

(三)對中華人民共和國作出傑出貢獻的人。

(四)對世界和平或者人類進步事業作出傑出貢獻的人。

發生特別重大傷亡的不幸事件或者因嚴重自然災害造成重大傷亡時，可以下半旗致哀。

依照本條第一款(三)、(四)項和第二款的規定下半旗，由國務院決定。

依照本條規定下半旗的日期和場所，由國家成立的治喪機構或者國務院決定。

二、國葬

國葬又稱「國喪」，指國家最高領導人去世後所舉行的治喪活動，為一國最高規格之喪禮。中國古代稱「大喪」，指皇帝、皇后或太上皇、皇太后等去世所舉行的治喪活動。

中國迄今尚無有關國葬的禮儀文字規定。依慣例看，中國國葬的禮儀主要內容大體如下：

1.「治喪委員會」一般由中國共產黨中央委員會、中華人民共和國全國人民代表大會常務委員會、中華人民共和國國務院、中國人民政治協商會議全國委員會四家組成。

2.下半旗致哀。

3.國家一級的報紙、電臺、電視臺播放悼念消息，並播放哀樂。

4.在人民大會堂等重要場所設立靈堂，弔唁。

5.駐外使、領館設立靈堂，供駐在國弔唁等。

三、公葬（或社葬）

公葬係指擔任過公職，以及為國家社會或特定組織團體有傑出貢獻的公民或職工去世後，由所在單位、或政府、或民眾團體出面組織治喪委員會辦理治喪活動。此時，殯葬的一切費用通常由主持單位負擔。治喪中關於死者的生平介紹、悼詞，以及治喪期間的活動安排亦由主持單位負責辦理，死者家屬可以提出治喪建議，並積極協助。

公葬古已有之，如朝廷以及各州府縣衙出面給那些為國捐軀者、或朝廷重臣所舉行的葬禮。它是對死者的一種褒揚、尊顯和肯定，並以此向全社會介紹和推崇死者生前的事蹟與美德，客觀上有教化民眾的作用，是一種低於國葬而又高於民間私葬的一種喪禮規格。如1936年魯迅先生去世，便由宋慶齡女士等文化民主人士組成治喪委員會為之治喪，為公葬的一種。現在，官員、在職職工、離職退休者去世，多由所在單位或團體出面治喪，也是屬於公葬的一種。

四、私葬

由死者家屬自己所舉行的治喪活動，屬私人行為，故稱「私葬」。其祭祀也就稱私奠、家奠。現在以私葬占絕大多數，人們通常在自家門前搭靈棚辦喪事，參加者多為鄉鄰、親戚朋友，葬禮儀式也多依舊式民間信仰進行。

五、伴宿

「伴宿」是中國民間的喪禮習俗，在殯的最後一天（即出殯的前一天）晚上，喪家整夜不能睡稱之，或曰伴夜、坐夜、守靈等。因為明日將要訣別，孝子賢孫以及親朋徹夜守靈以示最後一次相聚，此含有勿使死者孤獨之意。清・福格《聽雨叢談》卷十一《專道》云：「京師有喪之家，殯期前一夕舉家不寐，謂之伴宿，俗稱坐夜，即古人終夜燎之禮也。」燎，即燎祭，燒柴禾祭鬼神。也就是說，古代是整夜燒柴禾祭鬼神，後演化為固定的伴宿儀式。

此夜，晚飯後要舉行「辭靈」儀式，南方叫「做道場」。喪家延請佛、道之人前來念經打醮以超度亡靈，並請樂隊前來吹吹打打以壯聲威。念經是念佛經，用來超度亡靈；醮（jiào，音ㄐㄧㄠˋ），道士設壇祈禱、祭祀，打醮亦有為亡靈求福之意。中國北方受佛教影響較深，南方受道教影響較深，由此亦可見一斑。民間仍保留著這些形式。

在整個喪事期間，靈堂內靈柩旁有一盞小油燈，須時時加油，不使熄滅，一直到出殯後不再加油，任其自滅，號為「長眠燈」。大約取長久安眠之意。

六、神主牌位

寫著死者名字的狹長小木牌，祭祀供奉時被視為是死者靈魂依附的象徵物。舊時民間又稱「祖宗靈牌子」。舊時，題神主牌位的文字頗為繁瑣，現多不用。此處介紹使用較多的稱呼格式，墓碑文的稱呼格式大體相同。

假若父死，姓王，神主上題「顯考王公諱○○大人之靈位」；

其母則題「顯妣王母○氏諱○○老孺人之靈位」。「顯」係尊敬之詞，顯赫也。亡父稱「考」，亡母稱「妣」；「諱」字置於死者名字之前表示敬意；「○氏」舊指母親娘家的姓。「孺人」是對婦女的尊稱。也有稱母為「太夫人」，母死則為「顯妣王母○氏諱○○太夫人之靈位」。若祖父死，牌位為「祖父○公諱○○大人之靈位」；祖母死為「祖母○氏老太夫人諱○○之靈位」。「太」者，大也。近世寫牌位為求簡單，就寫上「父○公○○大人之靈位」，如題墓碑，則寫成「父○公○○大人之墓」。

舊時在祠堂中，歷代男性祖宗的神主牌位都集中放在一室，每年定時由族長率領各家戶主一起祭祀，是一項重大的家族盛典。古人認為死者的靈魂就附在神主牌位上面，因而對神主牌位尤為尊重。

七、清明祭祖

清明是中國農曆的24節氣之一（約15天一個節氣），於農曆3月，換算為現在陽曆的4月5日前後。清明的最早記載見於西漢的《淮南子．天文訓》一書，清明節氣在中國至少有二千多年歷史了。

清明值春耕、春種時節，萬物進入旺盛生長時期，也是人們度過漫長的冬季後乘興出外郊遊的日子，所謂「踏春」、「探春」、「尋春」。《歲時百問》一書說：「萬物生長於此時，皆清潔而明淨，故謂之清明。」清明時節，民間流行頭戴柳、門插柳，以為「辟邪」，婦女則「紅顏不老」，與上墳祭祖本沒有關連。

清明上墳祭祖之俗被認為至隋唐才開始流行，到宋朝就非常普遍了，迄今成為中國最具影響力的民間風俗之一。現在，清明前後，民間仍流行舉家上墳祭祖。城市的殯儀館中如果寄存的骨灰過多，此時就多半會人滿為患。他們取出先人骨灰盒，置於空曠處，擺上鮮花、果品之類祭物，對之磕頭。死者如果生前吸煙，喪主還會點上一支香煙放於骨灰盒前，以示追思。各學校或單位還常組織去烈士陵園憑弔先烈，緬懷其豐功偉績，追述其優良品德，以教育後人。

清明節被民間戲稱為「鬼節」。此外，陰曆七月十五（舊稱「中元節」）在許多地方也是祭祀先人的日子。

八、掃墓

商周以前，中國人祭祀祖先在宗廟進行。宗廟是專門的房屋，裏面放了先人的神主牌位，以示先人神靈與生者同在。宗廟離住宅一般不遠。宗廟即「廟」，因為是紀念祖宗之用，故曰「宗廟」。僧人出家之處被稱為「廟」，是佛教傳入中國以後的事。那時，祭祀非常頻繁，如立春、立夏、立秋、立冬，新年和年關，新穀登場，死者的生日和忌日，有事要出遠門等都要到宗廟中祭祀。

到春秋戰國，舊式的族墓制度開始瓦解，墓上起墳的現象流行，人們去墳墓前祭祀先人的行為就變得普遍起來。這就是西漢學者說的「古不墓祭」，到墓前祭祀是春秋戰國以後的事情，而清明節墓祭則是風俗之一。

掃，舊作埽，《說文》寫作「埽」，右手持掃帚掃地之意，掃除塵穢。原來古人上墳時除帶祭品外，還要帶掃帚之類的工具修整墳地、鋤除雜草等，故「掃」字又轉義為「祭祀」之意。《辭源》：「埽，祭拜。」可見，掃墓是祭祀的代名詞。現代人掃墓多半不再帶工具，修整墳地亦委請人處理，公墓中更有專人管理。

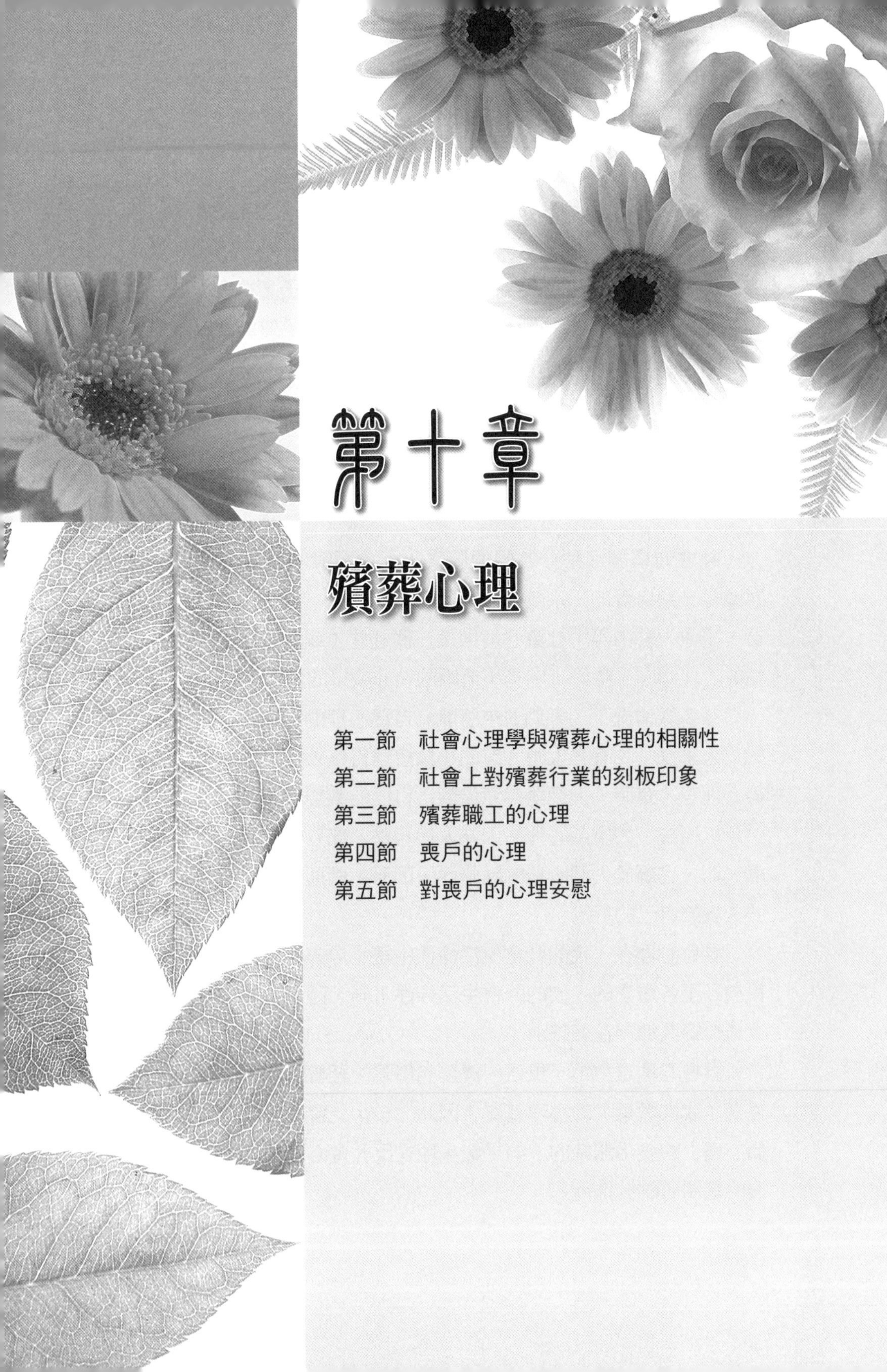

第十章

殯葬心理

第一節　社會心理學與殯葬心理的相關性
第二節　社會上對殯葬行業的刻板印象
第三節　殯葬職工的心理
第四節　喪戶的心理
第五節　對喪戶的心理安慰

殯葬心理是人們在殯葬活動中的心理活動，包括對殯葬的感情、感受、情緒、記憶等，屬於社會心理的範疇。殯葬活動總是建立在一定的社會心理之上，一場喪事辦成什麼樣子，很大程度上是受到當時社會心理的制約。同時，我們要提供高品質的殯葬服務，也必須清楚當地人們的殯葬心理。

第一節　社會心理學與殯葬心理的相關性

社會的精神活動分為兩個層次：社會意識和社會心理。社會意識是一類自覺的、系統的思想體系，如哲學、政治法律思想、道德、宗教、藝術等；社會心理則是一個社會（或群體）中具有普遍性的心理傾向、嗜好，它是不清晰的、非系統的社會意識。

在多數情況下，人們並未意識到自己心理的存在，比如，小孩的「人來瘋」（有客人時，有的小孩會變得格外活躍），人們的愛美心理等。有時，人們雖然意識到了自己的某類心理存在，卻要極力予以掩飾，如虛榮心理。因為人們相當一部分的社會心理是不能曝光的，它屬於人們心理的陰暗面，因而人們通常用一些漂亮的口號去裝飾自己的行為。

社會心理在一定的社會生活條件中逐步形成。由於各時代、各民族乃至各層次的人們的社會生活條件不同，因而人們在社會心理上毫無疑問地存在著差別。

社會心理是道德、風俗、輿論和口號、社會措施等能否被社會接受（或被拋棄）的心理基礎。因為，一切社會的變化總是先從人們心理上的變化開始的。如果嚴重地違反社會心理，自然會遭到普遍的抵制而難於推行。

這裏介紹社會心理學中與殯葬心理相關的一些觀點。

一、對鬼魂的恐懼

對鬼魂的恐懼從原始時代就開始了。原始人認為，生者的精神稱「靈魂」；人死後，其靈魂就變成了「鬼魂」，鬼魂熱衷於害人以解脫自己（如重新轉世等）。軀體是靈魂的載體，而屍體則被認為是靈魂的載體。原始人還認為，鬼魂躲在暗處，孤獨、對生者充滿了憤怒情緒，總想找一個替身來解脫自己，因而對人構成了危害。自然，人們恐懼的是鬼魂而不是靈魂。這一認識被世世代代傳遞下來，成為各民族深層心理結構的一部分，成為一種「集體無意識」。

人類對鬼魂的恐懼，源於原始人對生活的熱愛和對死亡的恐懼，也是對死亡的無知。現代人號稱「懂科學」、「不迷信」、「不怕鬼」、「不信神」，但事實上對屍體（或鬼魂）仍不同程度地懷有恐懼之心。在夜晚，這一恐懼心理就會加劇，人的心理強度在夜晚會大大降低，按舊式說法是「陽氣不足」。再刁頑的人，即使敢於向老人或小孩逞威，也很少有敢於冒犯屍體的。

由於害怕鬼魂的加害，人們想出了許多「回避」鬼魂的招術，如禁忌。禁忌是人們為避免觸怒鬼神而給自己制定的一些否定性的行為規範，諸如語言禁忌、行為禁忌、飲食禁忌、殯葬禁忌等。它告誡人們什麼情況下不能做某事，比如過年時不能打破碗、不能談論死亡之類。求福、求平安是民間禁忌的心理根源。

殯葬禁忌是世界各民族中最常見的禁忌，也是最為嚴格的禁忌之一。如抬靈出門時不能碰房間內的東西，靈柩抬起後在住處附近就不能放下，出殯歸來要將死者的遺像翻過來捧著走，「白事」

人情（即白包、奠儀）在出殯後不能補送，死者的衣物要燒掉等。人們希望以此遠離死神，避免為死者的鬼魂所糾纏。禁忌重在「回避」鬼神的危害，因而是被動性地對付鬼神的招術。

二、駕馭鬼神的巫術

巫術是用來溝通鬼神的一類象徵性的、神秘的模擬表演及其儀式，如巫婆或師公所進行的驅鬼降魔。在人們看來，鬼神具有人的感情和欲求，也喜歡聽好話、吃美食，也有恐懼，如害怕道教的符、桃木劍等，於是便透過一定的方式去與它們交往，聯絡感情或鎮懾它們，使它們按照自己的要求行事，從而操縱鬼神以滿足自己的意願。

巫術和禁忌一樣都是原始時代的產物。巫術更多地具有「主動」對付鬼神的意思，它表明原始人對自己具有更多的自信，以為透過自己那套象徵性的行為就可以駕馭鬼神，從而達到禳災和求福的目的。出殯擇日、擇時、看風水等，也可歸於巫術一類。

現代社會仍大量存在著巫術的痕跡。如過年時不慎打破一個碗之類，人們總要說一句「打發打發」（發即發財）、「碎碎平安」（碎即歲的諧音）；出殯時，喪主打破一隻碗，以示打發出門。擁有了登月航太等科學技術的現代人仍不免要被一些數字所困擾，如中國人迷信「8」，追求諸如138（一生發）、148（一世發）、168（一路發）、338（生生發）、448（事事發）、668（路路發）、998（久久發）之類的「吉祥」電話號碼。 西方人則不喜歡13，因為它是耶穌和十二個門徒的人數，其中一個是猶大，由於他的背叛使耶穌喪了命。這是現代社會中的「數字巫術」。

三、獻祭和祈禱

獻祭是用供品供奉神靈以換取神靈的諒解和幫助，如用牛、羊、豬、雞等祭祀神靈。祈禱則是以溢美阿諛之詞歌頌神靈，並向神靈提出自己的要求，如事業有成、家人平安。

通常，獻祭和祈禱時均伴以舞蹈或卑下的動作以取悅於神靈，就像我們在寺廟裏看到的，人們對著菩薩磕頭，口裏念念有詞，向神靈求願；在墳地，人們殺雞祭祖、磕頭，少不了再求幾個願等。

近年，民間的獻祭和祈禱之風漸漸抬頭，甚至城市中亦如此。在廣東省佛山市，作者看到一些公寓的門口立有一個「門口土地財神」的牌位，用紅紙寫成，貼在自家門口挨地的牆上，再擺一個易開罐，內插幾根香，以敬門口的土地財神，求保佑家宅之安寧。汕頭一些地方的居民還流行初一、十五祭土地，八月十五祭月亮的習俗；乃至有小孩祭書包、文具盒的行為，據稱這樣小孩子就很會讀書。人們多持「寧可信其有，不可信其無」的心理，只要有人做，有人提倡，自己就跟著做，認為做一下也不是很麻煩，儘量使自己的「心理保障」大一點為好。

四、從眾心理

從眾就是跟著流行跑。從眾心理在社會生活的各個方面中都有，如流行服飾、流行歌曲、流行語言等。社會心理學家曾做過一個實驗：取三根棍子，A棍明顯長、B棍只比C棍稍長一點點（但仍可辨別出來）。然後從街上隨意叫來一個人，另外九人已與社會心理學家串通好了，要他們先後都說C棍比B棍長，以誤導被叫來者，以測定輿論對人的影響究竟有多大。結果，被叫來者見前面九個人一個一個地都說C棍比B棍長，便懷疑自己的判斷錯了，於是也跟著說C棍比B棍長。這就是從眾心理如何干擾人的判斷力。

從眾心理說明人性的軟弱性，個人不敢在精神上「自立」，不相信自己行為的正確性。一旦發現自己「孤立」時，就懷疑自己是否「出了錯」，不敢為人所不為。個人的行為符合大眾時會獲得人們的認可與稱讚，否則就會由於自己的「逆行」而遭受心理不安的折磨。這是從眾的社會心理根源。當然，從眾心理也有正面意義，它可以使人們之間的行為保持某種統一性。

從眾心理在殯葬領域中的表現，迫使人們將自家的喪事辦成社會上所公認的模式和規模，不敢過於節儉或標新立異。同時，喪事中的炫耀和攀比也與從眾心理相聯繫。

五、心理定勢

人們重複某類行為或多次經歷某一類事件，因而形成了一種固定的心理認知及其相關的行為模式，這就是心理定勢。它類似於條件反射而形成的穩定性聯繫。如人們早晨起床後，多遵循穿衣服鞋襪、洗臉漱口、上衛生間等一連串固定性行為。又如，虛假的商業廣告使人們對於商業宣傳持不信任態度等。有時候，先入為主的某種宣傳、傳聞也可以使人們形成一定的心理定勢。

人們一經形成某一心理定勢，就很難改變，通常會本能地拒絕與自己的「經驗」相反的事物。

心理定勢是人們行為慣性化的結果，也可以說是「心理懶惰」的結果。它的積極意義在於使人們的行為固定化，從而使行為更為快捷準確，也減輕了大腦的負擔，如人們遵守交通規則、見了老人謙讓、見了小孩愛護等。其消極意義則在於拒絕思考，以老觀點看新問題，從而走向思想僵化。

某些心理定勢導致了對殯葬行業的誤解：一些地方的鄉民認為，殯儀館的設立是要賺他們的（喪事）錢，就是因為有了殯儀館才導致了火葬；火化推廣初期，有的地方甚至認為，火化是要將遺體切碎然後再燒等。因而不同程度地產生了對殯葬職工的敵視，故須加強宣傳，使人們正確地理解殯葬服務行業。

第二節　社會上對殯葬行業的刻板印象

殯葬是一門特殊的行業，極具封閉性，與其他行業甚少交往，其從業人員的文化素質歷來較低，因而，社會上對殯葬行業及從業者形成了一些傳統的非良性心理。儘管20世紀90年代以來，由於各種原因的影響，人們正在逐步改變對這一行業的認識，但對這一傳統的不良心理在短期內還難以根本消除。

社會上對殯葬行業的不良心理主要在於：

一、晦氣心理

殯葬的晦氣心理是認為殯葬活動、殯葬實物乃至殯葬語言是一種「晦氣」的事情，對它們懷著一種忌諱、回避的心理。由於視殯葬為晦氣之事，於是便產生了喪事避諱，如「遮面巾」就是這一心理之產物。同時，人們平時一般不敢或不願去碰殯葬用具，如龍頭槓等。即使是殯葬職工，心裏對這些東西也深藏著一種忌諱，比如他們不會將有關殯葬的文字材料帶回去，即使是在外開會時獲得的紀念品，也很少帶回家。大人一般不讓小孩看治喪、出殯。當路上遇到出殯時，大人往往是將小孩轉過身來以背對著，有時還將小孩緊緊抱住。有些地方的鄉間，一旦收殮車來時，鄰近各家拖著在外玩耍的小孩就往家跑，並立即關門。死者的面孔就更是不准小孩看了。

有時，殯葬職工也被視為是「晦氣人」，需要加以回避。如殯葬職工在附近商店購物時，仍有營業員不用手接他們的錢，等殯葬職工走後，營業員會用棍子將錢撥到錢櫃裏去。殯儀館副館長說：他是從農村回城參加殯葬工作的。那時，殯儀館附近有一個中學，那些學生看見他們過來了就繞路走，連當地的農民也回避他們，「那時候我們人不像個人，鬼不像個鬼。」一些地方，殯儀館在酒店吃年飯，主管在宴席上祝酒時都絕口不提「殯葬」二字，有的飯店如果知道是殯儀館的人來就餐，寧肯不做這筆生意。直到20世紀90年代末，還是會有計程車司機拒絕載客去殯儀館，有時，他們將客人放在離殯儀館稍遠一點的地方，以手一指，說：「你自己走過去，就在前面了。」

有些地方在春節期間，殯儀館職工是不去親友家拜年的，多會拖到農曆十五以後才去，春節期間殯葬職工多在內部走訪。過春節或在尊長面前是絕不能談論死亡話題的。在殯儀館，殯葬職工當然也絕不能親近喪屬的小孩，如抱、逗、牽或誇獎之類。

一般而言，競爭愈激烈的地方（如商界或政界），人們心理承受能力就會愈差，心理上就會愈脆弱，因而避晦心理就會愈嚴重。

二、鄰避心理

鄰避，譯自英語Not in My Backyard，意為「不要在我家後院」，它指個人或社區反對將具有「晦氣」的公共設施建設在自己家園附近所表現出來的情結。為方便城市居民的生活，必須建立各種具有不同服務功能的城市服務設施，以滿足城市居民各方面的需求。但是，各種服務設施的設立都或多或少會產生「鄰避效果」，使居民的心理產生一些不愉快，這些產生鄰避效果的城市服務設施便被稱為「鄰避設施」。

20世紀80、90年代，海外、臺、港的社會學者對此展開了深入研究，多有論著論文出版。如何紀芳女士1995年〈都市服務設施鄰避效果之研究〉一文，根據對臺北地區的調查顯示，火葬場、殯儀館、公墓分別列於所有都市服務設施中，居民最不願接受的服務設施的前三名，其次分別有屠宰場、垃圾掩埋（或焚化）場、煤氣供應站、監獄、飛機場。其他的社會學者在這方面所進行的調查，結論基本上都一致。當然，另有一些城市服務設施，如蔬菜貿易市場、百貨市場、電影院、學校、郵局、公共汽車站等，一般受居民歡迎。但如果與居住者靠得太近，仍會干擾人的寧靜生活而使人產生不愉快感，從而成為鄰避設施。

殯葬服務設施是鄰避設施中首當其衝的三項。關於居民不願接受它們的考慮因素，據李永展先生1997年（以及何紀芳女士1995年）的調查，排列並說明如下：

1.心理上的不舒服：居民們認為，這些設施「造成心理的不愉悅」。
2.經濟因素：居民們擔心，鄰避設施會影響附近房地產價格。
3.破壞景觀：殯儀館、火葬場和公墓都是大煞「景觀」的設施，乃至陰森恐怖。將殯儀館修得像星級賓館、公墓建得像公園也只是這十來年的事情。
4.噪音：中國人是以熱熱鬧鬧、敲敲打打、哭哭啼啼的方式辦喪事的，如果燃放鞭炮震動就會更大，鄰近居民必定要大受影響。

5.公平性的問題：居民們雖然都知道殯葬設施的建立是社會所必須，但居民們仍不能接受這些設施為何正好要設在自家後院，而不是其他地方。

6.影響附近交通：出殯的人群和車隊可能會對附近的交通產生影響，在清明祭祖時還會達到非常嚴重的程度。

7.影響空氣品質：火葬場的燃燒對空氣品質的影響是居民最為關注的問題。

8.垃圾污染：殯葬服務設施難免會產生一些垃圾，雖然有一些殯儀館採取焚燒的方式處理。

9.安全上的顧慮：由於政府長期以來對環境保護工作的漠視，導致居民對政府不信任，居民們擔心鄰避設施的安全性問題，如核電站、飛機場等都是。

10.影響身體健康：居民恐懼殯葬設施可能會對人體健康及生命財產造成危害。

11.影響水質：公墓（尤其是遺體公墓）會對附近水質產生影響。

由於火葬場、殯儀館和公墓是城市鄰避設施中的前三位，因而20世紀80年代以來，隨著城市化的迅速發展，市區不斷擴大，它們就處於非常尷尬的境地。為了應付這一局面，政府部門一方面是搬遷這些設施；二是將殯儀館和火葬場分離，將火葬場遷至郊外，殯儀館則儘量留在原地。當然這也同樣會遭到郊區居民不同程度的強烈反對。他們認為這個被城市趕了出來的「瘟神」，竟搬到我們這裏來了！有的殯儀館為了緩和這一矛盾，就在當地居民中招收部分職工，有的還會勸說當地人以土地入股，如中國蘇州市殯儀館近年就在附近居民以「污染環境」要求搬遷的呼聲裡，希望以釋股的方式和緩抗議的聲浪，市政府也將之列入計畫之中。

居民不願接受的其他「鄰避設施」，尚有屠宰場、垃圾掩埋（焚燒）場、煤氣供應站、監獄、飛機場等，其考慮的因素也大體如此。

根據社會學者80年代以來的研究，鄰避觀念的產生可歸結為三點原因：

1.社會整體價值判斷與社區價值判斷之間的差異，即作為整個社會來說是必要的，但其負面效果卻被我這個社區獨自承受了。
2.社會所關心的與社區所關心的出發點不同，即社會（或政府）所關心的是整個社會的整體需要、長期發展（或可持續發展），但是一個社區所關心的多是自身的利益。
3.經濟成長與環境保護之間的衝突。這二者的矛盾衝突一直以來就存在著，最明顯的是資金矛盾，環境保護需要資金來運作，而政府部門對此類問題又認識不足，而商家只想擴大生產，提高獲利。如此一來，對鄰避設施的管理、提升工作就相當欠缺，長久下來便導致居民的恐懼或反對。

一些社會學者提出，要改變「避鄰心理」為「迎鄰心理」（Welcome in My Backyard，歡迎在我家後院）。不過，從現狀來看，還是只能儘量減輕居民的反對程度，只要他們不激烈反對乃至破壞就可以了，要他們根本改變觀念為期尚遠。

三、鄙視心理

殯葬儘管被視為是不可缺少的行業，但千百年來被視為是「下賤」、「晦氣」行業，是低下階層人士從事的行業的鄙視心理，迄今未消。唐代白行簡《李娃傳》：滎陽生之父是郡太守，父親給他錢財、車馬、僕人，要他去京城趕考。結果他在京城悠遊妓院，花光了錢財，賣掉車馬和僕人，最後淪落到「凶肆」為「挽歌郎」（凶肆是專門提供殯葬服務的地方，即「槓行」；挽歌郎是治喪時替人唱喪歌者）。後來父親找到他，認為「辱沒門楣」，將其鞭打至死，並拋屍荒野。從中可知舊時士大夫對此行業的看法。

幾十年來，由於殯葬行業「送死」的特點，殯葬職工文化水準偏低、殯葬行業設施落後、社會上的不良傳聞等，造成並加劇了社會上對殯葬行業的鄙視心理。有時，一些喪戶及助喪者在殯儀館蠻橫不講理、盛氣凌人，其中一個很重要的原因就是他們在骨子裏對殯葬職工心存鄙視。20世紀90年代下半期以來，殯葬單位的各項軟、硬體條件都獲得了較全面的發展與提升，這對改變殯葬行業的形象有了良好的作用。

第三節　殯葬職工的心理

殯葬與死亡打交道，是一個非常特殊的行業，在所有的行業中具有不可比擬性，又時常遭人鄙視與誤解。久之形成一些職業性心理特徵。它們大致如下：

一、恐懼心理

對屍體的恐懼心理在原始人那裏就已經存在了。死者面色蒼白，由於臨死前的掙扎，臉部多有不同程度的變形，躺在那裏一動不動，顯得高深莫測，令人生畏。如果因兇殺、吊死、淹死、交通事故等意外死亡，屍體就會更難看。由於鬼魂的迷信觀念根深蒂固，人們會對屍體產生一種莫名其妙的恐懼感，如果是晚上或獨自面對屍體時，這一恐懼感就會更強烈。

現在，中大型的殯儀館年處理遺體量在數千、數萬乃至更多，夏天高峰時一天處理遺體在數十具或一、二百具之間。成批的遺體擺在那裏，對人的膽量實在是很大的挑戰。

新的殯儀館職工，通常要很長時間才敢動手接觸屍體。即使是老職工，如果晚上獨自去停屍間時，通常也有些心存恐懼。如果休假了一段時間，甫上班接觸屍體時，同樣存在著一個心理上重新進入角色的問題，要鼓起勇氣適應一會才能驅散恐懼感。某殯儀館火化間旁有一個洗澡間，職工們說，他們一般下班前就洗澡，一到晚上就不再進去了，尤其是晚上不單獨去火化間，雖然明知世上沒有鬼，但「一個人的時候總還是有點緊張」。

殯葬職工在接觸遺體前應有足夠的心理準備，避免受意外事件的驚嚇。某女職工說起70年代初，有一次她與一位老職工去收殮一具五保戶遺體。到那裏後，她被告知五保戶已經死在家裏了。於是，她獨自扛著擔架經過院子直接往房裏去，她想當然地認為五保戶是一個人。但當她將破門推開時，裏面光線昏暗，一位髒得無法形容的缺門牙的老太婆（死者之妻，是個啞巴）伊伊呀呀地直沖著她叫。她頓時被嚇得半死，大叫一聲，扔掉擔架撒腿就跑。自那之後她恐懼了很長一段時間，老太婆的影像一直在她腦海裏晃動，她說，「主要是當時沒有心理準備」。

二、厭惡心理

厭惡就是通常講的「令人噁心」。死者臨終前多遭病痛折磨，難看而猙獰的面孔，冰冷的屍體，可能還散發出異味等，這一切，足以令人產生對屍體的厭惡心理。

通常，對屍體的恐懼和厭惡這兩種心理總是交織在一起，很難分清楚究竟是哪一種心理占據主導地位。大體上，白天對屍體的厭惡要多於恐懼，因為白天人們的心理強度相對要高些；而晚上則恐懼多於厭惡。一些殯儀館職工說，他們到殯儀館後的最初幾個月乃至數年內都不敢去接觸屍體，有的甚至連看都不敢或不願看一眼；有的壯著膽子接觸或看了，足足好多天吃不下飯，尤其是每當吃肉時便會想起屍體，就直想吐。如果有強迫心理症者，這一聯想就會更強烈，自己要不想都辦不到。這種既恐懼又厭惡的心理，就連自己也搞不清楚到底是哪個占主要地位。

三、麻木心理

殯葬職工成天看屍體、聽哀樂和哭叫吵鬧聲，長時期地目睹著一幕一幕的生離死別，久而久之很容易產生職業性麻木心理。它表現為對喪戶的悲痛毫無反應，以至於對自己正在從事的職業性質認識不清，也從不思考這個問題。

比如，某市殯儀館正在舉行告別奠禮，來的人很多，喪戶也非常傷心，而該館的一位副館長卻靠在門邊，一邊嗑瓜子，一邊與幾位職工談笑風聲地聊著天。這是最典型的職業性麻木，對喪戶毫無同理心，也全然不知道自己的職業性質。當白髮人送黑髮人時，尤其是小孩和年輕人的死亡，喪者的父母及祖父母輩會哭得死去活來，呼天搶地，而殯葬職工對此通常毫無反應，似乎是看見路邊死了一隻小狗般，按他們的話說，「見得太多了」。

剛進殯儀館時，遇到令人傷心的喪事，多對喪戶充滿同情心，有的人甚至跟著喪戶一起流淚。但見得多了，對每天發生的死亡習以為常，就變得麻木，面對喪戶的傷心無動於衷。再後來，對成天充斥的哭泣、哀樂感到厭惡，可能就開始刁難甚至敲詐喪戶（如索要紅包）。這是殯葬職業性麻木演變很容易經歷的「三部曲」。一個人一旦對自己所從事的職業產生麻木、厭倦，其心靈就會被封閉起來，不求進取、缺少熱忱、喪失職業良心。

四、自暴自棄

自暴自棄是指不求進取、自甘墮落。語出《孟子・離婁上》：「言非禮義，謂之自暴也；吾身不能居仁由義，謂之自棄也。」暴，損害、糟蹋。棄，拋棄。大意是說，不講仁義禮等規範，是自己糟蹋自己，自己拋棄自己。

行業的特殊性、對屍體的厭惡和恐懼心理、社會上的歧視、本身文化素質低下等因素，很容易使殯葬職工產生自暴自棄的心理。它表現為對自己的社會職業、社會人格缺乏正確的認知，對提升自己的素質沒有信心，或從未想過，總是過一天算一天，反正自己是做殯葬的。有的甚至在他人面前表現的好像低人一等。一般而言，殯葬職工的業餘文化生活相當貧乏，生活品質低於其他行業。很多高收入的殯葬職工，就在賺錢、花錢之中循環，恣意揮霍，多粗鄙而無知。

從表面上看，殯儀館是文化要求相對較低的行業，人們認為，沒有文化的也可以做，就像任誰都可以做父母，事實是要做一位合格的父親或母親並不是一件容易的事情，而要做好殯葬服務也不是一件容易的事情。20世紀90年代以來，殯葬職工的狀況正在獲得改善。但是，要使殯葬行業各方面能上升到與其他服務行業同等之水準，這一過程還相當長。

第四節　喪戶的心理

來殯儀館治喪者，一部分是真正的喪戶，更大部分是助喪者，即喪戶的親朋同事鄰里。從廣義上說，他們都是殯葬服務的物件。喪戶也是社會成員，因而人們對於殯葬行業的心理，如晦氣心理、鄰避心理、鄙視心理等，他們可能都有。不同的在於，喪戶正處於喪期，死亡這一突發事件對他們造成了不同的心理衝擊，因而喪戶的心情可能更為複雜。

一、悲痛心理

死亡是件不幸的事情，因為它意味著自己的一位親人一去不復返了。但是，不同人的死亡對於家庭造成的衝擊是不一樣的，因而，家屬的悲痛程度也會不同。

當多病的老人去世時，死者子女的年紀一般也不小了，由此產生的可能更多的是「傷感」心理，所謂「兔死狐悲，物傷同類」。

若中年人死亡，對家庭的衝擊極大。因為，他們是家庭的棟樑，上有老、下有小。中國人有「人生三不幸」之說，即少年喪父母、中年喪妻、老年喪子女，這裏全都出現了。同時，成功的中年人的突然死亡，還會使家庭猛然喪失其經濟、精神、心理諸支柱，乃至喪失相當的社會關係等生存資源，其家庭的社會地位也將發生根本改變。再則，中年人經過幾十年的艱苦努力、含辛茹苦，小孩均已撫養成人，家庭也已有了相當的積蓄或社會地位，按中國人傳統的理解，此時正是「享福」的時候了，而他（她）卻突然與享福無緣，其親人頓時覺得他（她）「不值」，此時的喪事一般會辦得很隆重，似乎要給死者以「補償」。

年輕人或小孩的死亡對喪戶的心理創傷又更為深刻，此即所謂「白髮人送黑髮人」。子女是父母生活的全部希望所在，他們的死亡很容易毀掉他們父母的後半生，作者在殯儀館曾多次見到此類傷痛欲絕的父母，他們那痛苦而絕望的哭叫聲令人刻骨銘心，終身難忘。

二、恐懼心理

喪戶對自己亡故的親人同樣存在著恐懼心理。一是死者難看，意外死亡者尤其如此；二是害怕死者鬼魂，如果生者曾冒犯過死者，這一恐懼就會更強烈；三是憂慮他人使用巫術危害自己的家庭等。喪戶的此類心理都會影響到他們的治喪活動。

某市，兩青年同騎一輛摩托車與汽車相撞而同時死亡，血肉模糊的屍體被送到殯儀館。其中一死者的家屬來辦喪，其父母哭得死去活來，由死者的姐姐驗明屍體。其姐姐不敢看，遠遠地一望，個頭、衣服顏色大體相同，便說「就是，就是。」於是，便火化了。第二天，另一死者的家屬來辦喪事，發現不是自己的兒子，於是起了糾紛。後請來有關部門、前一死者的家屬予以證明並反復解釋，又賠了些錢，才算了事。一些強悍婦人，在婆婆生前多有不敬，但在婆婆的喪禮上卻畢恭畢敬地行跪拜大禮，不敢亂說亂動。這除了畏懼輿論外，更多的是恐懼鬼魂（的報復）。

舊時，喪戶還擔心喪事師公、風水先生等人用某種巫術坑害喪家，或因喪戶招待不周、或受仇家所托進行報復。諸如，舊時認為在棺槨或墳墓中置入鐵釘之類將使死者「永世不得翻身」，死者的後人也會遭到災禍。故舊時喪家總要熱情招待這些人，在大殮（即入棺）和下葬時都要派可靠之人親臨現場監督。

三、神秘心理

對死亡的神秘感可追溯到原始人對於死亡的不理解。怎麼好好的人不明不白就「沒了」，剛才還活生生的人怎麼轉瞬就不動了，「生命」或死者的靈魂到哪裏去了？死亡究竟是怎麼一回事？當人們面對著冰冷的屍體時，難免不產生諸如此類的神秘心理。即使今天，對死亡的神秘感仍不同程度地深藏於我們現代人的心靈之中。

如果死者是小孩，這一神秘主義心理會更加濃烈。作者在殯儀館曾多次親睹小孩的喪事，一次一位年輕母親為5歲女兒的死亡而發出撕心裂膽的痛哭，她一邊哭、一邊喊著女兒的名字，其中有幾句詞反復哭誦著：「你到哪裏去了呵？你為什麼要走呵？」這表明，這位母親已經因突如其來的打擊而對生命、死亡產生了神秘主義。大體上，喪戶對死亡的神秘感與其所受的打擊的大小、精力消耗的程度、心理素質的強弱、所受的教育程度等因素都有關係，不能一概而論。

四、理解能力降低

由於死亡衝擊所造成的悲痛、恐懼，繁瑣的喪事對體力和腦力的過度消耗所造成的疲勞，親戚朋友關於治喪所形成的輿論壓力，可能還有財產問題的困擾等，這些都可以使喪戶的理解能力大為降低。當然，相伴隨的可能還有情緒的不穩定、自持力的下降等。此時，喪戶可能失去了主張，任人擺布。有位中年喪戶，喪事辦得轟轟烈烈，花了不少錢。事後他說，整個事情都是伯叔、舅舅在操縱，他們指手畫腳，振振有詞，一定要將喪事辦得與「身分」相稱才依，自己只是個傀儡。他說這麼鬧實在沒意思，死者其實什麼也沒有享受到。

一些城市的喪事「仲介人」，趁喪戶理解能力降低之隙，將殯儀館說得一片漆黑，如不送人情就不給燒、亂收費、故意刁難、骨灰不是自己親人的等，自己與殯儀館又是老關係，辦得快、還可以打折等，趁機詐騙喪戶的錢財。

相當多的殯儀館在推銷高價的喪葬用品時，如花圈、鞭炮、壽服壽被、紙錢、香燭、火化棺、骨灰盒（壇）等，也是利用喪戶這一心理。喪戶的辛勞會使他們急於想結束喪事，死人的事情不是經常發生的，未知世界又是那麼神秘，自己多少「欠著」死者一份恩情，多花掉一些錢「孝敬」死者，雖未見真有什麼用，但多少可以使自己心安理得，「隨俗」吧等等。這些是絕大多數中國人喪親時的消費心理，自是招架不住喪葬用品銷售者的一番巧詞遊說，於是被迫慷慨解囊。毫無疑問，這種做法極大地損害了殯儀館的名聲。

五、炫耀心理

炫耀是人希望在自己的人際圈子中展示自己優越性的心理狀態，俗稱「露一手」。賴以炫耀的本錢可以是錢、財富，或社會地位、人緣關係、姿色、才智等，總之只要是超出他人而又為他人認同的「優越性」都可以成為炫耀的根據。

殯葬活動是生者操辦的，並且是辦給生者看的，操辦喪事要耗費相當的財富，動用相當的人際關係，因而，在任何時代，辦喪事都是對一個人（或家庭、家族）的財富、社會地位、家族勢力、人情厚薄及個人能力等的一次綜合檢驗。只有那些財大氣粗、當官為宦，或有相當社會關係網的人才可能將喪事張羅得火紅風光。在一個流行並認可隆喪厚葬風俗的社會中，喪事辦得愈大，看的人就愈眾，收的禮金就愈多，喪主的臉上便大有光彩，並大為人所羨慕。在中國，這一活動是在「孝道」的旗幟下進行的，「孝道盈天」，因而不受指責。於是，為亡故父母操辦喪事就成了人們借機炫耀自己不同凡響的一次最「合法的」機會。此時，喪主炫耀的不僅是自己的財富、社會地位、家族勢力、人情關係、個人能力之類，而且他還向外界展示了他的一片「孝」心。這些聲望很可能是爾後拓展人生的一筆無形資產。因此，我們也屢見此類報導：年老的父母在世時，子女不聞不問，或冷若冰霜，甚至打罵，死後卻大辦喪事（乘機收取喪事人情）。實際上，這些喪事支出本來是可以使老人過上幸福的晚年的。

以喪事炫耀於人是中國民俗中最壞的傳統之一，它往儒家「孝文化」旗幟上抹了黑，以致人們經常很難弄清楚：究竟什麼才是真正的孝道？

六、攀比心理

攀比心理直接從炫耀心理而來，均源於人們的虛榮心。差別在於，炫耀是少數突出分子的心理狀態，攀比則是那些羨慕、認同隆喪厚葬的大多數人的心理狀態。前者為主動者，總想壓倒他人，強出人頭；後者為被動者，總不想太寒磣而為人小覷，或被認為有虧「孝道」。中華民族是一個愛面子的民族，如此你追我趕，勢必要將殯葬消費水準推向更高台階。問題在於，他們不是在攀比「孝心」，而是在攀比一種虛榮心。

七、賄賂鬼神心理

由於「靈魂不死」觀念的根深蒂固，生者多不同程度地對死者的「在天之靈」有所「祈求」。儘管有時人們的這一觀念是模模糊糊的、不很清晰的，但人們仍「寧可信其有，不可信其無」，不敢稍有懈怠。

這一觀念，一方面使生者畢恭畢敬地向死去的尊長表達追思，如清明、陰生、忌日等上墳、燒紙錢、豎碑等；同時，這些行為中也深含著賄賂鬼神的心理，即生者祈求死者的在天之靈庇佑後人興旺發達。至於這兩者的比重，則恐怕行為者也說不清楚了。

在人們的心理中，有一部分是不能曝光的，屬於人的心理陰暗面。於是，人們便用一些漂亮的、出眾的口號去裝飾自己的此類行為。如上述殯葬活動中的炫耀心理、攀比心理、賄賂鬼神心理等就屬於此類。無疑地，這些心理深深地影響著人們的殯葬活動。

八、「紅包」心理

喪事紅包指喪家給助喪者的一個包，裏面放一點錢或物，但狹義上特指錢。它源於自給自足的農業時代。那時，鄰里相幫喪事，喪家除盛情招待外，完了給一個紅包，裏面包上幾個製錢（即銅錢）。這裏面既有感謝之情，又有花點小錢「消災」的含意，民間有「破財消災」之說。按現代的理解，似乎是給的「工錢」，又帶有點「巫術」性質。

隨著城市的發展，殯葬行業成為一項有償服務的行業，收費提供服務，那麼，紅包照理應該消失了。事實上，索要紅包導致了對喪戶的敲詐。因而很多殯儀館雖已明令禁止職工收取喪戶的紅包，違者予以嚴懲。但是，由於它具有某種巫術性質，故一些地方的喪戶仍然有主動給紅包的習俗，殯葬職工不要，喪戶還會不高興。

儘管如此，但殯葬行業的紅包仍屬必須予以剷除的舊俗。因為絕大多數喪戶並非真正願意給紅包，而且這會給一些職工留下勒索喪戶的印象。一些殯儀館規定，實在退不掉的紅包須上交業務室，在結賬時折抵治喪費用。此舉收到了很好的效果。

九、助喪者心理

治喪時，助喪者的行為有時更為乖張，難以把握。人們對殯葬行業的不良心理都不同程度地具有，同時與喪戶還有著各種不同的關係。比如，他們有的想表現自己見多識廣，有的想表示自己對喪戶如何的「好」，對喪戶如何「忠心」，對殯儀館的一些人或事「看不慣」，於是信口開河、頤指氣使（當然，不排除有時殯儀館確有不當之處）。喪戶與殯儀館發生衝突，起哄乃至打人，總是造成困擾。

殯葬職工與喪戶打交道時，應設法儘快地瞭解喪戶，包括喪戶的受教育程度、家庭（族）背景、宗教信仰、工作性質及職務、經濟收入水準、社會地位、喪戶的心理狀況和在喪事中心理受打擊的程度，做到盡可能全面地瞭解喪戶。如果不積極地去獲取這些資訊，懶得去搭理這些問題，對喪戶的情況一無所知，就難免盲人騎瞎馬，亂撞亂碰，就談不上把握或控制事態的發展，提供高品質的服務。

第五節　對喪戶的心理安慰

由於對死亡領域的無知，對亡故親人的思念、負罪感、報恩心理、炫耀心理，以及希望得到亡者靈魂的庇佑，還有極度的疲勞、情緒不安，以及對死亡事件的神秘感、恐懼感和厭惡感等心理的作用，喪戶是懷著各種複雜的心情到殯儀館、公墓來的。

很多時候，喪戶的不滿意是心理負擔過重、對殯葬行業無知等原因造成。對喪戶心理安慰的目的在於讓喪戶安靜下來。以下介紹一些安慰喪戶的方法或實例：

1.安慰過於悲痛的喪戶：青少年和中年人死亡，家屬最為悲痛，尤其是喪屬孤單或人數不多時更是顯得悲涼淒慘。此時，殯葬職工應當安慰他們。比如，拿一張椅子讓他們坐，或倒一杯水遞給他們，必要時陪坐在他們身邊，或勸慰幾句等。這些平常看來不經意的行為在那特定的環境中，可能就會對喪屬產生很大的安慰作用。

2.某殯儀館的奠儀廳正準備為一位因交通事故而死去的青年開告別奠儀，其家屬突然覺得死者的頭部過於頂著火化棺了，這讓他們感到「不舒服」，不斷地以手指指著死者的頭部，說「太靠近了」。年輕的司儀似乎是想去推死者的頭部，將屍體往腳下邊挪一挪，但可能又覺得當著喪戶的面這樣做有點不妥，有點手足無措的樣子。死者已經衣著整齊、身上也蓋滿了鮮花，如果要挪動，肯定要拖腳抱腰、重新整理衣服等，而且喪戶也有可能會覺得「晦氣」。這時，館長正巧在場，他走過去，將火化館靠頭部一側蓬鬆的綢緞內襯向外輕輕地按了按，就這樣騰出了一點空間，又以手將死者有點蓬鬆的頭髮輕輕地抹了抹，這又騰出了一點空間，再將死者的花領帶象徵性地整了整，這似乎是向喪戶獻了一點小殷勤。然後輕聲問喪戶「可以了嗎？」喪屬說「可以了。」這個問題就化解了。

3.中國民間對數字有一種巫術心理，如對「6」、「8」、「9」有特別的鍾愛，對「4」或「10」則回避。各地風俗不一，需要分別對待。殯儀館有時可以避開民間不喜歡的這些數字，以滿足人們的心理。如給奠儀廳排號時可以不排「4」、「14」等號碼；有的公墓，帶「4」和「10」號的墓穴不好賣，在給墓穴排號時可以不排這些號碼，跳過去就行了。

4.朝西、朝北的墓穴一般不好賣，其中朝北的墓穴又比朝西的更不好賣。對此要根據各地的風俗想一些說法，比如可以說，死者的頭應當朝西，因為那邊是「極樂世界」，「有利於死者……」等；關於「朝北」，中國古代葬死者時「北向」，即頭朝北方，這有利於死者去「幽界」安身等。如果墓地朝西、朝北方向有水面或河，中國人講究宅地「有山有水」，則朝西、朝北的墓穴較好賣。如果條件允許，也可以考慮就地修一個水池之類，以改變「風水」。

5.適時適機應變，如幾位喪戶給亡母的骨灰下葬，正辦手續時，下起小雨來。喪屬心裏很不是滋味，認為「不吉利」，口裏自言自語地嘀嘀咕咕。這時，一位墓葬職工對他們說，下葬時下一點小雨是非常好的，這樣可以洗盡人間的塵土和煩惱，安心地赴另一個世界，喪戶們就又轉而高興起來。喪屬給親人骨灰下葬，一般是請陰陽師測過日子的，也就是所謂的「吉日」，如果讓他們改日再來，會造成他們心裏的不愉快，而且非常麻煩。因而，我們平時要多「準備」一些這方面的說詞，隨時準備使用。不要認為有些話是信口雌黃或「迷信」而不屑一顧，因為殯葬服務本來就是在為人們的「心理需求」做服務的。民間的喪戶心理安慰術很多，我們可注意多多收集並總結。

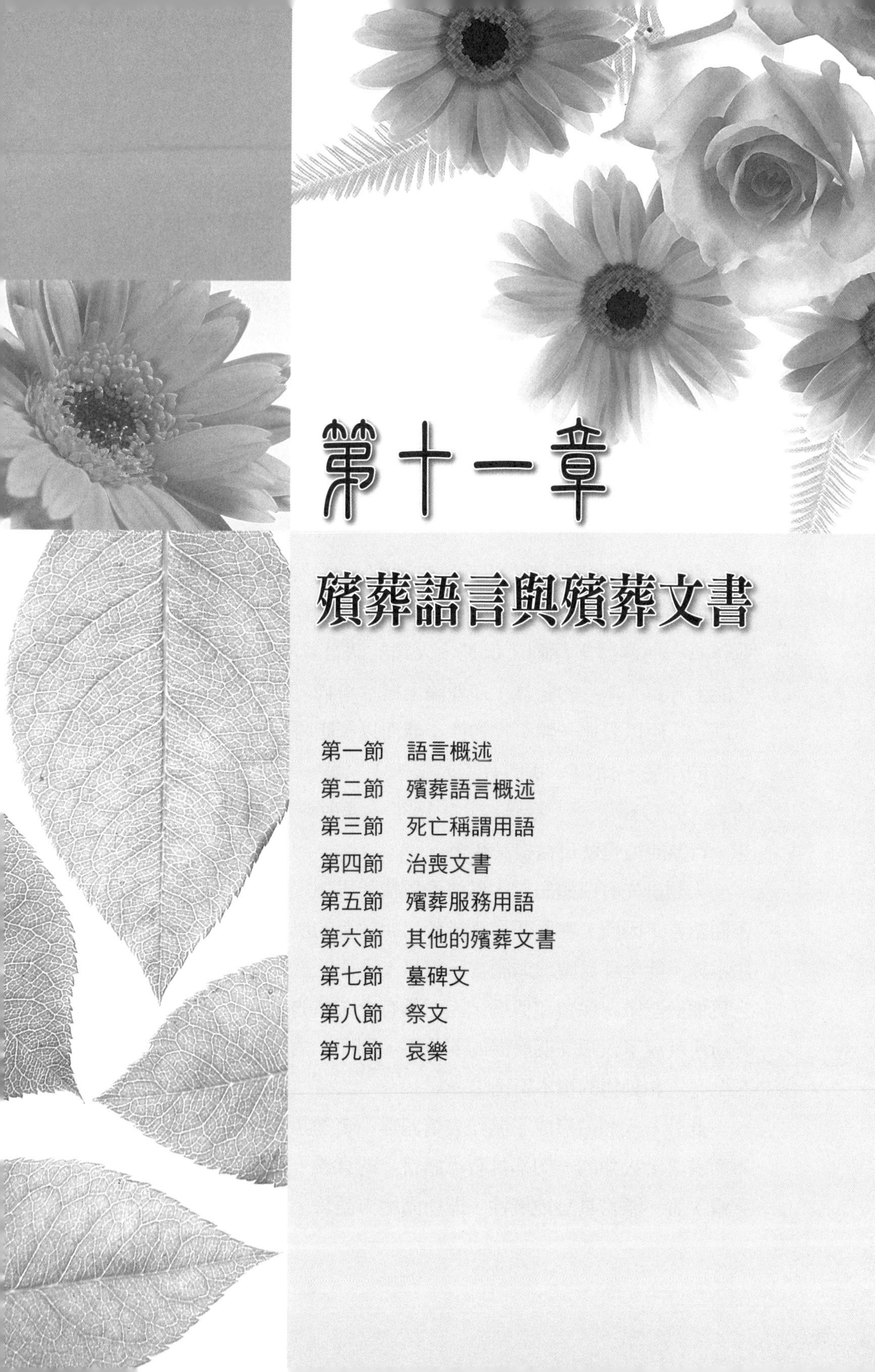

第十一章

殯葬語言與殯葬文書

第一節　語言概述
第二節　殯葬語言概述
第三節　死亡稱謂用語
第四節　治喪文書
第五節　殯葬服務用語
第六節　其他的殯葬文書
第七節　墓碑文
第八節　祭文
第九節　哀樂

殯葬有一套自己獨特的相對封閉的行業語言，即殯葬語言。當然，它是在社會整體的語言體系中發展起來的，並受其制約。從廣義上，殯葬語言也具有殯葬禮儀的意義。因為，合理的殯葬語言同時合乎殯葬禮儀，反之則會違反殯葬禮儀。

殯葬文書可視為書面語言，故本章一起討論。

第一節　語言概述

語言，作為資訊交流的手段來理解，應該說是人和動物共有的，如牛羊狗貓乃至蚊蟻等都能相互交流情感，以此發生互動，並作為一個群體來行動。但是，人類的語言具有高度的抽象性，它能上升到「類」的認識，從理論上概括事物，並創造出「字」和「詞」，用以表述一類事物物件；繼而以筆劃將其記載下來，此即文字的產生。比如，我們有「人」、「家庭」、「土地」、「耕種」、「打獵」、「蓋房」、「過年」等字詞，人們以此交流思想，行為能力也就日益提高起來。

人類是先有口頭語言，以傳遞感情和思想，爾後才逐步創造出書面語言。因而，書面語言落後於口頭語言的現象是經常的，書面語言總不能全部反映口頭語言。但是，書面語言卻有自己的優勢，它更便於記載、保留和傳遞，因而具有更久遠的生命力。文字，一經產生就成了人類文明發展的催化劑。因而，抽象意義上的語言被認為是人和動物的根本區別之一。

此外，人類還形成了諸如表情語言、姿勢語言、音樂語言等。廣而言之，人類的一切都具有「語言」的意義，如服飾、哭泣（如哭靈）等。語言具有地域性，即所謂地方語言，這與古代交通不發達有關；語言具有行業性，即行業語言，殯葬語言即為一類行業語言；語言具有層次性，即不同職業階層的人有一套自己的語言，如官場語言等。

第二節　殯葬語言概述

殯葬語言是殯葬活動中所使用的語言總和，它在原始時代就形成了。文化學家認為，殯葬語言起源於人們對生命的熱愛和對死亡的恐懼。比如，原始人因恐懼鬼魂而形成了對死者名字的禁忌，即不能呼喚死者的名字，否則死者的鬼魂會出來給人製造麻煩。人死了，其名字也一同被埋葬掉了。如果死者的名字恰好是某一動物或物體的名稱，那麼就必須改變它們的名稱。但是，人們若要向死者的靈魂求助時，呼喚他的名字前必須經過若干儀式，以平息鬼魂的憤怒。

人們熱愛生活，恐懼、厭惡死亡，可又必須面對它的降臨；人們留戀、尊重死者，但又無可奈何他們的離去，並懷著複雜的心情去做那些「清點」工作。隨著時間的推移，人們發明並積累了一套較固定的殯葬語言系統，它們構成民俗的一部分。如壽終正寢、白喜事、壽器、千年屋、陰宅等，以沖淡不良氣氛，減少不愉快感。中國民間出殯時，司儀者高喊一聲：「吉時已到，起轎！」然後轟轟烈烈地出發。這好像不是在送葬，而是在送某人赴遠方定居。再如告別奠禮上的「你安息吧」之類用語等。這是殯葬語言的社會起源。

進入文明社會，由於紀念、歌頌、尊崇死者和激勵生者的需要，透過國家的作用，殯葬的等級變得森嚴起來，殯葬語言也愈益豐富了，諸如對死亡的稱謂、殯葬文書、祭文、謚號、哀樂等，其中充滿了價值觀上的褒貶之詞，如以「重於泰山」和「輕於鴻毛」來隱喻某人生命的價值。顯然，這是殯葬語言的社會起源。

以上觀之，殯葬語言的社會意義大體在於：(1)回避不愉快事件，沖淡悲哀氣氛；(2)給死者以哀榮，並激勵和教育生者。因而，殯葬語言是包含著特定思維方式和價值觀念的行業語言。

下面，我們介紹常見的一些殯葬語言。

第三節　死亡稱謂用語

中國人往往不直言死亡，而以它詞代之。這些代稱詞之複雜在世界各民族中是無與倫比的。在各種關於死亡的稱謂中，大體可分為以下五類：

1.屬於自然色彩的：即自然宗教、自然哲學和生活信念的觀點。如死、亡、歿、夭、歸壽、百年、百歲、殞命、老了、走了、去了、善終、謝世、辭世、咽氣、氣盡、氣散、就木、歸泉、歸天、夭折、早逝、見背、作古、回老家、壽終正寢、千秋萬歲、太陽落山等。《史記．高祖本紀》載：漢高祖臨崩，呂后問：「陛下百歲後，蕭相國既死，誰令代之？」呂后問劉邦如果蕭何（當時的宰相）死了，誰可以代替他做宰相。後來蕭何臨終，漢惠帝亦問他：「君即百歲後，誰可代君？」這反映出漢代時，人們就不面對面地直言死亡，而以「百歲後」代稱。此類忌諱後世相沿迄今。
2.屬於國家政治色彩的：有著儒家的褒貶精神。如《禮記．曲禮下》：「天子死曰崩（亦謂駕崩、山陵崩，天崩地裂之謂），諸侯死曰薨，大夫曰卒，士曰不祿（不能享受俸祿），庶人曰死。」這是《周禮》中對不同地位者的死亡的不同稱呼。皇帝剛死稱「大行皇帝」。「大行者，不反（返）之辭也。」有時也稱「千秋萬歲」、「宮車晏駕」等。《戰國策．趙策四》〈觸龍說趙太后篇〉，觸龍說趙太后曰：「一旦山陵崩，長安君（趙太后的愛子）何以自托於趙？」此喻指趙太后您死後，您兒子怎麼辦？此外，有丁艱、私艱（均指父母死）；私喪（妻死）；殉難、殉國、殉義、就義、赴義、赴難、成仁、犧牲、獻身、捐軀等褒義詞；以及授首、納命、戮首、身首異處、嗚呼哀哉、一命嗚呼等貶義詞。

3.屬於道家（包括道教）色彩的：如歸室、歸天、長眠、長住、喪元、升天、千古、羽化、遁化、返真、順世、登仙、登遐、遷形、隱化、玉樓赴召、逝（世）等。

4.屬於佛教色彩的：如歸西、大限、滅度、圓寂、涅槃、成佛、示滅、示寂、恒化、坐化等。

5.近世西學色彩的：如辭去人世、與世長辭、告別人生、見上帝、安息、光榮、蒙主之召等。

這些區別有的只具有相對意義，如「逝世」一詞，就既像道家語，又是自然色彩語。這是因為各派辭彙的產生均源於自然，而各成分之間也存在著一個融合過程。在民間，表示死亡詞的使用頻率以自然色彩、道家色彩居多；官方場合則以儒家色彩居多。它們在輓聯、奠文或悼詞中運用率極高。由於替代辭彙豐富，直接用「死亡」一詞的場合反而不多了。

中國很早以來就將長者的喪事稱為「白喜事」，婚慶為「紅喜事」。清．錢泳《履園叢話》卷二十三《雜記上．紅白盛事》：「蘇杭之間，每呼婚喪喜慶為紅白事，其來久矣。」這大約是從這些活動中常用的顏色來稱呼的，新婚中新娘多穿大紅衣、戴紅頭巾、大花轎、貼紅喜聯等，喪事則多用白色。清．徐珂《清稗類鈔．喪葬類．喜喪》中提供了另一種解釋：「人家之有喪，哀事也。方追悼之不遑，何有於喜？而俗有所謂喜喪者，則以死者之福壽兼備而可喜也。」即有福有壽的年長者，正常死亡曰「白喜事」。有的地方，民間70歲而死，靈堂正上方可以掛大紅布。反映了安祥接受死亡的「視死如歸」的道家精神。

第四節　治喪文書

治喪文書是治喪中所使用的書面語言，屬應用文。常用的有如下幾類：

一、訃告

訃告，又稱訃聞、訃帖，是死者的親屬或單位將該人去世的消息向相關的親友或全社會發出的一種喪禮文書。訃，告喪、報喪之意。告，報告；聞，消息。訃，《說文》作「赴」。古代的「走」即跑、奔，「疾走」就是猛跑。我們現在說的「走」，古曰「行」，故南方還有「慢慢行」一說。可見古人報喪重在奔跑。

訃告的文化含義：其一在邀死者的生前親友前來與死者「見最後一面」，否則將不再有機會見面了；其二是邀他們前來襄助喪事，要將喪事辦得體面一些，沒有人是不行的；其三，在古代，邀親友前來含有死亡「驗定」的意思，以此證明死者確係「正常死亡」，子女已盡了心力，不再負有責任了。若是婦女死亡，則其娘家人是必須請來的，否則就要惹出糾紛來。

在新聞傳播非常發達的現代社會，一些重要人物的訃告還會透過報紙、電臺和電視臺等新聞媒體向外發布，如國喪等。這無疑是死者社會地位的一種顯示。

下面有三類訃告：

(一)例文一　治喪委員會發出的訃告

此類訃告由單位的治喪委員會發出，多張貼於單位、街道的張貼欄內或醒目處，用以通知相關人等。用白紙寫，也可加黑粗線條作邊框。

訃　告

○○學院○○○同志因患○○病，醫治無效，於○○○○年○月○日上（下）午○時○分在○○醫院去世，終年○○歲。

○○○同志的告別奠禮定於○月○日上（下）午○時在○○殯儀館○○奠儀廳舉行，謹望生前友好屆時前往參加。

謹此訃告。

○○○同志治喪委員會

○○○○年○月○日

(二)例文二　由家屬發出的訃告

舊時，此類訃告用於通知親友。按收受者的不同，落款之名要改變，如愚侄、愚甥、愚孫等。孝子（女）向親友報喪時須向對方下跪。現在多為口頭通知或電話通知。按舊習慣、舊時，訃告的格式為直排式，此處按現在的習慣用橫排式。且舊式的稱呼，如「顯考」、「顯妣」之類，也可以不用，可直稱「我父」或「我母」等。

訃　告

顯考○公諱○○大人（或顯妣○母○氏○○太夫人）因患○○病，醫治無效，於○○○○年○月○日上（下）午○時○分在○○醫院去世，終年○○歲。孝子孝女○○等謹擇於○○○○年○月○日（星期○）上（下）午○時在○○殯儀館○○奠儀廳舉行告別奠禮。

特此訃告。

孝子（女）○○○等泣啟

○○○○年○月○日

(三)例文三　由新聞單位所發出的消息性訃告

由於屬報導性質，故不用粗黑線框。但實際上，它就是訃告。一般而言，副部長以上級別者去世才會在報上發布新聞性訃告。同樣地，其他報紙也會跟進發布或另有其他重要人物的去世消息。

在新聞性訃告中，死者年紀較大（如60歲以上）者，習慣上用

「享年」；反之則用「終年」。

二、唁電、唁函

唁電是異地親朋死亡發出的哀悼死者並慰問生者的電報。它在國際上被廣泛使用，當友好國的重要人物去世後，另一國發去表示哀悼的電報。為此而發的信函被稱為唁函。近些年，因全球化所致，如人身在異地不能前往弔喪者，可使用唁電、唁函表示哀悼和慰問的方式，逐漸多了起來了。

國際上，唁電和唁函是一種外交行為，故措辭、語氣、文字長短、刊登在報紙上的哪一個位置等等均有一番講究。一般關係者較簡短、客套而低調；特殊友好關係的國家則較長，且通常還要回顧一番「友情」，敘敘舊，就像私人之間的溝通那樣。唁電或唁函於發出的同時，還要刊登在本國有影響的報紙上，刊登在頭版、頭條者以示尊重，刊登在後版或末版則表示冷淡。喪主國收到後，也比照對方的調子辦理，刊登在本國的報紙上。如果將對方的唁電或唁函退回去，則表示與對方勢不兩立，不接受其哀悼之情。倘若一國首腦人物去世而國際上竟無一國問津，此國必定會非常尷尬，就像民間某家治喪事無人前來相幫一樣。

特殊友好的國家則還要派遣級別較高的官員赴對方國家參加葬禮。

三、輓聯、輓條

輓聯是哀悼死者的對聯；或說對聯用於治喪就是輓聯。

對聯是貼在門兩側講究對仗的文字，春節貼對聯稱為春聯。一般認為中國最早的春聯產生於五代。《五代史‧蜀世家》載：蜀主孟昶親自寫了一副春聯掛在皇宮裏，以迎春祈福：「新年納餘慶，佳節號長春。」時為西元964年。此對非常工整，「新年」對「佳節」、「納」對「號」、「餘慶」對「長春」，名詞對名詞、動詞對動詞。唐詩中律詩（五律七律）的第三、四句和五、六句也多對仗，也可用於對聯。如杜甫《登岳陽樓》：「昔聞洞庭水，今上岳陽樓。吳楚東南坼，乾坤日夜浮。親朋無一字，老病有孤舟。戎馬關山北，憑軒涕泗流。」第三四句、五六句對仗，可用於對聯。

又如唐‧孟浩然《登岳陽樓》：「八月湖水平，涵虛混太清。氣蒸雲夢澤，波撼岳陽城。欲濟無舟楫，端居恥聖明。坐觀垂釣者，徒有羨魚情。」其中的第三四句、五六句對仗，可用於對聯。

唐宋詩中有不少名句也可用於對聯，如：

「鳥宿池邊樹，僧敲月下門。」（唐‧賈島）
「欲窮千里目，更上一層樓。」（唐‧王之渙）
「春蠶到死絲方盡，蠟炬成灰淚始乾。」（唐‧李商隱）
「海內存知己，天涯若比鄰。」（唐‧王勃）
「野火燒不盡，春風吹又生。」（唐‧白居易）
「山隨平野盡，江入大荒流。」（唐‧李白）
「行到水窮處，坐看雲起時。」（唐‧王維）
「山重水複疑無路，柳暗花明又一村」。（宋‧陸游）
「無可奈何花落去，似曾相識燕歸來。」（宋‧晏殊）

當人們將這些對聯的對仗手法用於哀悼死者時，就成了輓聯。輓者，哀悼也。

輓聯分兩幅，右幅為上輓，左幅為下輓。內容一般為總結死者的生平和世蹟，歌頌其美德，教育後人等。輓聯除了對仗要求外，上輓末字一般為仄聲，下輓為平聲，讀起來琅琅上口，有升降轉折之感。

一位女教師去世，其上輓為「為女孝，為妻賢，做母慈祥典範常為桑梓頌」；下輓是「是師嚴，是友益，為人忠厚品德堪做後人師。」這裏歌頌了她在家是孝女、賢妻和慈母，處世是嚴師、益友和忠厚人，並點明其職業是教師，對得很工整，也很有教育意義。

輓條是現代寫在花圈兩旁的小條幅，寬約8至10釐米，長度視花圈大小而定。右邊為上首，寫「○○○千古」之類；左邊為下首，寫上「○人或○單位敬輓」就可以了。

第五節　殯葬服務用語

殯葬服務用語是指在殯葬服務過程中所使用的語言。各地的時空背景不同，殯葬禁忌亦不同，同一句話，有時此地可用，彼地卻不可用。這裏列出殯儀館常見的「文明用語」和「禁忌用語」，供參考。

一、殯葬文明用語

殯葬文明用語是一類具有文明性質的殯葬服務語言。其意義在於避免刺激喪戶，幫助營造和諧的殯葬服務氣氛，使喪戶產生親切感並獲得安慰，從而有利於殯葬服務的順利進行。

現分列如下：

1.稱呼：先生、夫人、女士小姐、那位男士、那位女士；我、我們；您、您們；亡者、逝者、往生者；故老先生、故老太太；遺體等。

2.對喪戶做邀請時用「請」：如請進、請坐、請用茶、請到那邊休息室休息等。

3.要求喪戶做某事用「請」：如請付款；請節哀；請不要在汽車上燃放鞭炮；請不要放易燃易腐的祭品；請核對花圈和輓聯上的文字；請核對碑文；遺體上換下來的東西，請點收；因〇〇〇原因，請到某處等候；請協助我們做好工作等。

4.提醒喪戶做某事用「請」：如請先到總服務台辦理（有關）手續；單據、證明請放好；找給您的錢請點清；請放心，一定辦好，讓您滿意；請問遺體要安放在哪裏；請不要靠近火化爐；請收拾好自己的東西；請問您需要什麼喪葬用品；請稍等，石碑（或某事）很快就辦好；請核對碑文，以免有差錯；請家屬上車，請注意坐好。請檢查自己的東西，避免丟在車上；請您們做好開告別奠禮（或某事）的準備等。

5.發現喪戶有疑惑處，應主動「請問……」：如請問需要我們幫您做些什麼？請問您想做什麼？請問您想辦哪些手續？自己一時忙而照顧不到某喪戶時，應對他說：請您稍等，我馬上就給您辦；您有不清楚的地方，請隨時來問。

6.建議喪戶用某種喪葬用品、選取某些服務專案：如我建議您如何如何；我覺得如何如何；我個人認為如何如何；一般的客戶多半用〇〇產品；當然，最後還得您自己拿主意等。

7.常用的客套語：如謝謝；不客氣；對不起；這是我們應該做的；謝謝合作；我們的工作還做得不夠，請提意見；如有不周到之處，敬請原諒；您走好，（請）走好等。

8.接業務電話用語：有的殯儀館提起話筒就說：「您好，我是〇〇殯儀館，有話請講。」有些地方不能用「您好」一詞，各地可視當地風俗而定。

大體上，凡事用一個「請」字，常記住「謝謝」和「對不起」，一般就錯不到哪裏去。

二、殯葬禁忌用語

殯葬禁忌語言是指可能對喪戶產生心理上不愉快的刺激性語言。嚴重的會冒犯喪戶，乃至引發糾紛，因而在禁止使用之列。現介紹如下：

1.見面招呼，不能用：嘿、喂、你好；怎麼這時候才來？誰叫你這時候來等。
2.稱呼，不能用：咱爺們、姐們；那個男（女）的；那個戴眼鏡的、那個腿有點瘸的人、那個胖子（瘦子）之類。
3.喪戶有疑問時，不能說：不知道；幹什麼？你又有什麼事？有意見去找主管；誰買的找誰；丟失了不能再補發等。當治喪者問廁所、辦手續等地方時，必須以手指示，並配以言語說明，而不能用甩頭、撇嘴巴代替。
4.不能說：怎麼死的；快點，我還要辦別的事；到點了，快點，我要下班了；到底辦不辦；你想好了沒有；快點交錢；讓開、讓開；不要影響我們的工作；沒有零錢找；不能換；不買何必問；工作出點差錯是難免的；哪裏有這好的事；這是規定，我也沒有辦法；不要亂來，這裏不准放鞭炮；真囉嗦；你沒看見我正在忙嗎，等等吧；這屍體怎麼這麼臭等。
5.送別喪戶時，不能說：再見、下次再來等。
6.當著喪戶，不宜用：屍體、死屍、死人等字眼，而應用更文明的遺體或大體一詞。因而像抬屍體、抬死人、抬死屍、燒屍體、燒死人、燒死屍之類的語言就不應當出現。

7.不能因為自己有足夠的「理由」而責難喪戶；或對喪戶怠慢或有粗俗言行；或不注意細節，輕忽喪戶的需求。

第六節　其他的殯葬文書

這裏介紹感謝信和清明通告，它們是現代生活中新產生的，也是用得較廣泛的殯葬文書形式。

一、感謝信

舊俗，喪家治喪畢，要依次向助喪之家登門道謝，乃至向出力甚大的長輩磕頭致謝，此俗迄今未廢。後來演變出現了「感謝信」的形式，即在治喪畢，以孝子（女）名義寫一封公開的感謝信，張貼於某一醒目處，向提供各種幫助的人們表示感謝。此類感謝信要用紅紙寫，因為喪事已經辦完了，不再「用白」，自此開始「從吉」了。

二、通告

中國人有清明節祭祖習俗。老殯儀館中寄存的骨灰盒一般有數萬之多，有的在10萬以上。逢清明期間祭祀的人群特別多，清明節那天尤甚，有時簡直是人山人海。此時，殯儀館為維持秩序，通常會擬一個「通告」在廣播裏反復播放，其中充滿著「一不准」、

「二不准」等，並威脅要對「違犯者」進行懲罰，直到「交司法部門處理」等等，盡是冷漠之詞。事實是，必要的「告知」是可以的，但還是要更多一點人情味。下面是作者為某殯儀館擬的一份清明通告，供讀者參考。

清明節祭祖通告

尊敬的女士們、先生們：

您們好！

清明祭祖是中華民族優秀的傳統之一，也是中華民族「孝文化」的具體體現。我們全體工作人員正在熱誠地迎接你們的到來，並將盡一切努力為你們提供優質的服務。先人為哺育我們的成長曾做出過很大的犧牲，我們祭祀他們就是表示我們沒有忘記他們，並以此教育我們的子孫後代也要孝順他們的父母祖輩。這樣，我們的社會才會變得越來越和諧。但是，今天來此祭祖的人員、車輛特別多，請大家務必聽從我們工作人員的指示，愛護館內和公墓區的一草一木；相互之間要謙讓，不可為小事而起糾紛、爭吵，以免騷擾先人在天之靈不得安寧。

凡損壞本館內和公墓區的財物者，我們將按價索賠，敬請原諒。

祝來此祭祖的女士們、先生們、老人們和小孩們平安，吉祥、順利！

○○○殯儀館（或公墓）

○○○○年○月○日

按中國傳統的殯葬文化，祭祖屬「吉禮」範疇，因為它表明死者後繼有人，死者之神靈得以「血食」，故通告中能使用「您們好」、「迎接」等詞彙；但辦喪事時則屬「凶禮」範疇，就不能使用此類字眼，這是須特別予以注意的。

第七節　墓碑文

墓碑文是指刻在墓碑上的文字。從現在的情況看，它大約可分為兩類：一類是指示性墓碑文；另一類是紀念性墓碑文；功能各異，下面分別介紹。

墓碑文
- 提示性墓碑文：中款、右題、左題
- 紀念性墓碑文

提示性墓碑文字大體分為三部分：

1.中款：是墓碑文的最主要部分，字體最大，標明墓主的性別、姓名。如舊式的「顯考○公諱○○大人之墓」；有的標明墓主的級別、爵位、職銜、謚號等，如河南省安陽「民國大總統袁世凱之墓」，或「陸軍上將○○○之墓」等。現代人為求簡便，就寫「父（或母）○○○大人之墓」也可。其格式可參見第九章第四節有關「神主牌位」的介紹（見第218頁）。

2.右題：標明墓主的生卒年月，現在多用西元紀年，而不要再用舊式的「甲子」、「乙丑」等甲子紀年方式。

3.左題：標明立墓者的名字以及與墓主的關係（多係子孫

輩），一般是將墓主的全部子孫輩全部列出。因而，右題和左題實際上都是為中款服務的。

舊式墓碑，有的還有橫額，即橫刻在墓碑的上方，一般是兩個字，或標明墓主的籍貫，廣東一些地方仍有此俗，如在墓碑上面從右向左橫刻上廣州、番禺、汕頭之類字樣，以示墓主的籍貫；有的還會標明時代，如民國字樣等。

另一類是紀念性的墓碑文，古稱「墓表」、「碑表」等。表者，表彰。刊刻墓碑文始於東漢，上面刻有墓主的姓名、官爵、生卒年月、生平事蹟及功勛道德，多為表彰和歌頌死者，使其英名傳之久遠，因而歸入紀念性墓碑文。著名的有東漢時期的《孔謙碑》、《袁安碑》。唐以後，墓誌銘亦相當於墓表，著名的有韓愈《柳子厚墓誌銘》、王安石《王逢原墓誌銘》等。它們構成中國文學創作的一部分，歷代留下了不少名篇精品。同時，碑銘刻於石上，成了後世研究古代書法的極好材料。

紀念性碑文要精練、有文彩，讀起來琅琅上口。否則就會降低其文化含義。

第八節　祭文

舊時，葬前的悼念稱「奠」，其文稱「奠文」；葬後悼念亡者，就稱「祭」，其文稱「祭文」。不過，有時也不這麼細分，而統稱為「祭」、「祭文」。

由家屬宗親舉行的祭禮為「家祭」。由政府機關、學校、公私團體舉行的祭禮為「公祭」。殯葬服務的禮儀師應當懂得操作祭祀與撰寫祭文。

中國人有祭祀祖先的傳統，其中所包含的文化內涵是「孝道」和「忠道」。祭文則是在祭祀先人時用的哀悼、歌頌或懷念死者的文字，有散文、韻文等各種文體。祭文構成中國文學創作的一個領域，留下了眾多的精品，如韓愈《祭十二郎文》、歐陽修《祭石曼卿文》和《瀧岡阡表》等，均為千古名篇。

民間在辭靈儀式中，有師公誦唱祭文一項，其內容不外是死者生前的功績美德、父母養育不易，表彰父母病重時子女的孝行，基本精神是儒家的孝道。都為固定格式，多溢美之詞，不足觀。現在官方場合的告別奠禮上的「悼詞」也盡為溢美之詞，故民間有戲言「找好人，看悼詞。」

某先生少時多受祖母慈養庇護，祖母已去世二十餘，值祖母誕生100歲時為其「做陰生」（即為死者做生日），在墳上行祭禮。作者為主祭，並撰寫了祭文，列出供參考。

○○○先太夫人100歲陰生祭禮儀式

1.主祭者宣布：全體肅立，○老先太夫人100歲陰生祭禮開始。

祭者環立，擺上祭品。

2.奏樂：放《二泉映月》樂曲1分鐘。

3.獻祭品：由子孫按輩份依次上香、獻花等。

4.主祭者讀祭文。子孫晚輩下跪，其餘人肅立。

祭文畢。所有人起立「復位」，分裂於兩側，然後依輩份行禮。

5.子孫行禮：子女輩行三跪九叩首禮，孫輩行一跪三叩首禮，餘者三鞠躬。並三奠酒。

6.繞墳地三周。

7.再奏樂。儀式結束。

在儀式前，子孫輩要給墳堆陪土、拔草，整治墓地。若是骨灰墓地，亦可以做一些簡單的清掃工作。如果是骨灰寄存處，則可對骨灰盒進行；也可以在家中對著神主牌位進行。當宗親、朋友行禮時，子女輩應於一側答禮，答禮的輕重與行祭者之禮同。如禁鞭炮地區則可免放鞭炮。

〇老太夫人100歲陰生祭文

西元1999年6月6日，歲在己卯，陰曆4月23日，值〇老太夫人100歲陰生。太夫人之子孫媳婦凡〇〇人齊集太夫人萬世佳城安寢之地，給太夫人置辦陰生慶典並祭祀。

此時，於百忙中蒞臨者有：略。

祭品有：略。

祭文如下：

〇老太夫人，姓〇氏，生於西元1899年。時逢國家衰微之際，內亂頻仍，西方列強又步步緊逼，侵我華夏。清政府軟弱無能，不能禦侮，遂致生靈塗炭、民生凋敝，小民生計日漸艱難。〇老太夫人生於農耕之家，自幼備嘗生活之艱苦、生存之不易。古人云：「離亂人，不如太平犬。」嗚呼！我先太夫人，生於垂微之世，屆時婦女尚須纏足，人生之艱難，可以想像。凡我〇氏子孫後人每念及先人的艱難苦楚，莫不悲悼焉。

太夫人後入嫁〇家。數十年間，潛心操持家務，相夫教子，任勞任怨，在默默無聞中度過了一生，有美德焉。民國建立，然國家長期分裂，前有軍閥混戰，後又日寇入侵，天下多震盪。1949年承國家統一，天下太平，然又有物質之長期匱乏及三年困難之災，太夫人多遭其殃。老人家盡心操持一家生計，她總是將困難留給自己，盡可能地替家人子孫著想，默默忍受，無怨無悔，堪為中國傳統的母親之楷模。凡我〇氏子孫後人每念及太夫人之美德莫不崇敬焉，並將永志不忘。

太夫人育有〇子〇女及孫輩〇〇人。今日，老太夫人之子、孫、曾孫輩及媳婦凡〇〇人齊集您老靈前，給您老辦100歲陰生，並告慰太夫人在天之靈，子孫後代均賢明能幹，興旺發達。這實有賴於先人家訓美德之薰陶，先人在天之靈之庇護，凡我〇氏子孫後人莫不感念先人恩德。古人云：「前人栽樹，後人乘涼。」有今日之善果，您老人家九泉之下亦可含笑焉。現在，您的子孫備有菜蔬水果若干，並以三奠酒告慰老太夫人在天之靈。

伏惟尚饗。

「伏惟尚饗」是舊時祭文末的一句套語，意為「我恭敬地等待著你的享用」。饗，進食。

第九節　哀樂

哀樂是專用於喪禮或悼念場合的樂曲，可視為特殊的殯葬語言。

中國最早的哀樂見於《左傳．哀公十一年》：「公孫夏命其徒歌虞殯。」杜預注：「虞殯，送葬歌曲。」這裏，送葬歌曲便是哀樂，距今已二千多年。後世的「輓歌」也是專用於治喪的哀樂。西漢時，《薤露》、《蒿里》都是較流行的輓歌。晉代崔豹《古今注．音樂》的解釋：薤（xiè），一種多年生草本植物。薤露，意為人生如薤上之露水，易破滅也；蒿里，謂人死魂魄歸於蒿里。並說，《薤露》送王公貴人，《蒿里》送士大夫、庶人。

中國現在通行的《哀樂》係由陝北一首民歌改編而來。1942年，中共中央決定將劉志丹的靈柩移葬保安縣（今陝西省志丹縣），在陝北人民公祭劉志丹的大會上，首次由安波以此曲填詞並唱了這首歌，由「魯藝」樂隊演奏，歌名為《公祭劉志丹》。後由第一任中國軍樂團團長兼指揮家羅浪為了禮儀的需要將此曲配置了和聲。就這樣，這支哀樂被沿用迄今。《哀樂》的節奏低沉、緩慢，表現悲哀的氣氛，現為各殯儀館廣泛使用。

現在看來，以中國之大，宗教信仰之豐富，全使用一種《哀樂》確實有單調之嫌。公奠公祭場合可以使用《哀樂》，而家奠家祭則大可不必，殯儀館治喪時可由喪戶選擇音樂，無須總是播放一種沉悶、壓抑、單調的哀樂曲。殯儀館應多準備一些音樂曲目，供喪戶選擇，如《二泉映月》、《江河水》、《蘇武牧羊》、《滿江紅》、《化蝶》等古曲都可以作為哀樂使用，如果死者生前喜歡聽某歡快曲子，只要家屬願意，在告別奠禮上播放也無妨。國外的一些古典優秀曲子，如貝多芬《英雄交響曲》、《命運交響曲》，舒伯特《搖藍曲》等也可以在治喪時使用。其實，治喪時最忌諱的就是年復一年地使用一種格式、一個調子，將喪事辦得過於沉悶，使人喘不過氣來。而且，殯葬職工天天聽著這支《哀樂》，精神上恐也會受傷。

歐美國家治喪時，並無統一、固定的哀樂。如美國前國務卿馬歇爾去世，下葬時，軍樂隊奏軍營中的熄燈號，一遍又一遍地直吹到下葬完畢。在這一特定的環境中，它使送葬者受到淒涼而悲壯的震撼。

治喪音樂應當改革，《哀樂》只應是治喪中使用的音樂曲目之一，而不是唯一的曲目。當喪戶提出這一要求時，可予以提供，這樣對改善殯葬職工的心理情緒會有所幫助。

第十二章

殯儀管理

殯葬服務是服務行業的一門，因而殯儀館也應當按現代企業的方式進行管理。殯葬服務涉及的層面非常廣泛，因而殯儀館的管理是綜合性的，包括常規管理、人事管理、職工的知識和技能的基本要求管理、文化建設、公共關係、經濟管理、財務管理、殯葬事故的處理、原始資料的保存等。有關大陸的殯葬法規之規定本書省略不列，僅列入臺灣現行公布的「殯葬管理條例」，讀者可參見**附錄一**，本章僅針對屍體的法律地位問題進行探討。此外，隨著殯葬服務進入市場，殯儀管理必將更為科學化和規範化。

第一節　殯葬職工的知識與技能要求

本節是關於殯葬職工的職業教育問題。現代企業制度要求職工於正式上班前必須先進行專業培訓，之後還要定期或不定期地進行培訓，以更新和提高知識技能。殯葬服務既是服務行業，同樣有此要求。這裏，按各工作職務的不同提出了相應的專業知識與專業技能要求，分為「一般要求」和「個別要求」，供讀者參考。

一、殯葬職業的一般性要求

所謂一般性要求是指殯葬職工都應具備的，對本行業的知識要求，又叫共同要求，須對下列方面至少應有基本的瞭解：

1.現代殯葬服務業的歷史和現狀。
2.殯葬服務的基礎理論和簡單的殯葬文化知識。
3.殯葬服務業的社會意義。
4.所服務殯儀館的歷史和現狀，以及該館的服務專案和流程。

5.殯葬的職業道德（包括「三聲四心」）。

6.殯葬相關禮儀。

7.殯葬語言（包括行業語言和禁忌語言）。

8.消費心理學、殯葬心理學、社會心理學等方面的常識。

9.殯葬的法律、法規和政策（國家的及地方的）。

10.衛生防疫、微生物學、病理學等方面的常識。

11.美學常識。

12.海外殯葬行業的概況等。

對殯葬職工提出一般要求，也是提高殯葬職工文化素質的一種途徑，作為管理人員更應該具備這些修養。如果職工知識貧乏，那麼要從整體上提高服務水準，改善行業形象是不可能的。

二、職務的個別性要求

個別性要求係指按各工作職務的性質對各職工提出的知識和技能的要求。它們包括：

(一)業務部門的基本知識和技能要求

1.熟悉業務部的各類業務專案及收費情況。

2.熟悉本室出售的各種喪葬用品的用途、價格、出產地和性能（如骨灰盒、壇）。

3.熟悉並熟練地使用業務部的各類表格、票據。

4.通曉並遵守殯葬接待禮儀。

5.能使用本地話和普通話接待喪戶。

6.熟練地使用殯葬語言。

7.具備一定的消費心理學、殯葬心理學常識等。

(二)收殮工（含駕駛員）的基本知識和技能要求

1.通曉本地區的交通道路情況。

2.通曉當地語言，能說普通話。

3.懂得本地區的民風以及相關的殯葬習俗、禁忌。

4.知道本館的各項服務情況。

5.懂得遺體的腐爛過程。

6.能收殮各類死亡現場的遺體。

7.具備一定的人體解剖學、生理學、衛生防疫方面的常識。

8.具備一定的消費心理學、殯葬心理學常識等。

(三)冷藏、防腐員工的基本知識和技能要求

1.能獨立操作冷藏櫃。

2.懂得冷凍機的工作原理，能進行簡單維修。

3.能獨立操作防腐工作。

4.懂得防腐原理，熟悉所需使用的防腐藥物、消毒藥水。

5.具有一定的醫學防疫方面的常識。

6.懂得本工作間的電路。

7.具備一定的消費心理學、殯葬心理學常識。

(四)化妝整容員工的基本知識和技能要求

1.具有一定的美學、化妝、解剖學的知識。

2.具有一定的色彩知識。

3.懂得人體頭部構造，熟悉各類面部特徵的化妝、整容方法。

4.具有一定的醫學防疫方面的常識。

5.熟悉所使用的各類防腐藥物、使用方法，以及消毒藥水。

6.能熟練地為死者更衣、沐浴。

7.能進行各類創傷的整容。
8.懂得本工作間的電路。
9.具備一定的消費心理學、殯葬心理學常識等。

(五)禮廳服務人員的基本知識和技能要求

1.通曉並遵守殯葬接待禮儀。
2.能使用本地話和普通話接待喪戶。
3.能熟練地使用殯葬語言。
4.具有一定的美學方面的知識。
5.能製作小花圈。
6.懂得殯葬文書，具有輓聯方面的常識。
7.能獨立地佈置奠儀廳。
8.能獨立地主持告別奠儀及相關的悼念活動。
9.熟悉並能操作本室的各種設備（如電腦顯示、音響等）。
10.懂得奠儀廳的電路。
11.具備一定的消費心理學、殯葬心理學常識等。

(六)火化員工的基本知識和技能要求

1.具有一定的燃燒學、電學、機械學方面的知識。
2.能熟練地操作火化爐，懂得其原理，也能進行簡單的維修及事故方面的處理。
3.懂得國內火化爐的現狀和發展趨勢。
4.懂得本館所使用的火化爐的型號、性能等技術情況及安裝情況。
5.懂得什麼是假死。
6.懂得遺體燃燒的過程，以及無害化燃燒。

7.懂得本工作間的電路。

8.具有一定的環境保護知識和環境保護意識等。

(七)骨灰管理員的基本知識和技能要求

1.掌握本寄存室的骨灰寄存情況。

2.能快速而準確地查找到某一骨灰盒所存放的位置。

3.具有一定的美學修養。

4.能獨立操作祭祀禮儀，能主持骨灰安放儀式。

5.懂得一定的殯葬文書。

6.具備一定的殯葬心理學常識等。

第二節　關於屍體的法律地位問題

在哲學或宗教上，屍體只是一個「沒有意義」的軀殼，因為精神或靈魂已離它而去了。如古希臘哲學家蘇格拉底就認為，重要的是「靈魂」離開了「高尚的」精神，肉體是沒有意義的。當他的弟子問如何安葬他時，他說「悉聽尊便」，似乎此事與自己沒有關係。中國古代哲學家莊子走得更遠，在他看來，安葬與否根本就沒有意義，因為放在天上給老鷹吃，埋在地下給螻蟻吃，死後放在哪裏都是一樣的。猶太教、基督教、佛教、伊斯蘭教等宗教對於肉體與靈魂的看法也大致相同，即重靈魂而輕肉體。

但是，在中國民間的思維中，屍體卻近乎具有無限重要的神秘「意義」。由於受儒家宗法思想、風水說、道教、民間迷信等影響，人們對屍體存在著一種近乎宗教狂熱的感情和神秘的心理。這深深地影響到了殯葬服務，通常有關屍體的爭端會引發人們不可思議的憤怒，因而應特別予以注意。而有關屍體的立法通常是最後的一部分，以至於殯葬以及醫學界常會發出「無法可引」的無可奈何的慨歎。我國目前就屬於此種情況。

這裏討論與殯葬服務密切相關的五個方面的問題，它們既在法律立場上立論，也在習慣法意義上立論。

一、屍體的法律性質

屍體是親屬對死者追思親情、寄託感情的不可替代的特殊的「物」，因而屍體的所有權屬於死者的親屬所有，同樣具有不可侵犯性。

二、屍體的處分權

屍體的「處分權」從屬於屍體的「所有權」。有主屍體的處分權屬於親屬，其次序為父母、配偶、子女、兄弟姐妹，然後才是次一級的親屬；無主屍體（指無名屍體）、靠政府救濟生存的孤寡老人的屍體等，由當地警局或政府部門派人處分，如送殯儀館火化。在這裏，處分權是指如何辦喪事、是否捐獻遺體器官（當死者生前無遺囑時）等屍體的處分方式。當然，它是在國家法律、政策許可的範圍內對屍體的處分權，而不能超越。

1998年10月，北京醫科大學附屬人民醫院的一位醫生，私自在太平間摘取了一位剛死亡者的兩個眼角膜，使病人恢復了光明。（本案例摘自《新華文摘》1999年第7期第187頁）開告別奠儀時被死者家屬發覺，進而引起了法律訴訟。死者家屬向醫院索賠50萬元，告他侵犯了家屬的屍體處分權。這是屍體所有權所引起的民事法律訴訟例證。1999年由於新聞的披露，此事引起了法律、新聞、衛生、社會工作者等各方面的廣泛關注。

該名醫生是一位眼科博士，業務嫻熟，包攬了醫院裏的所有角膜移植，而且口碑很好。他說，他以前與患者根本不認識，當時他之所以急著給患者做手術，是因為如果再不做，他的眼睛就徹底沒得治了：

「手術前一天晚上8點多鐘，我取出保存的一個眼角膜，發現已不能用了，而醫院裏再沒有其他的角膜。我非常著急，情急之下，我想到太平間裏可能會有適合的。沒有想到一下子真找到了。當時我的感覺就是高興、非常高興。手術能做了，病人有救了，其他什麼也沒有想。第二天手術順利。我沒有想到法律、倫理，沒有想後果。在有關部門找我之前，我的心情很平靜。後來找我瞭解情況時，我實話實說，身為醫生，我問心無愧。事後想想，沒有徵求死者親屬同意是不對的。但是如果去徵求意見，結果會有一個患者復明嗎？」重新復明的一位病人是河北唐山的沒有錢的農民，打工時被氨水燒傷，在一年多的時間裏，多次求醫，都因無可供移植的角膜而未成，再不醫治就將徹底失明。此次來北京，沒有想到次日就能做手術，而且這麼快就復明，還給醫生惹了那麼大的麻煩，也不知道該怎麼向死者的家屬表示深深的謝意。

醫生受到了廣泛的同情。但是，在法律意義上，他畢竟侵犯了屍體處分權。法庭辯論得非常激烈，但雙方都沒有明確的法律條文可引，在中國這方面的法律條文更是付之闕如。反對意見認為，醫生是一位法盲、倫理盲；「眼球丟失案」是「我們醫學倫理學教育的失敗」；「首先違反了『知情同意原則』。早在五十年前，《紐倫堡宣言》裏就體現了這個原則。」雖然事後當時的公安機關已經做出了撤銷該案的決定，但是一年之內，死者家屬依然可以隨時提起民事訴訟。

日本於1997年10月開始實施「器官移植法」，條文規定：死者如果生前表示願意獻出器官，親屬又不反對，便進行。否則，便侵犯了屍體，構成侵權。故當殯儀館如果要做防腐藥液的注射、損傷屍體外表的縫補等教學需要時，所使用的必須是無名屍體。否則就可能引起麻煩。

三、侵犯屍體罪

侵犯屍體罪是指惡意侵犯屍體所構成的刑事犯罪。有關的法律條文解釋說：「盜竊屍體罪，是指秘密盜竊屍體，置於自己支配下的行為。侮辱屍體罪，是指以暴露、猥褻、毀損、塗劃、踐踏等方式損害屍體尊嚴，或者損害有關人員感情的行為。」

至於盜竊屍體身上的財物、盜墓等行為，雖然也是侵犯屍體，但它們多半另外還有相關的法律條文：前者屬於盜竊財物罪，如1999年香港某殯儀館職工因長期盜竊屍體身上的金銀手飾等財物，後被發覺而判刑；後者屬盜墓罪，如1999年某地農民為製作骨珠串出售謀利而經常盜墓取死者頭骨，事發被判處有期徒刑一年。

四、無意毀損屍體

無意毀損屍體是指殯儀館因管理不善而發生屍體被損壞，或搬運時不慎碰撞屍體等。這些問題很容易導致爭端。如某市殯儀館夏天的一個黃昏，收殮回一位因游泳而溺死的小孩，考慮到次日將火化而未將屍體放入冷藏櫃。上午火化時發現小孩的手、腳已被砍去（猜測大約是出於某種巫術考慮而遭人砍去），由此而引發了一場歷時近兩年的爭端。

另外，一些殯儀館由於保管不善，老鼠咬壞屍體的事情也時有發生，引起爭端；也有因殯儀館職工在推屍車時，不小心將屍體摔到地上，家屬頓時勃然大怒，大概認為會給自家帶來「晦氣」，引發爭端；還有，燒錯屍體是殯葬服務中最嚴重的事故，屬殯儀館的「一級事故」，這肯定會引來大糾紛的，且殯儀館絕對是處於無理的位置。

有時，屍體在醫院太平間就被損壞了，如被老鼠咬壞、被偷摘了眼角膜等器官時，收殮工應對此有足夠的警惕與認知。不同個體之間的器官移植，必須在很短的時間內進行。某人的器官取下後，必須很快地置於專用液中保存，否則器官就會乾枯壞死。哪有死了幾個小時乃至十幾個小時，屍體又置於常溫下，其器官還可以做移植之用的道理。人們不懂，對殯儀館做惡意猜想，殯葬職工應該懂得這方面的知識，才得以隨即向人們做解釋與澄清。

五、無名屍體的處理及骨灰的保存

無名屍體通常由警察部門會商相關單位驗屍後，簽出公文才能火化，骨灰一般保存在半年左右，也有保存數年乃至更長時間的。這方面若無統一規定，各殯儀館可以根據當地的習慣，以及該館的存放條件自行決定。只是當家屬來領取骨灰時，家屬自然應當繳納火化等費用。

第三節　殯儀館的文化建設

殯儀館的文化建設，指殯葬服務單位所體現出來的一種文化氣息、一種高雅的情調，對人性的教育和薰陶、美的感受等。這樣，殯葬服務才可上升到所謂「人性化服務」的高度，否則就還只是停留在處理遺體的層次上。

一、殯儀館文化建設的內容

殯儀館的文化建設包括硬體文化與軟體文化兩個方面。

(一)殯儀館硬體建設中的文化含量

■環境中的文化建設

環境中的文化是透過一定的基礎建設而體現出來的文化含量。在建造殯儀館時，不僅要滿足科學實用原則，而且還要合乎美學的布局，做到園林化、個性化、人性化，使治喪者感覺像進了一座公園、一個旅館。條件可能時，殯儀館內也可以養動植物、播放音樂等。

殯儀館內須建立布告欄，對殯葬文化、孝道、熱愛生命等多所著墨，使殯儀館成為一個生命教育的最佳場所。「聖訓」是這一文化建設的重要內容。所謂「聖訓」即古代聖人所講的修身、養性、齊家、治國、平天下方面的格言，選擇一些刊於醒目之處，如「慎終追遠，民德歸厚」、「厚養薄葬」、「節儉辦喪事」、「勤儉，治家之本；忠孝，齊家之本」等。也可立碑或書於牆。

■設施中的文化建設

應儘量使殯儀館的主建築具有一定的水平，如豪華的奠儀廳，多用暖色；儘量採用先進設施，如高級的接體車等，它們在直覺上有亮麗感，體現了對生命的尊重，可令喪戶樂於接受收費較高的服務，而且價格較高的消煙除塵火化爐配備，對避免環境污染等有一定的要求。

以前，由於物質匱乏和認識等方面的原因，殯儀館的硬體建設極少文化內涵，地方狹小，火化間多燒煤，污染嚴重，「黑糊糊、髒兮兮、昏慘慘」，加重了人們對殯儀館的抵觸情緒。20世紀90年代以後，這一情況獲得了迅速的改變。

(二)殯儀館軟體建設中的文化含量

■經營服務方面

經營服務中的文化建設是指透過優質服務使社會感受到殯葬服務的人性色彩。這裏，既有服務專案的多樣化，又有服務的溫情化。周到、耐心和細緻的服務其實是在營造一種企業文化。從前，殯儀館的服務專案單調，收殮、火化、骨灰寄存，戲稱「老三樣」。20世紀90年代以來這一情況獲得了迅速的改變，殯葬工作和治喪者的認識都在提高中。

■員工教養方面

於員工的養成教育中體現文化建設是指透過行前教育、在職培訓等形式，讓員工提升自我的文化水平。

行前教育多半是在專業的院校中獲得，如殯儀館招收一些大學生來從事殯葬服務；在職培訓則是對已有的職工進行的教育，或透過函授教育、成人大學等形式獲得的教育，對獲得畢業證書者給予獎勵。它們都屬於文化建設的一部分。

還可以鼓勵職工利用業餘時間讀幾本書，如《水滸傳》、《三國演義》、《西遊記》、《紅樓夢》、《儒林外史》、《阿Q正傳》等古代和近現代的名著都可以閱讀，以充實職工的精神生活，提升其文化品位。殯儀館還可以聘請當地的大學教授和禮儀教師作為「文化顧問」，以指導教育員工。

■ 文化活動開展方面

如可舉辦「殯葬職工藝術節」等，內容可以有：(1)卡拉OK賽；(2)冷拼盤雕塑賽；(3)藝術插花賽；(4)演講比賽；(5)壁報等比賽；(6)書法、收藏、攝影展覽（或比賽）；(7)攝影評比；(8)徵文比賽等。有時也可舉辦文藝節目，以活躍職工的文化生活。

二、殯儀館文化建設的意義

提升殯儀館的文化建設具有重要意義。

(一)高素質的職工隊伍可以提高管理和服務水準

殯葬服務正在由粗略式的服務水平向人性化、優質化服務的高水平邁進，殯葬職工的個人素質也就變得越來越重要了。否則，殯葬職工將不知道自己的工作性質是什麼、社會身分是什麼，及為什麼要從事殯葬服務和進行殯葬改革，以及如何才能做好殯葬服務和殯葬改革等。

隨著殯葬服務進入市場競爭環境，對殯葬職工將提出更高的要求。否則，很多殯儀館將會在市場經濟的衝擊下破產，導致失業率上升。

(二)可以提高自信心

由於社會上對殯葬行業的異樣心理，職工們屢屢抬不起頭來，總覺得自己矮人一等，所謂「英雄氣短」。豐富文化知識、提高心理素質、建立獨立人格、強化心理優勢，從而建立起行業自信心成了職工教育的重點，也是目前必須趕快做的事情。

要建立殯葬行業的獨立人格，殯葬行業職工應該清楚地認識到殯葬行業是社會「不可缺少的行業」，是「積德的行業」，殯葬職工是一群有文化、有水平、有血有肉、有感情的人，並不比別的任何行業差，須對自己有足夠的自信心，不能指望他人來抬舉自己，要自己尊重自己，自己要求自己。

(三)有助於改善行業的社會形象

殯葬職工不被人看好的一個重要原因就是，自身的素質確實太低。相當一部分殯葬職工文化水平極其低下，坐沒一個坐相、站沒一個站相，或橫刁著一根煙、嚼一口檳榔與喪戶說話，言語粗俗、詞不達意，隨地吐濃痰，更有的人對喪戶態度粗野、服務水平低劣、強索紅包等。此類行為都造成了極為不良的影響，實應自律並透過提升文化內涵來改善行業的社會形象，提高自己的社會地位。

第四節　殯儀館的公共關係

一、公共關係概述

公共關係，簡稱「公關」，由英文Public Relations意譯而來。20世紀初起源於美國，後傳播到歐洲及世界各國。

公共關係，就是一個組織為了增進內部公眾和社會公眾的信任與支持，塑造自身的良好組織形象而從事的一系列活動。由此可以將它分為內部公共關係和外部公眾關係。內部的公共關係，即一個組織內部的員工之間、股東之間的關係，其中員工關係又可分為職工之間的關係、管理階層之間的關係、職工與組織之間的關係等。這是一個組織是否具有組織性、工作效率、凝聚力的前提，也是管理學中要予以討論的問題。諸如殯儀館和公墓的常規管理，職工關係的融洽與否、文化活動的開展、逢年過節的聚餐、困難職工的救助、情緒的疏導、員工培訓等，這些都是為了促進內部公共關係優化所從事的活動。

外部的公共關係，係指一個組織與它的外部環境之間的關係，主要有顧客關係、社區關係、政府關係、新聞媒介關係、名流關係等，有的則還有國際公共關係。其目的在於營造一個組織賴以生存和發展所必須的優良環境。

我們側重於討論殯儀館的外部公共關係。殯儀館的外部公共關係首先是顧客關係管理，即與喪戶的關係；其次是社區關係管理，絕大多數殯儀館都不同程度地遇到過社區公眾的鄰避心理而導致的反對情緒。如果將殯儀館建在離市區很遠的山坳裏，這又會給經營者以及居民治喪帶來不便。

公共關係所追求的基本目標是：溝通和理解。溝通是互動關係；理解是相互認同。殯儀館公共關係的基本目標也是溝通和理解。其意義在於，讓公眾瞭解殯葬行業，減少敵對情緒，從而改善我們賴以生存和發展的外部環境。同時，也讓殯葬職工更多地瞭解社會、融入社會。殯儀館很少能做廣告，公眾無事也不會去光顧，這注定了殯儀館與社會公眾之間的陌生度高於其他服務業，公共關係的難度也更大，故更需要持續性地加強與社會公眾的交流及溝通。

二、殯儀館如何開展公共關係活動

從廣義上說，殯葬職工的一舉一動、殯葬單位的布局和設施都具有對外的公共關係的意義。如職工上班時的衣著服裝，一站一坐、一言一行、一次服務，都代表所屬單位的水準，都在塑造該單位的社會形象；單位的布局和設施的水平、藝術性也反映了一定的投入和美學觀點。狹義上，殯儀館開展公共關係活動僅指透過一定的、有目的的活動去達成與社會公眾的溝通與理解。當然，溝通與理解是雙向的。既要讓公眾更多地瞭解殯葬服務、認同殯葬改革、理解和尊重殯葬職工，同時殯葬職工也應更多地瞭解社會，更多地參加有益的社會活動，向外界展示殯葬職工的精神風貌。

殯儀館的公共關係活動，有如下做法可供參考：

1.自身的園林化、藝術化建設要求，提供治喪者休息處、飲水等方便，減少壓抑氣氛。
2.優質化的服務，尤其是溫情服務、規範服務，深植治喪者予良好的企業形象。為此要經常進行職工培訓並實施考核。
3.制定「優質的殯葬服務意見卡」，每次服務後都請喪戶寫下意見。
4.定期測試本單位在社會公眾中的知名度和美譽度。
5.在殯儀館內建立相關宣傳欄，還可印製有關文章供喪戶自行取閱。如向社會公眾介紹為什麼要進行殯葬改革、國際上殯葬行業的概況、殯葬發展的趨勢等，使人們認同殯葬服務的社會化與殯葬改革。

6.在本地區適宜的場所建立宣傳欄，以擴大宣傳效果。

7.建立文化活動宣傳日，此類活動可邀請學校學生或聘請專業宣傳工作者參加，以求得較好的效果。

8.充分利用廣播、電視、報紙等媒體對殯葬行業和殯葬職工的宣傳報導，讓社會公眾更多地知道殯葬行業。還可拍攝專題進行宣傳，如某人某事、殯葬改革、殯葬文化、國外殯葬活動等。

9.利用過年、元旦、國慶等重大的節日，舉行有益的文化娛樂活動；有條件的殯儀館還可定期（如兩三年）舉行一次「殯葬文化節」之類的活動，且可邀請當地社區、政府官員等人員參加，以取得他們的更多支持。

10.善於發現公眾感興趣而又與自己有關聯的問題，如某一事件的發生或出現，以此作為公共關係的切入點，擴大自己的知名度。

11.鼓勵殯葬職工多參加義務的社會公益活動，如居委會活動、癌症協會、義務勞動等，以接觸社會、提高情趣，更多地融入社會。

12.為社區做好事，如修路修橋，支援困難家庭，資助失學者等，適當減免困難戶的治喪或入葬費用等。

13.盈利較高的殯儀館可以適時捐助社會慈善事業，如向殘疾人基金捐款，向「希望工程」捐款等。

第五節　殯葬美學

一、美學概述

美學是研究美的本質、美的現象、藝術和現實生活的關係，以及藝術創作的一般規律的學說。所謂美的本質，即什麼是美？美是人們接觸外部事物時在心中激發起一類精神性的感受；這一感受又總是以一定的價值觀、知識修養為基礎。即同一物件元素，有的人感受到了美，另一些人卻毫無反應，原因就在於此。

科學追求真，反對假；倫理學（道德）追求善，反對惡；而美學追求美，反對醜。通常，人們認可真理和善行也是一種美（社會美）。所以，美是廣泛存在的。對美的物件（或表現形態）有很多劃分方法。分下列四類加以說明：

1.自然美：指自然界的美。包括日月星辰、江河湖海、山川原野、花鳥蟲魚、小溪田園等。其中一部分是未經過人們加工改造和利用的純自然物件；另一部分則經過了人工的加工、改造和利用，是帶有人工痕跡的自然物件。它們都能「喚起」人們對美的感受，是美的表現形態。

2.社會美：在社會生活和鬥爭中，人們的行為所塑造的美。如高雅的舉止、優美的談吐、高尚的情操、寬闊的情懷、慷慨激昂的情緒、英勇無畏的犧牲精神等，都可以成為人們的美的表現形態。

3.形式美：由一種獨特的結構所產生的美。如整齊、對稱、不對稱、比例調整，以及流暢的線條、奇特的造型等，都具有美的意義。當我們站在高速公路上，很容易產生一種美的感受，這裏除了「壯觀」的感覺之外，還有「整齊」、「對稱」的感受；當我們站在大型橋樑上則還會有線條的流暢、造型的奇特等感受。這些都是形式美的表現形態。工藝美術品和日用品的長、寬比例中，多引用所謂的「黃金分割率」或接近這一比例，以引起美感。

4.藝術美：是經過藝術家的創作活動而產生的一類美的物件。藝術的門類很多，如小說、詩歌、散文、戲劇、電影、電視、書法、繪畫、雕塑（刻）、舞蹈、音樂等，它們都以塑造美為自己的任務，即以一定的藝術形式塑造自然美、社會美和形式美，只是表現形式各異。藝術美是在一個很狹小的空間（一件藝術品）中塑造出美的典型形態。此外，像服飾、建築、道路等也具有藝術創作之美。在藝術作品中，人們創作了諸如「優美」、「崇高」、「悲壯」（悲劇）、「滑稽」（喜劇）等藝術美的表現形式，使人們從中受到美的薰陶和人文的教育。

美學教育可以教育人、薰陶人、提升人，使人變得高尚、高雅、有品位；因而，美學教育歷來受到各國重視，被列入青少年的教育內容之中，如德、智、體、美、群五項教育並重。物質生活愈益豐富的現代人懂得一些美學是很有益處的。

二、殯葬美學概述

殯葬美學，就是在殯葬設施、殯葬服務，以及殯葬職工素質等方面所表現出來的美。

(一)殯葬硬體中所表現的美學內涵

在殯儀館的建設中，從布局、綠化、選材、雕塑到裝修，都顯示出一定的美學內涵，反映出設計和經營者的美學修養。如布局合理、和諧，本身就是一種美；綠化使人產生回歸自然的愉悅，有益於身心健康；建築選材，如材料的質地、顏色等，可以使整體觀感達到最佳效果；雕塑本身就是藝術品，優秀的雕塑作品可以體現本館的主題，並教育人、陶冶人；裝修是指裝修的材料、顏色效果，如殯儀館業務廳的門柱、內外的顯眼地方產生耀眼的作用，可減少恐怖氣氛。沒有條件的殯儀館，其牆上應當每兩、三年刷一次塗料，以產生耀眼感。殯葬單位的裝修不宜隨便用藍、黑兩色。藍色是神秘色調，易使人產生神秘、茫然乃至恐怖的情緒；黑色則沉悶與低冷，對人的情緒有壓抑感，如歐美國家的喪服就用黑色；以及高級的接體車也可運用等。

公墓建設中所提倡的藝術化、園林化、個性化等，都符合美學的觀點，值得參考。同時，殯儀館內立上一些「聖訓碑」方面的格言，可產生人文的文化氛圍。

(二)殯葬服務過程中所體現的美學觀點

殯葬服務是人生最後一站的服務，其中也存在著美學。如殯葬中的溫情服務和人性服務體現了人道主義精神，給死者尊嚴就是對人性尊嚴；給死者整容化妝、冷藏防腐、火化棺，在於給死者一個體面的死法；肅穆的奠祭儀式在於給死者一個尊嚴，並對生者進行教育；高級的接體車體現了對死者的尊重，如此等等。這是一種高級形態的社會美。

再如，悼念亡者在於激勵後人。人雖歿，其精神永存。那些英雄、偉人、名人、烈士陵園、英烈事蹟展覽等，也在於以社會美教育生者。清明祭祀中，人如潮湧的場面中所透析出來的懷祖情結也具有美的感染力。

殯儀館對人的教育是最具震撼力的地方，其中要加上美的教育才算完滿。

(三)殯葬職工所體現出來的美的風采

殯葬職工的外觀和行為，如服飾、儀態、語言談吐等，均有美學意義，都體現了一定的美學修養。否則，就可能是其反面。殯葬職工必須進行嚴格的殯葬禮儀培訓，這是殯葬職工儀態美、服務美的基本途徑。

此外，透過各種形式的學習，舉辦殯葬職工文化節、觀看有教育意義的電影、聆聽高雅藝術的音樂會、看展覽，請當地知名教授作美學方面的講座等等，這些形式都可以幫助提高殯葬職工美的修養，造成美的風采。

第六節　殯葬經濟

殯葬經濟是圍繞殯葬服務而產生的經濟活動，它包括殯葬市場和殯葬服務兩大部分。殯葬市場即社會的殯葬需求，殯葬服務即為此需求而提供的服務。

一、殯葬消費概述

殯葬消費受兩個因素的影響：一是社會經濟發展的水準，即富有程度。二是人們對殯葬消費的心理偏好。前者是物質問題，後者是心理問題。

社會經濟發展的水平影響殯葬消費，這是不言而喻的。如20世紀50年代以後，由於物質財富的長期匱乏，社會鬥爭的頻繁，人們的殯葬活動非常簡單，政府大力提倡「勤儉節約辦喪事」，殯葬服務的收費也非常低，殯儀館的設立也是低標準的。80年代以後，隨著社會財富的增加，人民生活水準的逐步提高，人們對精神追求也隨之增長，從而對殯葬消費提出了更高的要求，這導致殯葬消費的增長。只是不同地區之間，殯葬消費存在著差別是必須注意的。

消費的心理偏好是指個人對某項消費是否「被吸引」的心理狀況，如人們購買流行服飾、觀看某場名人演唱會或某電影等。當社會具有消費的心理偏好時，該消費過程就開始啟動了。殯葬消費在很大程度上是為人們的心理需求服務，如對死者尊嚴的看法，由於報恩、炫耀、攀比、祈求等心理作用，鄰里親朋的社會輿論壓力影響，喪戶覺得自己有失「臉面」、「對不住」死者等。此時，喪戶會覺得「為死者」花掉一些錢是「值得的」。在中國人的心目中，殯葬消費被視為人生的「最後一次消費」。假如生者覺得死者「不值」，或自己「欠了」死者的人情，或自己「有虧」死者，這一消費的心理就會更加強烈。沒有這些心理需求做基礎，殯葬消費就不會產生，而我們不可認為它是「畸形」消費。

現在，由於人們的消費水平不同、消費心理偏好不一，因而殯葬消費存在著兩個層次：

1.基本的服務及其消費層次：指政府為推行殯葬改革而規定的服務專案，大體上是以接體、火化、骨灰寄存三項基本服務為主。它們的收費標準須相關部門的核准，不得任意調漲。這是帶有行政干預性質的殯葬服務收費標準，旨在使最低收入階層者能夠順利治喪。

2.高水平的消費層次：指在基本的殯葬服務專案以外所提供的服務專案，收費市場化，雙方都能接受就成交。這是自80年代以來逐步產生的，如豪華型接體車、高級奠儀廳、治喪時用的鮮花，以及公墓的穴位、墓碑、墓上雕塑等均屬之。

「勤儉節約辦喪事」是物質匱乏時期的殯葬消費口號，帶有計畫經濟時代政府管理殯葬的烙印。當時的經濟口號是「發展經濟，保障供給」，當時因為物質匱乏，故重在「保障供給」。現在，社會物質財富豐富了，殯葬服務進入市場，應由市場需求來調節殯葬需求，但也因物質消費氾濫，「勤儉節約辦喪事」又成了政府單位的口號，只是不再以行政來干預殯葬消費。殯葬屬於第三產業，應當不蓄意鼓吹殯葬消費，但也不勸阻人們消費。

第三產業的發展因為能加快貨幣的周轉率、能使更多的人就業、提高廣大人民的生活品質，因而受到各國政府的鼓勵。殯葬消費是第三產業的一部分，殯葬消費的擴大，可以加快貨幣流通，增加國家的財政收入，有利於社會財富的再分配。只是隆喪的程度，須政府透過殯葬法規控制，使這一消費不危害社會、破壞自然環境。至於喪事花掉多少錢則無須進行干預。

二、殯葬消費市場的測算

殯葬消費市場可分：全國殯葬消費市場和本地殯葬消費市場的評估。本文僅針對本地殯葬消費市場進行分析。

以殯儀館為例，如100萬人口的地區，以年死亡率6.5‰計算，則年死亡人數在6500人左右（隨著人口進入老齡化，死亡率的差異這裏暫不考慮）。以公民自助治喪、互助治喪、殯儀館治喪各占的百分比，來估算殯儀館火化遺體的數目，再考慮當地的單具消費水準，大體就可估算出自己殯儀館一年的收入情況了。當然，也可參照去年的經營收入情況，新建館則可以參照鄰近館的經營收入情況，進行粗估。

所謂的單具消費額係指每一具遺體的消費額，它是殯儀館一個非常重要的經濟指標。單具消費若設定在人民幣400至500元之間，殯儀館一般是要虧本的，固定資產折舊、擴大經營規模等都將無從談起。骨灰公墓的測算也大致如此：本地年死亡人數與購買骨灰公墓的百分比；本公墓與其他公墓之間的綜合競爭力，本公墓主要面對哪一層次的居民，估算年葬入數、墓穴的平均價格，便可以估算出本殯儀館的年收入。同時還要估算出一年中成本支出的總和。當然，也可參照去年的情況或鄰近公墓的收入情況。不過，同地區的公墓之間一般是很少交往的。

當殯儀館的服務不能有效地吸引本地的殯葬消費時，相當一部分的殯葬消費就要奉送給其他殯儀館競爭者了。投入與產出是私人投資興建殯儀館者必須考慮的問題，即基本建設的投入成本與利息，建成後經營中的成本都是投入，每月每年的收入才是產出，產出必須大於投入才會產生利潤。利潤的大小，多少年可以回收成本都必須進行估算。這些都是投資者需考慮的問題，否則殯儀館就要關門大吉了。

殯葬服務的市場化告誡我們：要提升殯葬服務的品質，增加殯葬服務的專案，改善殯葬服務的環境，吸引更多的喪戶來殯儀館治喪。這既提高了殯葬服務的社會化水準，也增加了本館的收入，是一件對各方面都有利的事情。

第七節　殯葬服務原始資料的保存

殯儀館服務過程中具有法律證據意義的那些原始資料應當注意保存。具體有：

1.「殯葬服務收費清算單」，有的上面還會列有喪戶「同意火化」的簽字。
2.「殯葬服務收款發票」存根聯。
3.「收殮單」存根聯。
4.「火化操作記錄表」。
5.「死亡證明書」，或交通、警察部門的驗屍報告。

上述這些在法律上具有「證據」意義，需分類按年封存，應保留二十年，以備查驗。如某市曾發生一樁原因不明的死亡事件，相關部門驗過屍後，認為死者屬正常死亡，家屬因不同意此判定，但相關部門仍責成殯儀館將遺體火化。三年後，1999年家屬將相關部門連同殯儀館一起告上法庭，要求賠償20萬元，該部門在一審時便敗訴，殯儀館此時必須將從前的相關資料找出來出庭，才能被認定無責任，故資料的保存相當重要。

此外，骨灰寄存方面的相關原始資料也應按此一原則等同處理。

第八節　殯葬事故實例及其處理技巧

一、殯葬事故實例

由於中國人「死者為大」、「孝道盈天」的觀念和有關殯葬禁忌的傳統心理的影響，再加上一些人借機發揮，殯葬服務一旦出事，通常會被視為大事，可能引起糾紛。要防止出事故，尤其是燒錯屍體。這裏介紹幾則殯葬事故實例。

■實例一

1998年，某市兩位青年在高速公路上騎一輛摩托車同時遇難。遺體送到殯儀館，肢體殘損頗為嚴重。甲青年的家屬前來治喪時，冷藏室職工從冷藏櫃中拖出一具屍體，詢問家屬「是不是？」父母早已傷心至極，姐姐更是不敢看，只是在幾米外遠遠地一瞧，兩位死者的衣服差不多，個頭也差不多，便說「就是，就是。」於是便火化了。只是燒的遺體卻是乙青年。

次日，乙青年的家屬來了，他們看得仔細，見不是，就吵了起來，甚至心存僥倖，認為自己的兒子可能還活著。之後請來死者甲的家屬做證，又賠了錢，才了此難題。此後，該館規定，火化前家屬必須驗定遺體，不敢看的不給燒。

■實例二

1998年某市殯儀館，冷藏室發錯一具遺體，火化間拿著便燒了，該室共八名職工，竟不知是誰發出去的，出具遺體居然沒有留下簽名記錄。大家都不承認，其中七名老職工一致將責任推給剛來的一名新職工，異口同聲地說「是他做的。」新職工大叫委屈。後來只好每人都扣獎金、撤換班長，向喪戶賠錢了事。自此嚴格執行從冷藏櫃發出遺體的簽名制度。

■ 實例三

冷藏櫃的一個櫃門管三個冷櫃格，一旦疏忽就有可能搞錯。

1999年，某市殯儀館冷藏室職工發出遺體時，同一櫃門的上（甲）、下（乙）兩具遺體，都為男性，生前所在單位的名稱中也都有「煤炭」二字，比方說一個是煤炭公司、另一個則是煤炭機械廠之類。甲遺體是W職工接收的，乙遺體是M職工接收的。當乙死者的家屬來治喪時，正好是W值班，該職工想當然以為就是甲死者，既不問、也不要求家屬驗定，便發了出去。家屬居然也不看，便開起了告別奠儀。開完告別奠儀，遺體進爐燒得差不多了，甲死者的家屬來了，於是便起了一場大糾紛。後來殯儀館亦是賠錢了事。

■ 實例四

1999年，某市殯儀館的冷藏室職工誤將15號看成16號（這與職工寫字太潦草有關係），這兩個冷藏櫃同屬一個櫃門。冷藏工竟只看號碼，未核對姓名、也未要求家屬驗定，便發了出去，直接進爐。剛點火，冷藏工便發現搞錯了，通知立即停爐，但遺體已經面目全非。請來家屬，但已無法辨認，家屬不依不饒，民政局等部門參與調解，開了幾次會仍然達不成協議。後來，該館長想了一個「請省公安廳來進行技術簽定」的辦法：讓家屬隨車去省城接公安廳的「技術專家」，私下裏卻與那些人進行了溝通。專家們也「裝模作樣」地做出了全套研究報告，最後「證明」那具面目全非的遺體確實是該家屬的親人的遺體。最後，殯儀館道歉賠錢了事。此事前後歷時近一個月，館長說，這一個月他什麼事都沒做，就耗在這事上，而那座爐子也足足停用了一個月。

■實例五

某市殯儀館，喪戶自己組織告別儀式，當喪戶擺開陣勢準備進行時，該服務員離開工作崗位去做別的事情。此時喪戶突然有了一個主意，又全部往業務部去了。一會，該服務員回來，見沒人，只有遺體停在那裏，想當然地以為告別儀式已經結束了。於是將遺體推到火化間，火化工開爐火化。這時，喪戶從業務室回來不見了遺體，便起了糾紛。後來，道歉又賠錢了事。

■實例六

1999年某市殯儀館誤將人民幣889元的火化棺當作人民幣1,280元的發給了喪戶，被喪戶認出，吵了起來，最後賠了5,000元了事。另一次，火化棺的蓋子蓋不上，吵了起來，又賠5,000元了事。

■實例七

2000年某市殯儀館收殮工從醫院太平間收殮來遺體。次日，家屬治喪時發現死者的兩隻眼球已被挖去，於是引起訴訟。訴訟曠日持久，足足一年多方才結束，館長們被此事攪得心力疲憊，諸事停頓。此事應屬在醫院太平間就已發生，因為死亡6小時後，死者的器官便不存在移植的價值了。但因事故發現現場在殯儀館，因而殯儀館也就牽連其中。收殮工前往醫院太平間收殮時應有所防範，發現異常情況應拒絕收殮。

■實例八

1999年某市殯儀館業務室接到收殮電話，派收殮工前去。收殮工直入門戶，張口就說「我們是來收殮的」，那屋主老頭卻好好地活著，由此導致糾紛。調解不成而引起訴訟，對方提出賠償精神損失費2萬元，再加上誤工費等，共賠了人民幣23,000元。此訴訟被吵得沸沸揚揚，延續了一年多。殯葬職工應注意防範不良市民此類的惡意電話。

■ 實例九

1999年夏，某市殯儀館火化工將一病故老人與溺水而死的小孩混屍燒，被老人的家屬發現，那火化工當時差點被塞進火化爐中燒死。隨後，引發了一場大糾紛。該家屬在地方上頗具勢力，後市政府、民政局、公安、武警都參與調解和維持秩序。最後還是殯儀館賠錢並道歉。

二、殯葬事故的處理技巧

殯儀館最嚴重的事故是燒錯屍體，其次是發錯骨灰。首先應全力避免殯葬事故的發生，而一旦出現了殯葬事故時，不應回避，而要積極地面對喪戶，穩定地處理事故。根據上述這些實際案例，處理殯葬事故時有如下的處理建議：

1.沒搞清楚以前，不要急著做檢討。
2.下級宜先出面，一級主管不要輕易出面，以免失去斡旋餘地而處於被動地位。最好是先由二、三級主管出面。當需要拍板定案時，還可以推託要請示一級主管，以爭取時間。
3.先痛罵出事人，以平衡對方的心理。
4.想辦法找出喪戶的「關係戶」，如他們的單位主管、鄉里長、雙方的熟人或朋友，透過他們從中調解，以緩和對立情緒。

5.與喪戶到會議室談，要對方派代表，不要一哄而上，以防止人多嘴雜擦槍走火；也不要在外面談，防止鬧得沸沸揚揚。
6.主管頭腦要清醒，內部要擬定一個對策，如準備退到什麼地步。不要驚慌，想遠點，大不了就是賠錢。
7.正理、歪理都要講一點，如「這死人的錢是不能多要的，花了這錢是不好的」等。
8.防止媒體炒作，當他們出現時，要派公關部門中善於斡旋者說服他們做公正報導，不要炒作。
9.如果糾紛大，必要時可請政府、警察等部門出面幫助處理。

三、殯葬事故的賠償

20世紀80、90年代以來各地的殯葬事故以及引發的賠償呈上升趨勢，並已引起業內人士的充分關注。由於中國傳統意識的作用，比如侵犯屍體常被視為是一件嚴重的「罪行」，如「掘了祖墳」就是令人髮指的事情。惜迄今仍無相關的賠償法律，殯葬服務中出現的事故如何賠償的問題非常棘手。通常，喪戶會以造成「精神損失」為由，對殯葬事故的賠償漫天要價，動輒20萬、30萬，甚至是高達40、50萬元的人民幣，如2001年2月江蘇省某市殯儀館燒錯屍一例，家屬一開口就索賠45萬人民幣，可說是天價。另外，喪戶還動輒以請媒體「曝光」相要脅，實為不明理。

近些年來，由於盜賊在殯儀館的骨灰樓打主意的事件屢有發生。他們盜走骨灰盒，然後要脅殯儀館出鉅款贖回，如1999年4月，河南省商丘市殯儀館被盜賊破窗而入，盜走三個骨灰盒，然後打電話要殯儀館每個以4萬人民幣贖回。殯儀館拒絕了這一無理要求，被盜骨灰盒的家屬後來提出要求殯儀館賠償10萬元。諸如此類的事件可說是層出不窮。

到底此類「精神損失」究竟要賠多少錢才合理？這是一個亟待以法律加以規範的領域。由於目前尚無統一的賠償規定，致使這一領域成為一種討價還價的「自由市場」。殯儀館雖覺「死者最大」的事故是自己造成的，自覺「理虧」，情願退財消災，但此一漫天要價的巨額索賠之風實不可漲。

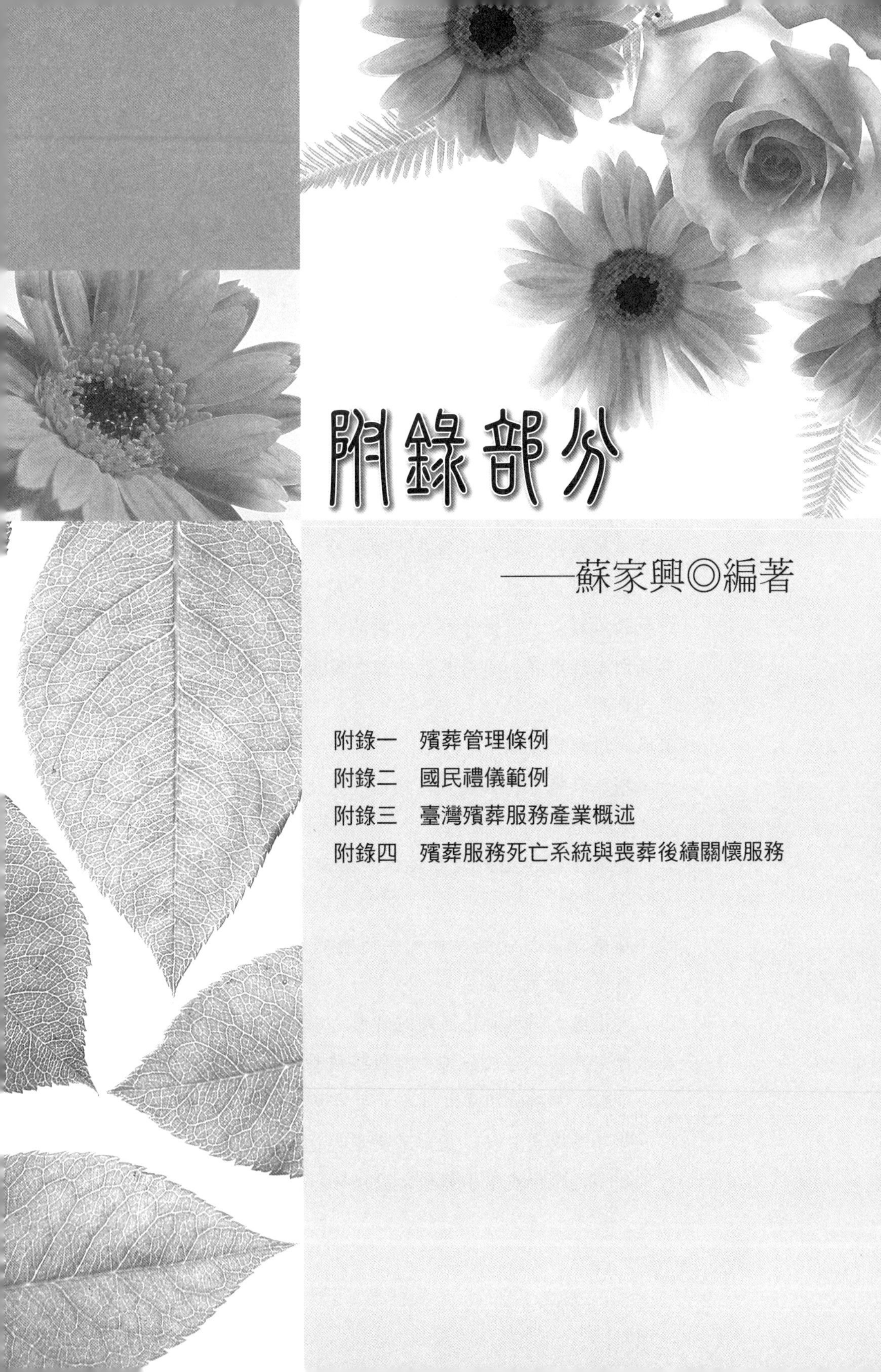

附錄部分

——蘇家興◎編著

附錄一　殯葬管理條例

【制定／修正日期】民國99年1月5日

【公布／施行日期】民國99年1月27日

一、法條內容

第一章　總則

第一條　立法目的及法律適用順序

為促進殯葬設施符合環保並永續經營；殯葬服務業創新升級，提供優質服務；殯葬行為切合現代需求，兼顧個人尊嚴及公眾利益，以提升國民生活品質，特制定本條例。

本條例未規定者，適用其他法律之規定。

第二條　名詞定義

本條例用詞定義如下：

一、殯葬設施：指公墓、殯儀館、火化場及骨灰（骸）存放設施。

二、公墓：指供公眾營葬屍體、埋藏骨灰或供樹葬之設施。

三、殯儀館：指醫院以外，供屍體處理及舉行殮、殯、奠、祭儀式之設施。

四、火化場：指供火化屍體或骨骸之場所。

五、骨灰（骸）存放設施：指供存放骨灰（骸）之納骨堂（塔）、納骨牆或其他形式之存放設施。

六、骨灰再處理設備：指加工處理火化後之骨灰，使成更細小之顆粒或縮小體積之設備。

七、擴充：指增加殯葬設施土地面積。

八、增建：指增加殯葬設施原建築物之面積或高度。

九、改建：指拆除殯葬設施原建築物之一部分，於原建築基地範圍內改建，而不增加高度或擴大面積。

十、樹葬：指於公墓內將骨灰藏納土中，再植花樹於上，或於樹木根部周圍埋藏骨灰之安葬方式。

十一、移動式火化設施：指組裝於車、船等交通工具，用於火化屍體、骨骸之設施。

十二、生前殯葬服務契約：指當事人約定於一方或其約定之人死亡後，由他方提供殯葬服務之契約。

第三條　主管機關

本條例所稱主管機關：在中央為內政部；在直轄市為直轄市政府；在縣（市）為縣（市）政府；在鄉（鎮、市）為鄉（鎮、市）公所。 主管機關之權責劃分如下：

一、中央主管機關：

（一）殯葬管理制度之規劃設計、相關法令之研擬及禮儀規範之訂定。

（二）對地方主管機關殯葬業務之監督。

（三）殯葬服務業證照制度之規劃。

（四）殯葬服務定型化契約之擬定。

（五）全國性殯葬統計及政策研究。

二、直轄市、縣（市）主管機關：

（一）直轄市、縣（市）公立殯葬設施之設置、經營及管理。

（二）殯葬設施專區之規劃及設置。

（三）對轄內私立殯葬設施之設置核准、監督、管理、評鑑及獎勵。

（四）對轄內鄉（鎮、市）公立殯葬設施設置、更新、遷移之核准。

（五）對轄內鄉（鎮、市）公立殯葬設施之監督、評鑑及獎勵。

（六）殯葬服務業之設立許可、經營許可、輔導、管理、評鑑及獎勵。

（七）違法設置、擴充、增建、改建或經營殯葬設施之取締及處理。

（八）違法從事殯葬服務業及違法殯葬行為之處理。

（九）殯葬消費資訊之提供及消費者申訴之處理。

（十）殯葬自治法規之擬（制）定。

三、鄉（鎮、市）主管機關：

（一）鄉（鎮、市）公立殯葬設施之設置、經營及管理。

（二）埋葬、火化及起掘許可證明之核發。

（三）違法設置、擴建、增建、改建殯葬設施、違法從事殯葬服務業及違法殯葬行為之查報。

前項第三款第一目之設置，須經縣（市）主管機關之核准；第二目、第三目之業務，於直轄市或市，由直轄市或市主管機關辦理之。

第四條　殯葬設施審議委員會之設置

為處理殯葬設施之設置、經營等相關事宜，直轄市及縣（市）主管機關得設殯葬設施審議委員會。

殯葬設施審議委員會之組織及審議程序，由直轄市及縣（市）主管機關定之。

第二章　殯葬設施之設置管理

第五條　公立殯葬設施之設置種類及設置主體行政層級

直轄市、縣（市）及鄉（鎮、市）主管機關，得分別設置下列公立殯葬設施：

一、直轄市、市主管機關：公墓、殯儀館、火化場、骨灰（骸）存放設施。

二、縣主管機關：殯儀館、火化場。

三、鄉（鎮、市）主管機關：公墓、骨灰（骸）存放設施。 縣主管機關得視需要設置公墓及骨灰（骸）存放設施；鄉（鎮、市）主管機關得視需要設置殯儀館及火化場。 直轄市、縣（市）得規劃、設置殯葬設施專區。

第六條　私立殯葬設施之設置主體與面積限制

私人或團體得設置私立殯葬設施。

私立公墓之設置或擴充，由直轄市、縣（市）主管機關視其設施內容及性質，定其最小面積。但山坡地設置私立公墓，其面積不得小於五公頃。

前項私立公墓之設置，經主管機關核准，得依實際需要，實施分期分區開發。

第七條　設置、擴充、增改建殯葬設施之報准與施工期限

殯葬設施之設置、擴充、增建或改建，應備具下列文件報請直轄市、縣（市）主管機關核准；其由直轄市、縣（市）主管機關辦理者，報請中央主管機關備查：

一、地點位置圖。

二、地點範圍之地籍謄本。

三、配置圖說。

四、興建營運計畫。

五、管理方式及收費標準。

六、經營者之證明文件。

七、土地權利證明或土地使用同意書及土地登記謄本。

第一項殯葬設施土地跨越直轄市、縣（市）行政區域者，應向該殯葬設施土地面積最大之直轄市、縣（市）主管機關申請核准，受理機關並應通知其他相關之直轄市、縣（市）主管機關會同審查。

私立殯葬設施經核准設置、擴充、增建及改建者，除有特殊情形報經主管機關延長者外，應於核准之日起一年內施工，逾期未施工者，廢止其核准，私立公墓應於開工後五年內完工。 前項延長期限最長以六個月為限。

第八條　設置、擴充公墓之地點距離限制

設置、擴充公墓或骨灰（骸）存放設施，應選擇不影響水土保持、不破壞環境保護、不妨礙軍事設施及公共衛生之適當地點為之；其與下列第一款地點距離不得少於一千公尺，與第二款、第三款及第六款地點距離不得少於五百公尺，與其他各款地點應因地制宜，保持適當距離。但其他法律或自治法規另有規定者，從其規定：

一、公共飲水井或飲用水之水源地。

二、學校、醫院、幼稚園、托兒所。

三、戶口繁盛地區。

四、河川。

五、工廠、礦場。

六、貯藏或製造爆炸物或其他易燃之氣體、油料等之場所。

前項公墓專供樹葬者，得縮短其與第一款至第五款地點之距離。

第九條　設置、擴充殯儀館、火化場等之地點距離限制

設置、擴充殯儀館或火化場及非公墓內之骨灰（骸）存放設施，應與前條第一項第二款規定之地點距離不得少於三百公尺，與第六款規定之地點距離不得少於五百公尺，與第三款戶口繁盛地區應保持適當距離。但其他法律或自治法規另有規定者，從其規定。

都市計畫範圍內劃定為殯儀館、火化場或骨灰（骸）存放設施用地依其指定目的使用，或在非都市土地已設置公墓範圍內之墳墓用地者，不適用前項規定。

第十條　公共性紀念墓園之設置及審議規範

對於教育、文化、藝術有重大貢獻者，於其死亡後，經其出生地鄉（鎮、市、區）滿二十歲之居民二分之一以上之同意，並經殯葬設施審議委員會審議通過者，得於該鄉（鎮、市、區）內適當地點設公共性之紀念墓園。

前項紀念墓園，以存放骨灰為限，並得不受前條規定之限制。

第一項之申請辦法及審議應備之條件，由直轄市、縣（市）主管機關定之。

第十一條　公立殯葬設施用地之取得

依本條例規定設置或擴充之公立殯葬設施用地屬私有者，經協議價購不成，得依法徵收之。

第十二條　公墓應有之設施及墓道寬度

公墓應有下列設施：

一、墓基。

二、骨灰（骸）存放設施。
三、服務中心。
四、公共衛生設備。
五、排水系統。
六、給水及照明設備。
七、墓道。
八、停車場。
九、聯外道路。
十、公墓標誌。
十一、其他依法應設置之設施。
前項第七款之墓道，分墓區間道及墓區內步道，其寬度分別不得小於四公尺及一點五公尺。
公墓周圍應以圍牆、花木、其他設施或方式，與公墓以外地區作適當之區隔。
專供樹葬之公墓得不受第一項第一款、第二款及第十款規定之限制。
位於山地鄉之公墓，得由縣主管機關斟酌實際狀況定其應有設施，不受第一項規定之限制。

第十三條　殯儀館設施及禮廳、靈堂之設置許可
殯儀館應有下列設施：
一、冷凍室。
二、屍體處理設施。
三、解剖室。
四、消毒設施。
五、廢（污）水處理設施。
六、停柩室。

七、禮廳及靈堂。

八、悲傷輔導室。

九、服務中心及家屬休息室。

十、公共衛生設施。

十一、緊急供電設施。

十二、停車場。

十三、聯外道路。

十四、其他依法應設置之設施。

禮廳及靈堂得單獨設置，其與學校、醫院、幼稚園、托兒所距離不得少於二百公尺。但其他法律或自治法規另有規定者，從其規定。

依前項設置禮廳及靈堂，應有第一項第七款至第十四款之設施；其設置、擴充、增建、改建，依本條例第七條、第十八條及第三十一條規定辦理。

依第二項設置之禮廳及靈堂，不得供屍體處理或舉行殮殯儀式；除出殯日舉行奠祭儀式外，不得停放屍體棺柩。違反者，處新臺幣三萬元以上十五萬元以下罰鍰，並令其立即改善；拒不改善者，得按次處罰。其情節重大者，得廢止其設置許可。

第十四條　火化場應有之設施

火化場應有下列設施：

一、撿骨室及骨灰再處理設備。

二、火化爐。

三、祭拜檯。

四、服務中心及家屬休息室。

五、公共衛生設備。

六、停車場。

七、聯外道路。

八、其他依法應設置之設施。

第十五條　骨灰（骸）存放設施應有之設施

骨灰（骸）存放設施應有下列設施：

一、納骨灰（骸）設備。

二、祭祀設施。

三、服務中心及家屬休息室。

四、公共衛生設備。

五、停車場。

六、聯外道路。

七、其他依法應設置之設施。

第十六條　殯葬設施應有設施得共用

殯葬設施得分別或共同設置，其經營者相同，且殯葬設施相鄰者，第十二條至前條規定之應有設施得共用之。

第十二條至前條所定聯外道路，其寬度不得小於六公尺。

第十二條至前條設施之設置標準，由直轄市、縣（市）主管機關定之。

第十七條　殯葬設施規劃原則及公墓綠化面積比例

殯葬設施規劃應以人性化為原則，並與鄰近環境景觀力求協調，其空地宜多植花木。

公墓內應劃定公共綠化空地，綠化空地面積占公墓總面積比例，不得小於十分之三。公墓內墳墓造型採平面草皮式者，其比例不得小於十分之二。

於山坡地設置之公墓，應有前項規定面積二倍以上之綠化空地。

專供樹葬之公墓或於公墓內劃定一定區域實施樹葬者，其樹葬面積得計入綠化空地面積。但在山坡地上實施樹葬面積得計入綠化空地面積者，以喬木為之者為限。

實施樹葬之骨灰，應經骨灰再處理設備處理後，始得為之。以裝入容器為之者，其容器材質應易於腐化且不含毒性成分。

第十八條　殯葬設施之啟用及販售

設置、擴充、增建或改建殯葬設施完竣，應備具相關文件，經直轄市、縣（市）主管機關檢查符合規定，並將殯葬設施名稱、地點、所屬區域及設置者之名稱或姓名公告後，始得啟用、販售墓基或骨灰（骸）存放單位。

其由直轄市、縣（市）主管機關設置、擴充、增建或改建者，應報請中央主管機關備查。

前項應備具之文件，由直轄市、縣（市）主管機關定之。

第十九條　墓葬之骨灰處理方式

直轄市、縣（市）主管機關得會同相關機關劃定一定海域，實施骨灰拋灑；或於公園、綠地、森林或其他適當場所，劃定一定區域範圍，實施骨灰拋灑或植存。

前項骨灰之處置，應經骨灰再處理設備處理後，始得為之。如以裝入容器為之者，其容器材質應易於腐化且不含毒性成分。實施骨灰拋灑或植存之區域，不得施設任何有關喪葬外觀之標誌或設施，且不得有任何破壞原有景觀環境之行為。

第一項骨灰拋灑或植存之實施規定，由直轄市、縣

（市）主管機關定之。

第三章　殯葬設施之經營管理

第二十條　殯葬設施管理單位或管理員之設置

直轄市、縣（市）或鄉（鎮、市）主管機關，為經營殯葬設施，得設殯葬設施管理機關（構），或置殯葬設施管理人員。

前項殯葬設施於必要時，並得委託民間經營。

第二十一條　移動式火化設施經營火化業務之申請主體及火化地點限制

殯儀館及火化場經營者得向直轄市、縣（市）主管機關申請使用移動式火化設施，經營火化業務；其火化之地點，以合法設置之殯葬設施及其他經直轄市、縣（市）主管機關核准之範圍內為限。

前項設施之設置標準及管理辦法，由中央主管機關會同相關機關定之。

第二十二條　屍體埋葬、骨骸起掘及骨灰之處理方式

埋葬屍體，應於公墓內為之。骨骸起掘後，應存放於骨灰（骸）存放設施或火化處理。

骨灰除本條例或自治法規另有規定外，以存放於骨灰（骸）存放設施為原則。

公墓不得收葬未經核發埋葬許可證明之屍體。骨灰（骸）之存放或埋藏，應檢附火化許可證明、起掘許可證明或其他相關證明。火化場或移動式火化設施，不得火化未經核發火化許可證明之屍體。但依法遷葬者，不在此限。

申請埋葬、火化許可證明者，應檢具死亡證明文件，向直轄市、市、鄉（鎮、市）主管機關或其授權之機關申請核發。

第二十三條　墓區、墓基之劃分及面積之限制

公墓內應依地形劃分墓區，每區內劃定若干墓基，編定墓基號次，每一墓基面積不得超過八平方公尺。但二棺以上合葬者，每增加一棺，墓基得放寬四平方公尺。其屬埋藏骨灰者，每一骨灰盒（罐）用地面積不得超過零點三六平方公尺。

直轄市、縣（市）主管機關為節約土地利用，得考量實際需要，酌減前項面積。

第二十四條　棺柩埋葬深度及墓頂高度

埋葬棺柩時，其棺面應深入地面以下至少七十公分，墓頂至高不得超過地面一公尺五十公分，墓穴並應嚴密封固。因地方風俗或地質條件特殊報經直轄市、縣（市）主管機關核准者，不在此限。但其墓頂至高不得超過地面二公尺。

埋藏骨灰者，應以平面式為之。但以公共藝術之造型設計，經殯葬設施審議委員會審查通過者，不在此限。

第二十五條　公墓墓基及骨灰（骸）存放設施之使用年限及期限屆滿之處理方式

直轄市、縣（市）或鄉（鎮、市）主管機關得經同級立法機關議決，規定公墓墓基及骨灰（骸）存放設施之使用年限。

前項埋葬屍體之墓基使用年限屆滿時，應通知遺族撿

骨存放於骨灰（骸）存放設施或火化處理之。埋藏骨灰之墓基及骨灰（骸）存放設施使用年限屆滿時，應由遺族依規定之骨灰拋灑、植存或其他方式處理。無遺族或遺族不處理者，由經營者存放於骨灰（骸）存放設施或以其他方式處理之。

第二十六條　墳墓起掘許可之要件

公墓內之墳墓棺柩、屍體或骨灰（骸），非經直轄市、市、鄉（鎮、市）主管機關或其授權之機關核發起掘許可證明者，不得起掘。但依法遷葬者，不在此限。

第二十七條　無主墳墓之確認起掘與處理方式

直轄市、縣（市）或鄉（鎮、市）主管機關對其公立公墓內或其他公有土地上之無主墳墓，得經公告三個月確認後，予以起掘為必要處理後，火化或存放於骨灰（骸）存放設施。

第二十八條　殯葬設施更新遷移之時機及辦理更新遷移計畫之核准備查

公立殯葬設施有下列情形之一，直轄市、縣（市）、鄉（鎮、市）主管機關得辦理更新或遷移：

一、不敷使用者。

二、遭遇天然災害致全部或一部無法使用。

三、全部或一部地形變更。

四、其他特殊情形。

辦理前項公立殯葬設施更新或遷移，應擬具更新或遷移計畫。其由鄉（鎮、市）主管機關更新或遷移者，應報請縣主管機關核准；其由直轄市、縣（市）主管機關更新或遷移者，應報請中央主管機關備查。

符合第一項各款規定情形之私立殯葬設施，其更新或遷移計畫，應報請直轄市、縣（市）主管機關核准。

第二十九條　公墓及骨灰（骸）存放設施登記簿之設置

公墓、骨灰（骸）存放設施應設置登記簿永久保存，並登載下列事項：

一、墓基或骨灰（骸）存放單位編號。

二、營葬或存放日期。

三、受葬者之姓名、性別、出生地及生死年月日。

四、墓主或存放者之姓名、國民身分證統一編號、出生地、住址與通訊處及其與受葬者之關係。

五、其他經主管機關指定應記載之事項。

第三十條　殯葬設施內設施之維護及設施損壞之通知

殯葬設施內之各項設施，經營者應妥為維護。

公墓內之墳墓及骨灰（骸）存放設施內之骨灰（骸）櫃，其有損壞者，經營者應即通知墓主或存放者。

第三十一條　私立殯葬設施核准事項變更之報請核准

私立殯葬設施於核准設置、擴充、增建或改建後，其核准事項有變更者，應備具相關文件報請直轄市、縣（市）主管機關核准。

第三十二條　管理費專戶之設置

私立公墓、骨灰（骸）存放設施經營者應以收取之管理費設立專戶，專款專用。本條例施行前已設置之私立公墓、骨灰（骸）存放設施，亦同。

前項管理費專戶管理辦法，由中央主管機關定之。

第三十三條　殯葬設施基金管理委員會之設置

私立或以公共造產設置之公墓、骨灰（骸）存放設施經營者，應將管理費以外之其他費用，提撥百分之二，交由殯葬設施基金管理委員會，依信託本旨設立公益信託，支應重大事故發生或經營不善致無法正常營運時之修護、管理等費用。本條例施行前已設置尚未出售之私立公墓、骨灰（骸）存放設施，自本條例施行後，亦同。

前項殯葬設施基金管理委員會成員至少包含經營者、墓主、存放者及社會公正人士，其中墓主及存放者總人數比例不得少於二分之一。

第一項殯葬設施基金管理委員會之組織及審議程序，由直轄市、縣（市）主管機關定之。

第三十四條　殯葬設施管理之查核及評鑑獎勵

直轄市、縣（市）主管機關對轄區內殯葬設施，應每年查核管理情形，並辦理評鑑及獎勵。

前項查核、評鑑及獎勵之實施規定，由直轄市、縣（市）主管機關定之。

第三十五條　遷葬之認定與補償費、救濟金之發給

墳墓因情事變更致有妨礙軍事設施、公共衛生、都市發展或其他公共利益之虞，經直轄市、縣（市）主管機關轉請目的事業主管機關認定屬實者，應予遷葬。但經公告為古蹟者，不在此限。

前項應行遷葬之合法墳墓，應發給遷葬補償費；其補償基準，由直轄市、縣（市）主管機關定之。但非依法設置之墳墓得發給遷葬救濟金；其要件及標準，由直轄市、縣（市）主管機關定之。

第三十六條　遷葬之程序及屆期未遷葬之處理

依法應行遷葬之墳墓，直轄市、縣（市）主管機關應於遷葬前先行公告，限期自行遷葬，並應以書面通知墓主，及在墳墓前樹立標誌。但無主墳墓，不在此限。

前項期限，自公告日起，至少應有三個月之期間。

墓主屆期未遷葬者，除有特殊情形提出申請，經直轄市、縣（市）主管機關核准延期者外，視同無主墳墓，依第二十七條規定處理之。

第四章　殯葬服務業之管理及輔導

第三十七條　殯葬服務業之分類

殯葬服務業分殯葬設施經營業及殯葬禮儀服務業。

第三十八條　殯葬服務業之許可、登記與開始營業期限

經營殯葬服務業，應向所在地直轄市、縣（市）主管機關申請設立許可後，依法辦理公司或商業登記，並加入殯葬服務業之公會，始得營業。其他法人依其設立宗旨，從事殯葬服務業者，應向所在地直轄市、縣（市）主管機關申請經營許可，領得經營許可證書，始得營業。

殯葬服務業於前項許可設立之直轄市、縣（市）以外之直轄市、縣（市）營業，應持原許可設立證明報請營業所在地直轄市、縣（市）主管機關備查，並受其管理。

殯葬服務業依法辦理公司、商業登記或領得經營許可證書後，應於六個月內開始營業，屆期未開始營業

者，由主管機關廢止其許可。但有正當理由者，得申請展延，其期限以三個月為限。

第一項申請許可之事項及其應備文件，由中央主管機關定之。

第三十九條　專任禮儀師之設置及管理

殯葬服務業具一定規模者，應置專任禮儀師，始得申請許可及營業。

禮儀師之資格及管理，另以法律定之。

第一項一定規模，由中央主管機關於前項法律施行後定之。

第四十條　殯葬禮儀師得執行之業務

具有禮儀師資格者得執行下列業務：

一、殯葬禮儀之規劃及諮詢。

二、殯殮葬會場之規劃及設計。

三、指導喪葬文書之設計及撰寫。

四、指導或擔任出殯奠儀會場司儀。

五、臨終關懷及悲傷輔導。

六、其他經主管機關核定之業務項目。

未取得禮儀師資格者，不得以禮儀師名義執行前項各款業務。

第四十一條　申請經營殯葬服務業之消極資格

有下列各款情形之一者，不得申請經營殯葬服務業；其經許可者，廢止其許可。本條例施行前已依法成立或登記之殯葬服務業，於本條例施行後，其負責人有下列各款情形之一者，亦同：

一、無行為能力或限制行為能力者。

二、受破產之宣告尚未復權者。

三、犯詐欺、背信、侵占罪、性侵害犯罪防治法第二條所定之罪、組織犯罪防制條例第三條第一項、第二項、第六條、第九條之罪，經受有期徒刑一年以上刑之宣告確定，尚未執行完畢或執行完畢或赦免後未滿三年者。但受緩刑宣告者，不在此限。

四、受感訓處分之裁定確定，尚未執行完畢或執行完畢未滿三年者。

五、曾經營殯葬服務業，經主管機關廢止或撤銷許可，自廢止或撤銷之日起未滿五年者。但第三十八條第三項所定屆期未開始營業或第四十九條所定自行停止業務者，不在此限。

六、受第五十六條所定之停止營業處分，尚未執行完畢者。

第四十二條　服務資訊及收費標準之展示

殯葬服務業應將相關證照、商品或服務項目、價金或收費標準展示於營業處所明顯處，並備置收費標準表。

第四十三條　書面契約之訂定

殯葬服務業就其提供之商品或服務，應與消費者訂定書面契約。書面契約未載明之費用，無請求權；並不得於契約訂定後，巧立名目，強索增加費用。

前項書面契約之格式、內容，中央主管機關應訂定定型化契約範本及其應記載及不得記載事項。

殯葬服務業應將中央主管機關訂定之定型化契約書範

本公開並印製於收據憑證交付消費者，除另有約定外，視為已依第一項規定與消費者訂約。

第四十四條　生前殯葬服務契約

與消費者簽訂生前殯葬服務契約之殯葬服務業，須具一定之規模；其有預先收取費用者，應將該費用百分之七十五依信託本旨交付信託業管理。

前項之一定規模，由中央主管機關定之。

中央主管機關對於第一項書面契約，應訂定定型化契約範本及其應記載及不得記載事項。

第四十五條　預立遺囑或填具殯葬意願書

成年人且有行為能力者得於生前就其死亡後之殯葬事宜，預立遺囑或以填具意願書之形式表示之。

死者生前曾為前項之遺囑或意願書者，其家屬或承辦其殯葬事宜者應予尊重。

第四十六條　殯葬服務業之評鑑獎勵

直轄市、縣（市）主管機關對殯葬服務業應定期實施評鑑，經評鑑成績優良者，應予獎勵。

前項評鑑及獎勵之實施規定，由直轄市、縣（市）主管機關定之。

第四十七條　殯葬服務業公會舉辦業務觀摩及教育訓練

殯葬服務業之公會每年應自行或委託學校、機構、學術社團，舉辦殯葬服務業務觀摩交流及教育訓練課程。

第四十八條　殯葬服務業派員參加講習或訓練

殯葬服務業得視實際需要，指派所屬員工參加殯葬講習或訓練。

前項參加講習或訓練之紀錄，列入評鑑殯葬服務業之評鑑項目。

第四十九條　殯葬服務業暫停營業之登記及自行停止營業之處置

殯葬服務業預定暫停營業三個月以上者，應於停止營業之日十五日前，以書面向直轄市、縣（市）主管機關申請停業；並應於期限屆滿十五日前申請復業。

前項暫停營業期間，以一年為限。但有特殊情形者，得向直轄市、縣（市）主管機關申請展延一次，其期間以六個月為限。

殯葬服務業開始營業後自行停止營業連續六個月以上，或暫停營業期滿未申請復業者，直轄市、縣（市）主管機關得廢止其許可。

第五章　殯葬行為之管理

第五十條　使用道路搭棚治喪之核准

辦理殯葬事宜，如因殯儀館設施不足需使用道路搭棚者，應擬具使用計畫報經當地警察機關核准。但以二日為限。

直轄市或縣（市）主管機關有禁止使用道路搭棚規定者，從其規定。

第一項管理辦法，由直轄市、縣（市）主管機關定之。

第五十一條　殯葬服務業提供或媒介非法殯葬設施之禁止

殯葬服務業不得提供或媒介非法殯葬設施供消費者使用。

殯葬服務業不得擅自進入醫院招攬業務；未經醫院或家屬同意，不得搬移屍體。

第五十二條　出殯行經路線之報請備查

殯葬服務業就其承攬之殯葬服務應於出殯前，將出殯行經路線報請辦理殯葬事宜所在地警察機關備查。

第五十三條　妨礙公眾安寧之禁止

殯葬服務業或其他個人提供之殯葬服務，不得有製造噪音、深夜喧嘩或其他妨礙公眾安寧、善良風俗之情事，且不得於晚間九時至翌日上午七時間使用擴音設備。

第五十四條　憲警人員轉介承攬服務之禁止

憲警人員依法處理意外事件或不明原因死亡之屍體程序完結後，除經家屬認領，自行委託殯葬禮儀服務業者承攬服務者外，應即通知轄區或較近之公立殯儀館辦理屍體運送事宜，不得擅自轉介或縱容殯葬服務業逕行提供服務。

公立殯儀館接獲前項通知後，應自行或委託殯葬服務業運送屍體至殯儀館後，依相關規定處理。

非依前二項規定或未經家屬同意，自行運送屍體者，不得請求任何費用。

第一項屍體無家屬認領者，其處理之實施規定，由直轄市、縣（市）主管機關定之。

第六章　罰則

第五十五條　罰則

殯葬設施經營業違反第七條第一項或第三十一條規定，未經核准或未依核准之內容設置、擴充、增建、改建殯葬設施，或違反第十八條規定擅自啟用、販售墓基或骨灰（骸）存放單位，經限期改善或補辦手續，屆期仍未改善或補辦手續者，處新臺幣三十萬元以上一百萬元以下罰鍰，並得連續處罰之。未經核准，擅自使用移動式火化設施經營火化業務，或火化地點未符第二十一條第一項規定者，亦同。

前項處罰，無殯葬設施經營業者，處罰設置、擴大、增建或改建者；無設置者，處罰販售者。

發現有第一項之情形，應令其停止開發、興建、營運或販售墓基及骨灰（骸）存放單位，拒不從者，除強制拆除或恢復原狀外，並處新臺幣六十萬元以上三百萬元以下罰鍰。

第五十六條　罰則

違反第二十二條第一項規定者，除處新臺幣三萬元以上十萬元以下罰鍰外，並限期改善，屆期仍未改善者，得按日連續處罰；必要時，由直轄市、縣（市）主管機關起掘火化後為適當之處理，其所需費用，向墓地經營人、營葬者或墓主徵收之。

違反第二十二條第三項之規定擅自收葬、存放、埋藏或火化屍體、骨灰（骸）者，處一年以下有期徒刑；得併科新臺幣十萬元以上三十萬元以下罰金。 私立殯儀館、火化場，違反第二十二條第三項規定火化屍體，且涉及犯罪事實者，除行為人依法送辦外，得勒令其停止營業六個月至一年。其情節重大者，得廢止其許可。

第五十七條　罰則

違反第二十三條第一項規定面積，經限期改善，屆期仍未改善者，處新臺幣六萬元以上三十萬元以下罰鍰；超過面積達一倍以上者，按其倍數處罰之。

第五十八條　罰則

違反第二十四條第一項規定，經限期改善，屆期仍未改善者，處新臺幣十萬元以上三十萬元以下罰鍰；超過高度達一倍以上者，按其倍數處罰之。

第五十九條　罰則

違反第二十六條規定者，處新臺幣三萬元以上十萬元以下罰鍰。

第六十條　罰則

違反第二十九條規定，經限期補正，屆期仍未補正者，處新臺幣一萬元以上三萬元以下罰鍰。就同條第二款、第四款之事項，故意為不實之記載者，處新臺幣三十萬元以上一百萬元以下罰鍰。

第六十一條　罰則

違反第三十二條第一項或第三十三條第一項規定者，依所收取之管理費及其他費用之總額，定其罰鍰之數額，處罰之。

第六十二條　罰則

違反第三十八條第一項規定經營殯葬服務業者，除勒令停業外，並處新臺幣六萬元以上三十萬元以下罰鍰。其不遵從而繼續營業者，得連續處罰。

第六十三條　罰則

違反第三十九條第一項規定者，處新臺幣五萬元以上五十萬元以下罰鍰外，並應禁止其繼續營業。拒不遵從者，按次加倍處罰之。

第六十四條　罰則

違反第四十二條或第四十三條第一項規定，經限期改善，屆期不改善者，處新臺幣三萬元以上十萬元以下罰鍰，並得連續處罰之。

第六十五條　罰則

違反第四十四條第一項規定，經限期改善，屆期不改善者，處新臺幣六萬元以上三十萬元以下罰鍰。情節重大者，並得廢止其許可。

第六十六條　罰則

未具禮儀師資格，違反第四十條第二項之規定以禮儀師名義執行業務者，除勒令改善外，並處新臺幣六萬元以上三十萬元以下罰鍰。其不遵從改善者，並得連續處罰之。

第六十七條　罰則

殯葬服務業違反第四十九條第一項、第五十條、第五十一條、第五十二條或第五十三條規定者，處新臺幣三萬元以上十萬元以下罰鍰，經限期改善，屆期仍未改善者，得連續處罰。情節重大或再次違反者，得廢止其許可。

前項處罰規定，於個人違反第五十三條規定時，亦同。

第六十八條　罰則

憲警人員違反第五十四條第一項或第三項規定者，除移送所屬機關依法懲處外，並處新臺幣三萬元以上十萬元以下罰鍰。

第六十九條　強制執行

依本條例所處罰鍰及依第五十六條應徵收之費用，經限期繳納，屆期仍未繳納者，依法移送強制執行。

第七章　附則

第七十條　主管機關擬訂計畫及編列預算

為落實殯葬設施管理，推動公墓公園化、提高殯葬設施服務品質及鼓勵火化措施，主管機關應擬訂計畫，編列預算執行之。

第七十一條　醫院附設殯葬設施之管理

醫院附設殮、殯、奠、祭設施，其管理辦法，由中央衛生主管機關定之。

第七十二條　本條例施行前寺廟或非法人設立設施之過渡措施

本條例公布施行前，寺廟或非營利法人設立五年以上之公私立公墓、骨灰（骸）存放設施得繼續使用。但應於二年內符合本條例之規定。

第七十三條　本條例施行前設置之私人墳墓之修繕

本條例施行前依法設置之私人墳墓，於本條例施行後僅得依原墳墓形式修繕，不得增加高度及擴大面積。

經依第二十五條規定公墓墓基及骨灰（骸）存放設施之使用年限者，其轄區內私人墳墓之使用年限及使用年限屆滿之處理，準用同條規定。

中華民國七十二年十一月十一日墳墓設置管理條例公布施行前，經主管機關核准設置之私立公墓，其緊鄰區域已提供殯葬使用，並符合第八條之規定者，於本條例施行後一年內，得就現況依第六條及第七條規定辦理擴充、增建之補正申請，不受第五十五條第三項強制拆除或恢復原狀之限制。

第七十四條　殯葬服務業置殯葬禮儀師之過渡措施

本條例公布施行前，已領得公司登記或商業登記證書之具一定規模殯葬服務業，於本條例公布施行後三年內得繼續營業，期間屆滿前，應補送聘禮儀師證明，經主管機關備查，始得繼續營業。

第七十五條　施行細則

本條例施行細則，由中央主管機關定之。

第七十六條　施行日

本條例施行日期，由行政院定之。

二、法規沿革

（一）中華民國九十一年七月十七日總統華總一義字第09100139490號令制定公布全文七十六條；中華民國九十一年七月二十九日行政院院臺內字第0910038417號令發布第一至二十、二十二至三十一、三十四至三十六、五十五至六十、六十九至七十三、七十五、七十六條自九十一年七月十九日施行；其餘條文定於九十二年七月一日施行。

（二）中華民國九十六年七月四日總統華總一義字第09600085751號令修正公布第九條條文；施行日期，由行政院定之中華民國九十八年十二月三日行政院院臺秘字第0980074814號令發布定自九十六年七月六日施行。

（三）中華民國九十八年五月十三日總統華總一義字第09800118831號令修正公布第三十五條條文；中華民國九十八年十二月三日行政院院臺秘字第0980074814號令發布定自九十。

（四）中華民國九十九年一月二十七日總統華總一義字第09900017951號令修正公布第十三條條文；施行日期，由行政院定之中華民國九十九年三月八日行政院院臺秘字第0990010123號令發布定自九十九年四月三十日施行。

附錄二　國民禮儀範例

行政院59年10月9日臺五十九內字第9113號令核定
內政部59年10月23日臺內民字第388948號令公布
行政院68年5月1日臺六十八內字第4074號函修正核定
內政部68年5月25日臺內民字第17722號令修正發布
行政院80年1月16日臺八十內字第2078號函核定修正
內政部80年1月26日臺（80）內民字第891300號函修正頒行

第一章　總　　則

第一條　本範例各種禮儀，係參照我國固有禮俗暨現代社會生活狀況訂定之。

第二條　覲見元首，升降國旗，國家慶典與祭典及外交、軍事等禮儀，依有關法令規定辦理；法令所未規定者，準本範例類推行之。

第三條　國民遵守傳統禮儀或信仰宗教者，其成年、婚、喪、祭禮等得依固有儀式行之。

⋮　　⋮　　⋮

第五章　喪禮

第一節　治喪

第四十五條　喪事應訃告至親好友，並得設治喪委員會治喪。

附訃告參考式樣如下：

一、由家屬具名之訃告

顯考（○○公）／顯妣（○（太）夫人）慟於中華民國○○年○月○日○午○時逝世距生於民國○○年○月○日享年（壽）○○歲○○等遵禮成服謹擇於○○年○月○日（星期

○）○午○時在○○（處所）設奠家祭○時公祭隨即於○午○時

發引安葬於○○○（某地）
移　　靈○○○火葬　　哀此訃

聞

（稱　謂）

○　○　○等泣啟

二、由治喪委員會具名之訃告

○○○（先生／女士）不幸於中華民國○○年○月○日○午○時逝世距生於民國○○年○月○日享年（壽）○○歲茲訂於○○年○月○日（星期○）○午○時在○○（處所）設奠家祭○時公祭隨即於○午○時

出殯安葬於○○○（某地）
移　　靈○○○火葬　　謹此訃

聞

○○○（先生／女士）治喪委員會謹啟

第四十六條　亡故者入殮，家屬依本章第五節之所定分別成服，並在柩前設置靈案、遺像或靈位。

第四十七條　大殮蓋棺前，家屬及親友得瞻視遺容。

第二節　奠弔

第四十八條　家奠在出殯前行之，其儀式如下：

一、奠禮開始。

二、與奠者就位。

三、奏哀樂（不用樂者略）。

四、上香。

五、獻奠品（獻花、獻爵、獻饌）。

六、讀奠文（不用奠文者略）。

七、向遺像或靈位行禮（本款之行禮指鞠躬或跪拜、直系卑親屬家奠時行跪拜禮）。

八、奏哀樂（不用樂者略）。

九、禮成。

第四十九條　親友奠弔應向遺像或靈位行禮，並向其家屬致唁，團體奠祭得參照前條所定之儀式辦理。親友行禮時，家屬於案側答禮。

第五十條　親友之喪，應臨弔展奠，道遠者得函電致唁；奠弔時，應肅穆靜默，不得製造噪音及妨害鄰里安寧。

第五十一條　靈堂宜設在適當處所，應避免妨害交通及觀瞻。

靈堂佈置暨參加奠弔位置如下：

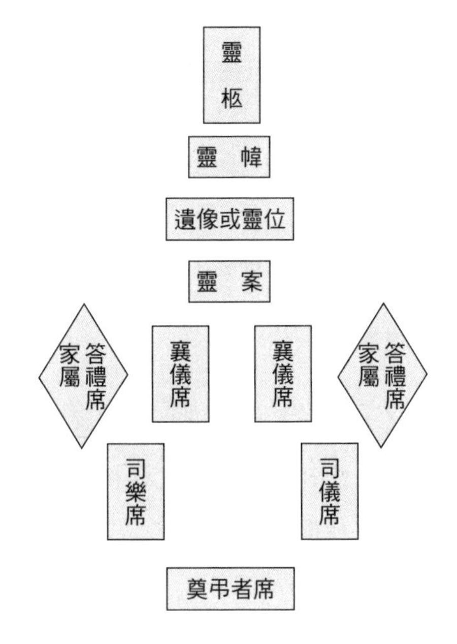

第三節　出殯

第五十二條　出殯時，親屬向遺像或靈位行啟靈禮後，撤幃、舁柩啟行，其次序如下：

一、前導（標明○○○○○之喪）。

二、儀仗（不用儀仗者略）。

三、樂隊（應用國民禮儀樂曲；不用樂隊者略）。

四、遺像。

五、靈柩。

六、靈位（孝子或孝女恭奉）。

七、重服親屬。

八、親屬。

九、送殯者。

第五十三條　送殯親友，宜著素色或深色服裝，並佩帶黑紗或素花。除至親好友外，家屬可於啟靈後懇辭。

第四節　安葬

第五十四條　靈柩至葬所，舉行安葬禮，其儀式如下：

一、安葬禮開始。

二、全體肅立。

三、主奠者就位。

四、奏哀樂（不用樂者略）。

五、上香。

六、獻奠品（獻花、獻爵、獻饌）。

七、讀安葬文（不用安葬文者略）。

八、向靈柩行禮（本款之行禮指鞠躬，但直系卑親屬行跪拜禮）。

九、扶靈柩入壙。

十、掩土封壙（火葬者略）。

十一、奏哀樂（不用樂者略）。

十二、禮成。

靈柩安葬畢，親屬奉遺像或靈位歸。

火葬者遺骨宜奉置靈（納）骨堂（塔）。

第五節　喪期及喪服

第五十五條　為亡故親人服喪日期，自其逝世日起算，喪期分下列五等：

等別	服喪日期	亡故親人
一	三年之喪（實二十五月）	父、母
二	一年之喪	祖父（母）、伯叔父（母）、夫妻、兄、弟、姊、妹、姑、夫之父（母）、子、女、姪（姪女）、過繼者及養子女為親生父母
三	九月之喪	堂兄（弟）、夫之祖父（母）、夫之伯叔父（母）、孫男（女）
四	五月之喪	伯叔祖父（母）、堂伯叔父（母）、從堂兄（弟）、姑表兄（弟、姊、妹）、堂姊（妹）、姨母、外祖父（母）、兄弟之妻（媳）
五	三月之喪	曾祖父（母）、父之姑、孫媳、曾孫、甥（甥女）、婿、舅、姨表兄（弟、姊、妹）

對於妻族或未規定服喪期之親屬，得比照前項相當親等親屬之所定服喪。

第五十六條　喪服依下列之所定，在入殮、祭奠及出殯時服之：

一、三年之喪，服粗麻布衣，冠履如之。

二、一年之喪，服苧麻布衣冠，素履。

三、九月之喪，服藍布衣冠，素履。

四、五月之喪，服黃布衣冠。

五、三月之喪，服素服。

第五十七條　亡故者家屬於服喪期內依下列方式，在手臂或髮際（位置視亡故者性別而定，男左女右）佩帶服喪標誌：

一、服三年之喪者，初喪用粗麻布，三月後改用黑、白布（紗、毛線）。

二、服一年之喪者，初喪用苧麻布，三月後改用黑、白布（紗、毛線）。

三、服九月、五月、三月之喪者，用黑或白布（紗、毛線）。

第五十八條　亡故者親屬在服喪期間，依下列所定守喪：

一、服三年或一年之喪者，在服喪初三個月內，停止宴會與娛樂；在服喪初六個月內，宜停止嫁娶。服喪期滿於家祭之日除服，在除服前，蓋私章用藍色，函札自稱加〔制字〕。

二、服九月以下之喪者，在服喪初一個月內，停止宴會與娛樂。於期滿除服之日宜對亡故者舉行家祭。

第五十九條　本章各條所定之事項，在有特殊習俗之地區，得從其習俗；亡故者立有遺囑者，得從其遺囑。

第六章　祭禮

第一節　公祭

第六十條　具有下列各款之一者，得由有關機關、學校或公私團體決定舉行公祭：

一、先聖先賢先烈。

二、對國家民族確有卓越功勳者。

三、對社會人群、文教民生有特殊貢獻者。

四、仗義為公、除暴禦侮而捐軀者。

五、年高望重者、德行優異者。

六、對各該機關、學校、團體有特殊貢獻者。

第六十一條　公祭前，應推定主祭者、陪祭者，並得邀受祭者家屬或後裔參加。

第六十二條　公祭之儀式如下：

一、公祭開始。

二、全體肅立。

三、主祭者就位。

四、陪祭者就位。

五、與祭者就位。

六、奏樂（不用樂者略）。

七、上香。

八、獻祭品（獻花、獻爵、獻饌）。

九、讀祭文（不用祭文者略）。

十、向遺像（靈位、墓位）行三鞠躬禮。

十一、家屬（或後裔）答禮。

十二、報告行誼（宜簡要，亦可從略）。

十三、奏樂或唱紀念歌（亦可從略）。

十四、禮成。

第六十三條　公祭之席位如下：

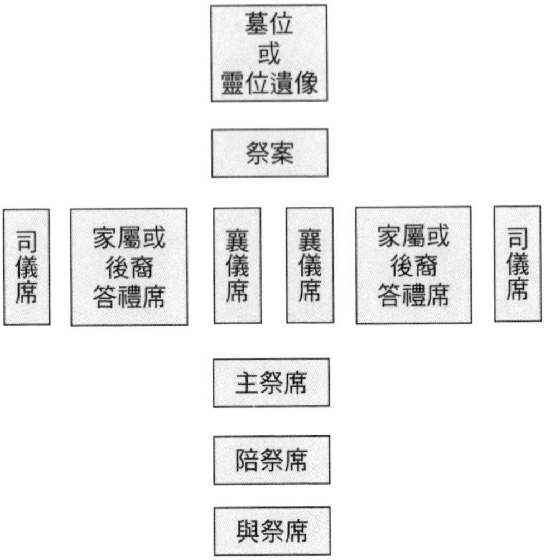

墓位或靈位遺像

祭案

司儀席	家屬或後裔答禮席	襄儀席	襄儀席	家屬或後裔答禮席	司儀席

主祭席

陪祭席

與祭席

第二節　家祭

第六十四條　凡家屬、宗親舉行之家祭，在服喪期滿或歲時令節，或受祭者冥誕忌日，於宗祠、墓地或其他適當場所行之，如人數眾多，得由家長或族長主祭，與祭者依行輩次序排列，由主祭者領導行禮。

第六十五條　家祭參照下列儀式行之，亦得僅備線香、祭品，依本條第九款所定行禮。

一、家祭開始。

二、全體肅立。

三、主祭者就位。

四、與祭者就位。

五、奏樂（不用樂者略）。

六、上香。

七、獻祭品（獻花、獻爵、獻饌）。

八、讀祭文（不用祭文者略）。

九、向祖先神位（遺像、靈位、墓位）行禮（本款之行禮指鞠躬或跪拜）。

十、恭讀遺訓或報告行誼（無遺訓或報告者略）。

十一、奏樂（不用樂者略）。

十二、禮成。

第七章　附則

第六十六條　本範例推行要點另定之。

第六十七條　本範例自頒行日實施

附錄三　臺灣殯葬服務產業概述

第一節　臺灣殯葬設施概況

有關「殯葬服務」方面之殯葬設施概況，依據內政部統計發布之2009年第三十六週「內政統計通報」顯示之統計數據，至2008年底止，臺灣地區殯儀館計有四十二處，各縣市殯儀館數以雲林縣六處、彰化縣五處較多；新竹縣及苗栗縣則尚未設有殯儀館，其中公立殯儀館計有四十一處，私立經營者為殯儀館一處；各地殯儀館之禮堂共計有267間，其中公立殯殮禮堂263間，私立經營者之殯殮禮堂則有4間；屍體冷凍室最大容量為3,210具，分別較2007年底增加6間、減少7具；火化場則有三十四處，火化爐共一百七十九座，分別較2007年底減少一處及五座，各縣市火化場以花蓮縣四處、宜蘭縣、臺南縣及屏東縣各三處較多，僅彰化縣、嘉義縣及連江縣仍未設有火化場；而火化場火化屍體數占死亡人數之比率逐年提高，2008年共火化126,442具，占當年死亡人數的88.06%，較2007年增加0.28個百分點，且較十年前大幅增加30.13個百分點，此顯示屍體火化觀念已被臺灣地區民眾所廣泛接受。在平均殯殮數方面，如以殯殮屍體數除以禮堂數，則2008年平均每禮堂殯殮屍體數為205具，各縣市中以臺北市725具最多、臺北縣623具次之、新竹市485具居第三。而在平均火化屍體數方面，2008年平均每座火化爐火化屍體數為706具，各縣市中以臺北市2,416具最多、嘉義市1,102具次之、南投縣1,032具居第三。

而有關「營葬安厝」方面之殯葬設施概況，依據內政部統計發布之2009年第三十五週「內政統計通報」顯示之統計數據，至2008年底止，臺灣地區公墓設施計有三千一百四十八處，占地9,540公頃，與2001年底相比較處數增加4.1%，面積則減少5.9%；其中公立公墓計三千零八十二處、土地面積9,049公頃，私立公墓有六十六處、土地面積491公頃；若與2001年底相比較，公立增加一百八十處、私立減少五十六處，惟土地面積不論公、私立均較為減少；2008年公墓新埋葬人數15,258具，占全國死亡人數之10.6%，較2001年減少8.3個百分點；各縣市公墓處數則以臺南縣三百三十七處、屏東縣三百三十一處、嘉義縣二百八十二處較多，土地面積則以屏東縣、臺南縣及臺北縣較大。相對於公墓使用量之逐年減少，納骨塔等骨灰（骸）存放設施則逐年擴增，2008年底計四百零九座，共可安厝7,993,190位骨灰（骸），容量較2001年底增加67.1%，新安厝數量則有171,628位（包括骨骸44,256位、骨灰127,372位），使用率達二成六，分別較2001年底增加40.7%及3.9個百分點；其中公立三百三十六座、私立七十三座，分別較2001年底增加八十及二十六座；骨灰（骸）存放設施以彰化縣四十九座、雲林縣四十五座、臺北縣三十二座較多，容量則以臺北縣、臺中縣及臺南縣較多，使用率以高雄市91.3%為最高。

上述數據詳細資料請參閱**附表3-1**「歷年殯儀館及火化場設施概況」、**附表3-2**「縣市別殯儀館及火化場設施概況」、**附表3-3**「公墓及骨灰（骸）存放設施概況」及**附表3-4**「縣市別公墓及骨灰（骸）存放設施概況」。

附表3-1　歷年殯儀館及火化場設施概況

年別	殯儀館					火化場			
	館數(處)②	禮堂數(間)②	冷凍室最大容量(具)②	全年殯殮屍體數量(具)	占死亡人數(%)	處數②	火化爐數(座)②	全年火化屍體數量(具)	占死亡人數(%)
民國87年	34	185	1,921	45,359	36.73	29	117	71,532	57.93
民國88年	32	182	2,305	48,666	38.42	29	123	79,364	62.66
民國89年	33	188	2,615	54,061	42.90	31	132	84,225	66.84
民國90年	32	191	2,599	52,270	40.87	31	144	90,597	70.84
民國91年	34	194	2,740	51,527	40.14	31	146	95,521	74.42
民國92年	36	204	2,797	50,723	38.65	31	149	101,294	77.19
民國93年	38	231	2,891	53,605	39.78	34	168	106,530	79.05
民國94年	38	235	3,024	51,628	36.94	34	170	114,478	81.90
民國95年	39	248	3,081	49,550	36.33	34	176	117,044	85.83
民國96年	42	261	3,217	54,021	38.48	35	184	123,217	87.78
民國97年	42	267	3,210	54,668	38.07	34	179	126,442	88.06
較96年增減(%)	—	2.30	-0.22	1.20	①-0.41	-2.86	-2.72	2.62	①0.28

資料來源：各直轄市、縣（市）政府。
說　　明：1.死亡人數係按發生日期統計。
　　　　　2.部分殯葬設施因老舊不堪使用辦理報廢：彰化縣和美鎮冷凍室減少12具、宜蘭縣火化場減少1處、臺北市火化爐減少6座。
附　　註：①係指增減數。
　　　　　②係指年底數。

附表3-2　民國97年縣市別殯儀館及火化場設施概況

縣市別	殯儀館				火化場			
	館數(處)①	禮堂數(間)①	全年殯殮屍體數量(具)	平均每禮堂殯殮屍體數(具)	處數①	火化爐數(座)①	全年火化屍體數量(具)	平均每座火化爐火化屍體數(具)
總　計	42	267	54,668	205	34	179	126,442	706
臺北縣	1	15	9,351	623	1	12	11,825	985
宜蘭縣	1	4	1,140	285	3	6	2,986	498
桃園縣	2	14	2,359	169	2	14	8,855	633
新竹縣	-	-	-	-	1	3	1,706	569
苗栗縣	-	-	-	-	2	5	1,259	252
臺中縣	1	3	631	210	1	4	3,804	951
彰化縣	5	20	1,218	61	-	-	-	-
南投縣	2	5	319	64	1	8	8,255	1,032
雲林縣	6	10	646	65	1	7	4,879	697
嘉義縣	3	11	149	14	-	-	-	-
臺南縣	2	12	480	40	3	16	6,534	408

（續）附表3-2 民國97年縣市別殯儀館及火化場設施概況

縣市別	殯儀館				火化場			
	館數(處)①	禮堂數(間)①	全年殯殮屍體數量(具)	平均每禮堂殯殮屍體數(具)	處數①	火化爐數(座)①	全年火化屍體數量(具)	平均每座火化爐火化屍體數(具)
高雄縣	1	5	500	100	1	5	2,976	595
屏東縣	2	7	885	126	3	11	6,962	633
臺東縣	2	11	694	63	2	5	1,430	286
花蓮縣	1	3	505	168	4	14	2,786	199
澎湖縣	1	1	75	75	1	3	472	157
基隆市	1	23	2,063	90	1	6	3,671	612
新竹市	1	3	1,456	485	1	6	3,735	623
臺中市	1	14	5,456	390	1	12	11,388	949
嘉義市	1	6	1,157	193	1	4	4,406	1,102
臺南市	1	57	4,862	85	1	10	6,253	625
臺北市	2	20	14,496	725	1	8	19,330	2,416
高雄市	1	17	6,183	364	1	18	12,887	716
金門縣	1	3	41	14	1	2	43	22
連江縣	3	3	2	1	-	-	-	-

資料來源：各直轄市、縣（市）政府。
附　　註：①係指年底數。

附表3-3 公墓及骨灰（骸）存放設施概況

年底別	公墓				骨灰（骸）存放設施					
	處數(處)	土地面積(公頃)	全年埋葬人數(具)	占死亡人數(%)②	座數(座)	最大容量(位)	使用率(%)	全年納入數量(位)	骨骸	骨灰
民國90年底	3,024	10,132.85	24,233	18.95	303	4,784,908	21.67	121,949	37,424	84,525
民國91年底	3,163	10,046.11	23,477	18.29	348	5,602,561	21.86	131,631	55,211	76,420
民國92年底	3,154	10,462.90	20,358	15.51	350	6,360,130	20.06	132,385	46,531	85,854
民國93年底	3,150	9,595.46	23,003	17.07	356	6,727,045	21.03	134,014	44,970	89,044
民國94年底	3,162	9,658.29	20,488	14.66	363	7,098,913	21.53	150,728	46,327	104,401
民國95年底	3,161	9,681.52	19,253	14.12	385	7,500,614	22.66	162,849	48,796	114,053
民國96年底	3,148	9,591.15	16,251	11.58	405	7,702,693	24.29	173,311	47,271	126,040
民國97年底	3,148	9,539.91	15,258	10.63	409	7,993,190	25.56	171,628	44,256	127,372
較90年底增減(%)	4.10	-5.85	-37.04	①-8.32	34.98	67.05	①3.89	40.74	18.26	50.69
較96年底增減(%)	–	-0.53	-6.11	①-0.95	0.99	3.77	①1.27	-0.97	-6.38	1.06

資料來源：各直轄市、縣（市）政府。
附　　註：①係指增減百分點。
　　　　　②死亡人數係按發生日期統計。

附表3-4　民國97年底縣市別公墓及骨灰（骸）存放設施概況

縣市別	公墓			骨灰（骸）存放設施			
	處數(處)	土地面積(公頃)	全年埋葬人數(具)	座數(座)	最大容量(位)	已使用量(位)	使用率(%)
總計	3,148	9,539.91	15,258	409	7,993,190	2,043,099	25.56
臺北縣	232	888.61	2,022	32	1,939,692	209,816	10.82
宜蘭縣	61	312.88	1,162	12	64,706	22,105	34.16
桃園縣	120	241.88	871	13	258,148	54,689	21.19
新竹縣	130	173.75	696	7	129,027	18,129	14.05
苗栗縣	210	525.92	478	12	170,233	62,539	36.74
臺中縣	178	737.81	1,182	29	1,091,643	134,230	12.30
彰化縣	255	831.95	1,840	49	503,129	301,500	59.92
南投縣	208	766.12	1,034	29	330,651	102,356	30.96
雲林縣	256	374.79	1,405	45	264,630	148,308	56.04
嘉義縣	282	525.68	728	25	346,097	105,119	30.37
臺南縣	337	944.38	979	31	600,229	175,819	29.29
高雄縣	215	657.45	481	20	439,391	132,982	30.27
屏東縣	313	1,078.76	714	26	202,339	63,450	31.36
臺東縣	117	209.07	362	18	58,206	28,168	48.39
花蓮縣	87	182.04	456	13	65,517	20,046	30.60
澎湖縣	47	205.99	53	12	78,318	37,830	48.30
基隆市	8	133.18	115	3	234,584	14,931	6.36
新竹市	13	97.35	29	3	121,907	51,223	42.02
臺中市	3	47.62	206	7	214,960	68,461	31.85
嘉義市	1	57.36	49	2	13,592	8,251	60.70
臺南市	19	76.27	55	4	471,158	91,730	19.47
臺北市	42	314.44	73	3	303,937	150,592	49.55
高雄市	4	128.73	43	8	34,880	31,846	91.30
金門縣	5	23.16	217	1	54,140	8,035	14.84
連江縣	5	4.72	8	5	2,076	944	45.47

資料來源：各直轄市、縣（市）政府。

第二節　臺灣殯葬服務的產值規模

要評估臺灣殯葬服務的產值規模，一般是從「殯葬服務約估產值＝當年死亡人數×殯葬服務個案平均治喪費用」之計算公式來推算每一年的數據。

臺灣地區年度死亡人數方面，根據內政部統計，近年來臺灣地區的死亡率逐漸攀升（見**附表3-5**），2008年已達到千分之六，死亡人數為143,594人，分別較2001年增加0.52‰及15,702人。

至於臺灣地區殯葬服務個案平均治喪費用依據內政部在2006年所公布針對臺閩地區殯葬消費行為之委外研究調查結果顯示，國人喪葬支出形式第一類型為採統包套裝服務，且包含安葬費用者，其

附表3-5　我國人口死亡數（率）概況（按發生日期分）

單位：人；0/00；歲

年別	死亡數	按性別分		按15歲年齡組分							死亡者平均年齡	標準化粗死亡率
		男	女	0-14歲	15-29歲	30-44歲	45-59歲	60-74歲	75-89歲	90歲以上		
民國88年	126,654	78,293	48,361	3,641	4,759	11,110	18,080	40,836	43,135	5,093	65.59	5.75
粗死亡率	5.75	6.94	4.51	0.76	0.83	1.97	5.45	20.84	72.75	204.98	－	－
民國89年	126,016	78,244	47,772	3,233	4,482	10,798	18,310	39,732	43,984	5,477	66.08	5.52
粗死亡率	5.68	6.89	4.41	0.69	0.79	1.91	5.27	19.93	69.75	200.85	－	－
民國90年	127,892	79,481	48,411	2,912	4,077	10,536	18,785	39,985	45,679	5,918	66.69	5.39
粗死亡率	5.72	6.96	4.43	0.62	0.73	1.86	5.15	19.76	67.88	197.99	－	－
民國91年	128,357	79,231	49,126	2,515	3,933	10,105	18,787	39,122	47,524	6,371	67.32	5.21
粗死亡率	5.71	6.91	4.47	0.54	0.71	1.79	4.93	19.11	66.44	188.96	－	－
民國92年	131,229	80,619	50,610	2,298	3,733	10,202	19,508	38,879	49,532	7,077	67.75	5.13
粗死亡率	5.82	7.01	4.57	0.51	0.67	1.81	4.90	18.80	65.33	185.65	－	－
民國93年	134,765	83,491	51,274	2,200	3,791	10,401	20,524	38,168	51,838	7,843	68.00	5.08
粗死亡率	5.95	7.24	4.61	0.50	0.69	1.85	4.93	18.30	64.60	187.50	－	－
民國94年	139,779	87,031	52,748	2,064	4,071	10,687	21,810	37,675	54,814	8,658	68.25	5.10
粗死亡率	6.15	7.53	4.72	0.48	0.74	1.91	4.99	18.05	64.76	192.03	－	－
民國95年	136,371	85,130	51,241	1,885	3,683	10,623	22,656	35,452	53,590	8,482	68.31	4.84
粗死亡率	5.98	7.35	4.56	0.45	0.68	1.90	4.94	16.99	60.17	174.74	－	－
民國96年	140,371	86,556	53,815	1,777	3,264	9,996	23,224	35,593	57,008	9,509	69.16	4.80
粗死亡率	6.13	7.46	4.76	0.43	0.61	1.78	4.85	16.85	61.41	183.20	－	－
民國97年	143,594	88,566	55,028	1,687	3,015	9,841	23,713	35,595	59,180	10,563	69.71	4.75
粗死亡率	6.24	7.62	4.84	0.43	0.57	1.75	4.79	16.40	61.73	191.87	－	－
較96年增減%	2.30	2.32	2.25	- 5.06	- 7.63	- 1.55	2.11	0.01	3.81	11.08	①0.54	①-0.05
增減千分點	0.12	0.16	0.08	- 0.01	- 0.04	- 0.03	- 0.07	- 0.45	0.32	8.67		

資料來源：內政部戶政司。
說　　明：1.平均年齡係以15齡組為組中點計算。
　　　　　2.標準化粗死亡率係以民國88年我國各年齡層人口結構為標準。
備　　註：①係指增減數。

總治喪費用平均為新台幣303,648元；其次為採統包套裝服務但安葬費用另計者，殯儀服務費用平均為新台幣224,641元，安葬費用平均為新台幣195,559元，總治喪費用平均為421,200元；若不分支出形式，則國人治喪費用平均金額為新台幣354,145元。但這並不包括週產期死胎之處理費用、生前契約與塔位投資等預購型喪葬商品消費金額。

由上述數據我們可以推估，2008年全年度臺灣地區喪葬服務產值至少有508億元（143,594人×354,145元／人）。

第三節　臺灣殯葬服務的型態

若不包含任何宗教儀式元素，臺灣地區一般殯葬服務業者所提供的殯葬服務流程可用**附圖3-1**「殯葬服務業服務流程圖」中的流程來含蓋，圖中所說明的服務內容也可以簡化如**附圖3-2**的流程概念，此概念也詮釋了殯葬服務業者、亡者及喪親遺族三者之間的關係。

緣→候→殮→殯→葬→祭→續

附圖3-2　殯葬服務業服務流程圖

雖然各家殯葬業者所提供的殯葬服務流程大同小異，但是就服務案件來源與服務執行標準來分析，臺灣地區殯葬業者主要可區分為三種類型：

1.第一種類型即傳統殯葬業者，它們的案件來源通常來自社區鄰里的介紹、舊有客戶的衍生、特定合作對象（如宗教

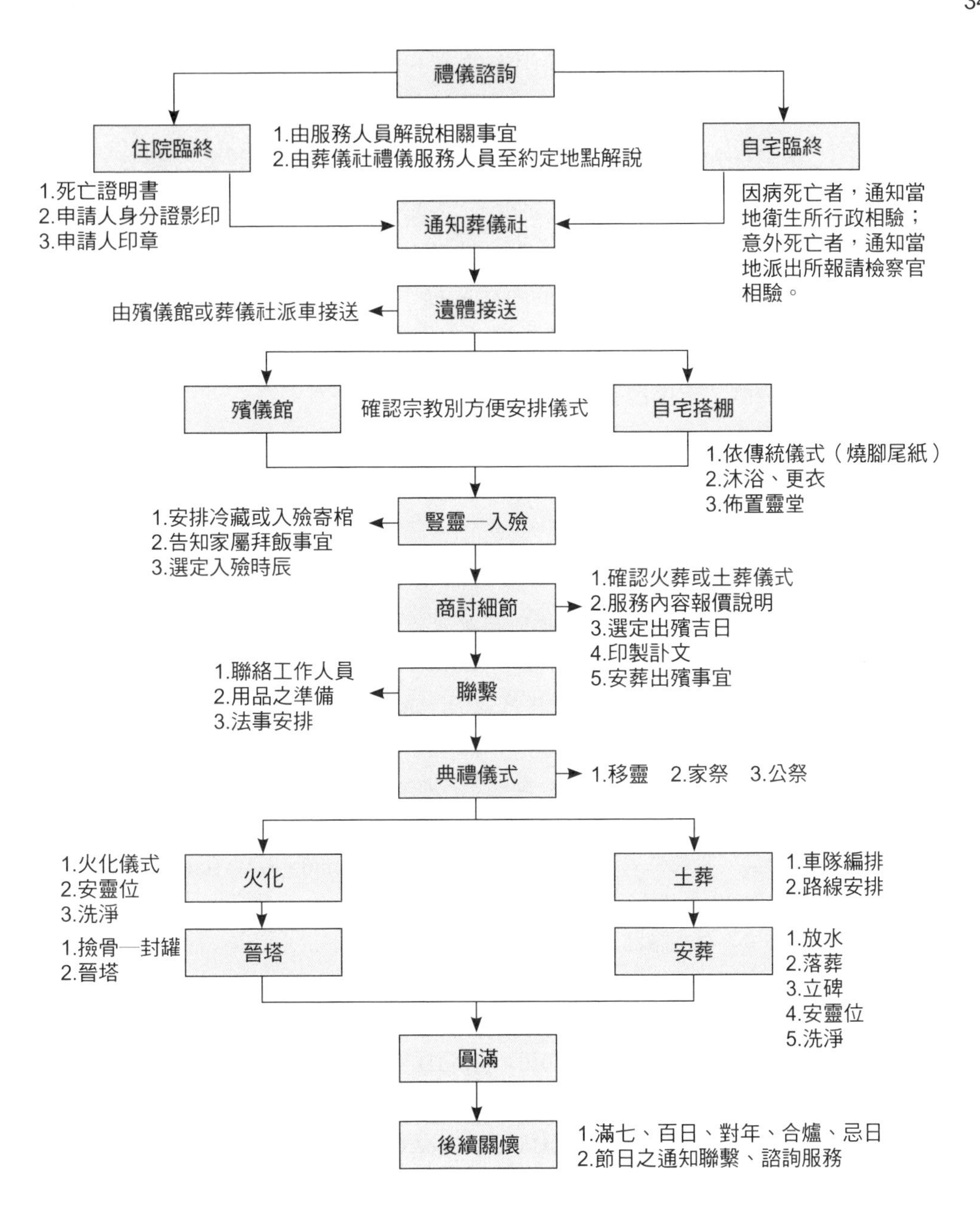

附圖3-1　殯葬服務業服務流程圖

資料來源：台北縣殯葬資訊服務網。

團體、養護機構）的居中牽線等，其市場占有率約在80%至85%之間。

2.第二種類型是生前契約服務業者，其案件來源主要是透過業務銷售人員直接銷售生前契約，或轉約給有需要的消費者而來，市場占有率約在6%至8%之間。

3.第三種類型是醫院往生室（舊稱「太平間」）經營管理業者，其案件來源主要係透過各中大型醫院往生室經營管理權的競標，市場占有率約在8%至12%之間。

參考文獻

內政部民政司。殯葬管理-內政部民政司，http://www.moi.gov.tw/dca/02funeral_003.aspx，檢索日期：2010年1月15日。

政部民政司。下載專區-內政部民政司，http://www.moi.gov.tw/dca/03download_001.aspx?sn=08&page=0

Open政府出版資訊網。Open政府出版資訊網首頁，http://open.nat.gov.tw/OpenFront/index.jspx，檢索日期：2010年1月15日。

內政部社會司。歡迎蒞臨內政部社會司，http://sowf.moi.gov.tw/stat/week/week9836.doc，檢索日期：2010年1月15日。

內政部社會司。歡迎蒞臨內政部社會司，http://sowf.moi.gov.tw/stat/week/week9835.doc，檢索日期：2010年1月15日。

內政部社會司。歡迎蒞臨內政部社會司，http://sowf.moi.gov.tw/stat/week/week9821.doc，檢索日期：2010年1月15日。

台北市殯葬管理處。台北市殯葬管理處—北市治喪一般服務流程， http://www.mso.taipei.gov.tw/ct.asp?xItem=14356&CtNode=2840&mp=107011，檢索日期：2010年1月15日。

附錄四　殯葬服務死亡系統與喪葬後續關懷服務

「殯葬」兩個字眼，在臺灣地區一般民眾的觀感中，幾乎已與「死亡」畫上等號。而對於殯葬服務業的瞭解，亦多僅於親人往生時，方「不得不」做進一步的接觸。而在過去，因為產業內部訊息具有封閉性的特色，喪親者對於殯葬服務產業的認知，多以傳統的「葬儀社」，或近期興起的「禮儀公司」或「禮儀師」等名詞作為此一產業的整體代表。若以實務角度來看，此印象實在將殯葬服務產業過於簡化；而這樣的認知，也往往使得一些剛踏入殯葬服務產業的人士，無法負荷產業的複雜度。

殯葬服務產業到底是一個如何複雜的運作體系？殯葬服務的終止點是什麼時候，本章節將以「死亡系統」與「喪葬後續關懷」的概念來加以剖析。

第一節　死亡系統理論的源由與概述

「死亡系統」（death system），這個觀念是由Robert Kastenbaum於1977年首次提出；2001年時，這個聳動字眼被Kastenbaum定義為：「死亡系統是一種人際間的、社會文化上[illegible]以及象徵性的網絡。透過此網絡，個人與必死性之間的關[illegible]亡由他或她的社會資源來加以調適，以使個體得以面[illegible]可以所造成的環境與地位之轉變。」用這個觀念[illegible]待死[illegible]或，從「死亡僅是單純的個人事件」的觀[illegible]跳到[illegible]

大的視野來審視死亡事件的整體脈絡。

以Kastenbaum的角度來瞭解「死亡系統」時，有兩個重點必須先掌握到：一個是「死亡系統的組成」；另一個是「死亡系統的功能」。

「死亡系統的組成」包含四種組成成分，亦即一個系統必須擁有以下四種組成，方可構成一個完整的死亡系統：

1.「人」（people）：包括往生者、瀕死者，以及與此二者有所關聯的任何個體都屬於此一元素的成份。
2.「處所」（places）：包括醫院、殯儀館、太平間或往生室、墓地，以及其它與死亡或瀕死有關的處所。
3.「時間點」（times）：泛指所有可以反應死亡或是紀念死亡的時間點，如死亡日、忌日、災難紀念日，及與宗教或地方風俗有關的特定紀念日（如萬聖節）。
4.「物品與象徵」：與死亡有關的物品或象徵都是多樣化的，舉凡從喪葬服務所提供的棺木到壽服、殯葬儀式，以及提到與死亡有關的語言均屬之。

至於在功能上，「死亡系統」則有六種系列性的關鍵功能：

1.「警告與預言」（warning and predicting death）。
2.「瀕死時期的照顧」（caring for the dying）。
「死者的處置」（disposing of the dead）。
4. 亡後的社會關係鞏固」（social consolidation after death）
產生死亡的 」（making sense of death）。
的／謀殺的行 （killing）：如戰爭。

以往不管是國外或是國內的學術性研究，多從醫護體系的角度來看待「死亡系統」；而到目前為止，尚未有以喪葬之角度來檢視死亡系統的整體論述。筆者近來體會到，若以「死亡系統」來檢視臺灣地區的殯葬服務產業，將可使消費者（喪親者）、有興趣從事殯葬產業工作者，以及對殯葬實務著墨不深的學者，在短時間之內，熟悉整個臺灣地區的殯葬服務產業。

第二節　臺灣地區殯葬服務死亡系統的演進

臺灣地區殯葬服務內涵除了以中華傳統殯葬文化與地區風俗為主架構，同時也受到宗教教義與儀式、日據時代文化殘留印象，以及時代性社會、經濟產物之影響。若以過去三十年的時間線與殯葬服務死亡系統進行比對，將可發現臺灣地區的殯葬服務死亡系統有四個階段的變化。

一、第一階段

第一階段也就是第一代的殯葬服務死亡系統（如**附圖4-1**），時間點大約處於三十年之前，屬於傳統的殯葬服務模式。在此階段，殯葬服務層面僅限於殮、殯、葬等儀式流程，入葬儀式完成並在喪家付清喪葬費用後服務立即終止，喪親者與殯葬服務業者的關係聯繫也到此即中斷，整個服務過程大約在五十天左右。而在整個殯葬服務過程中，僅有殯葬產業之從業人員得以介入服務過程，殯葬業者也未導入外部資源協助喪親者度過身、心、靈均難以負荷的喪親期。

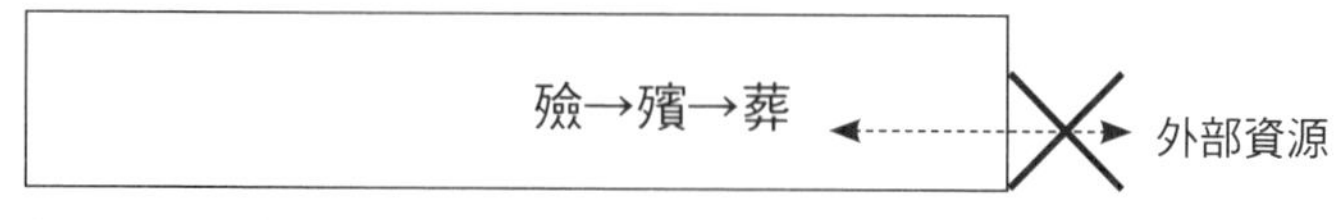

附圖4-1　第一代殯葬服務死亡系統（傳統型）

二、第二階段

第二階段即第二代的殯葬服務死亡系統（如**附圖4-2**），時間點大約處於距今十五年至三十年之間，其服務型態已從短期逐漸擴展成為較長的服務時間，但是對於喪親者的關懷仍屬於被動性的服務作為。在此階段，服務層面除了傳統的殮、殯、葬服務之外，極具有宗教色彩的「候」服務，即「助唸」、「助禱」儀式之引導、協助，正式成為殯葬服務業者提供服務的開端；此外，傳統守喪期二至三年之內的「百日」、「對年」、「三年」與「合爐」等祭祀儀式流程，也成為殯葬業者所提供的衍生性服務，也因此整個守喪期間的儀式活動均可藉由殯葬服務業者來提供，從鄉村社會逐步邁向都市化社會的臺灣民眾，也可以在無鄉紳耆老的指導下，順利完成必要的殯葬活動。此階段的服務過程大約在兩年左右，外部資源仍然尚未導入殯葬服務流程之中。

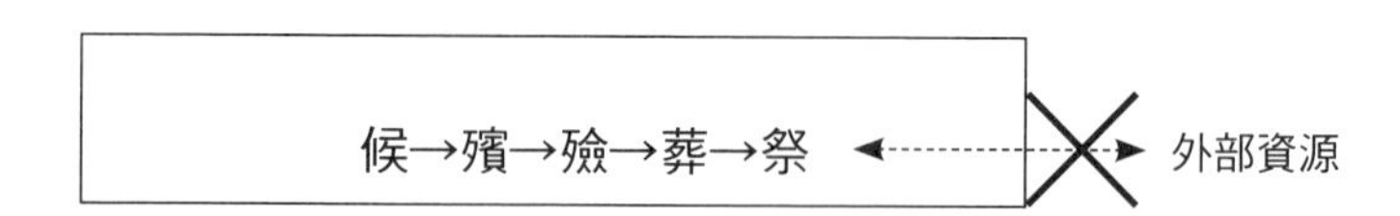

附圖4-2　第二代殯葬服務死亡系統（被動式服務鏈型）

三、第三階段

第三階段為第三代的殯葬服務死亡系統（如**附圖4-3**），時間點大約距今五至十五年之間，此時臺灣地區出現越來越多以企業化方式經營之殯葬服務業者，而這些業者在引進歐、美、日等國的殯葬服務生前契約觀念之同時，也將臨終關懷或臨終諮詢（「緣」），以及後續關懷服務（「續」）之作為導入於實際服務之中。在加入「緣」的前端服務與「續」的後端服務後，臺灣殯葬服務的死亡系統轉型成為主動式的服務鏈型態，少數的外部資源，如醫護領域的安寧療護與心理輔導領域的悲傷支持等，陸續在業者有心規劃之下融入殯葬服務流程之中。此外，這些業者大多擁有合法的自有墓園或塔位，在所謂的「殯葬一元化」理念推展之下，其客戶群同時接受業者的殯儀與葬儀服務之後，除了可以持續獲得至少三節（春節、清明、中元）的祭祀提醒通知與實質祭拜服務之外，還可獲得如定期刊物、不定期講座等之關懷服務。也因此，此階段的服務過程已推衍成為永續性的服務。

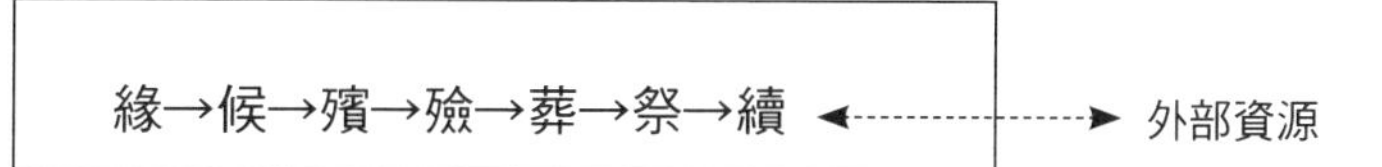

附圖4-3　第三代殯葬服務死亡系統（主動式永續服務鏈型）

四、第四階段

第四階段，也就是第四代，也是現代殯葬服務死亡系統（如**附圖4-4**），是近五年內才發展出來的殯葬服務型態。殯葬業者除了既有的殯葬服務業務之外，還運用生命軸線的延伸，將全面性的資源導入整個殯葬服務死亡系統，使喪親者不需要等到殯葬儀式全部結束，在緣、候、殮、殯、葬、祭、續等各項服務告個段落，就可以獲得有關的後續關懷服務。也因為全面資源的導入，使得飯店、物流、車輛租賃、物業管理、網路線上服務、影視、電信、SPA美容、精品專櫃等行業的經營管理方式成為殯葬服務深度與精緻度加強的著力點。例如：針對尚未購置逝者塔位或墓園的喪親者，殯葬服務業者在其守喪期間會藉由外部的帶勘車隊，免費安排喪家前往各處塔位或墓園參觀選購；在「緣」的段落，殯葬服務業者會請專業人像攝影師、專業傳記撰寫人員等，為癌症或其它重症末期病患提供服務，為當事人留下美麗的倩影與口述字稿；在「殮」的段落，殯葬服務業者自日本引進「禮體淨身服務」（日本國內稱為「湯灌入殮服務」），並融合美容按摩、芳香療法等技巧，讓入殮儀式不再是拒家屬於千里之外的儀式，使家屬藉由此服務得以陪往生者到最後，並可以好好道別。

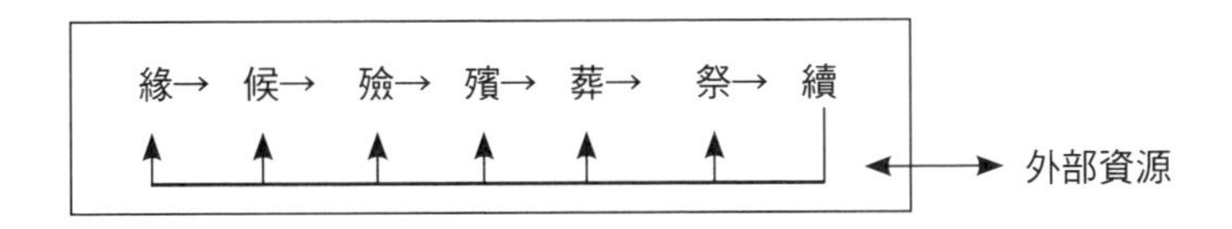

附圖4-4　第四代殯葬服務死亡系統（主動式全面關懷服務型）

上述所提及的流程「緣→候→殮→殯→葬→續」係以王士峰教授（1998）與楊荊生教授（2006）先後提出及增訂的「臺灣喪葬服務產業價值鏈」為架構，進行探討的。以下說明臺灣地區殯葬服務死亡系統的組成成分。

第三節　臺灣地區殯葬服務死亡系統的組成

在上一節中，我們已清楚現代殯葬服務死亡系統整個主構面型態所形成的過程，而在本節，我們將進一步探討殯葬服務死亡系統的組成。**附表4-1**為「臺灣地區現代殯葬服務死亡系統一覽表」，

附表4-1　臺灣地區現代殯葬服務死亡系統一覽表

流程	現代殯葬服務					「死亡系統」的功能
	人	處所	時間點	象徵		
				物品	儀式	
緣	醫院或養護機構內之醫護人員、看護員、清潔員、宗教師、臨終關懷員（含禮儀公司人員）、救護車司機；鄰里長或幹事；生前契約展銷員	醫院、養護所、自宅、生前契約展銷據點	病危通知發布時、周邊親近人士發生往生事故前或當下	宗教經典、衛教單張或摺頁、禮儀公司宣傳資料、生前契約展銷資料	祈福、延壽	第一種功能：警告與預言；第二種功能：瀕死時期的照顧
候	警察、檢察官、法醫、助唸團人士、接體人員（含接體車司機）、往生室服務員、社工師、禮儀師	醫院助唸（禱）堂或往生室	死亡證明書開立時、助唸（禱）期間	助唸機、大體推床、接體車、大體袋（屍袋）、往生被及接體宗教用品	助唸、助禱	第三種功能：死者的處置；第五種功能：產生死亡的知覺
殮	遺體洗穿化人員（湯灌或禮體淨身SPA服務員）、入殮員、宗教師、祭品廠商、壽服廠商、棺木及棺內用品廠商、冰櫃廠商	醫院往生室、禮儀公司淨身中心、殯儀館之停棺室／冰櫃區／殮房、棺木廠商展售據點	喪家親屬碰觸大體時、大體入冰櫃時、瞻仰遺容時、大殮封棺時	遺體洗穿化設備（固定式或可移動式）、棺木及棺內用品、冰櫃、祭品及各類入殮宗教用品	乞水、淨身、告天、唸腳尾經、瞻仰遺容、大殮封棺	第三種功能：死者的處置；第五種功能：產生死亡的知覺
殯	孝服孝誌廠商、靈堂佈置廠商、靈堂場地（或會館）租賃廠商及服務人員、各類奠禮式場佈置廠商（花材、布幔、燈光、音響等）、宗教師、祭品廠商、禮謝用品及回禮廠商、司儀及襄儀（即禮生）、多媒體設計、輸出及播放廠商（如追思光碟）、樂隊廠商、推棺人員、靈車司機、陣頭人員、紙紮與庫錢等陪葬品、禮儀師	殯儀館、自宅、禮儀公司營業據點或會館、飯店或大型餐廳	著孝服及戴孝誌時、靈堂及奠禮堂佈置完成時、早晚拜飯時、接受禮儀公司追思光碟前製作業訪問時、追思光碟播放時、撰寫及唸頌家奠文時、守喪期間各項做七法事執行時、演奏追思哀樂時、跪拜亡者時	孝服／孝誌、靈堂、花材、布幔、燈光、音響、各類守喪期間殯儀及法事宗教用品與祭品、禮謝用品及回禮（如毛巾、手巾）、投影設備、大圖輸出、推棺車、靈車、陣頭、紙紮、庫錢	做七（做旬）、各類功德法事、移靈禮、家奠禮、公奠禮、啟靈發引禮	第四種功能：死亡後的社會關係鞏固；第五種功能：產生死亡的知覺

附表4-1　臺灣地區現代殯葬服務死亡系統一覽表

流程	現代殯葬服務					「死亡系統」的功能
	人	處所	時間點	象徵		
				物品	儀式	
葬	骨罐廠商、墓園及塔位經營業者、塔位帶勘業者、宗教師、禮車司機、巴士司機、祭品廠商、火葬場工作人員	骨罐廠商展售據點、火葬場、墓園塔位所在地、禮儀師	火化進爐時、撿骨時、晉塔安奉時	骨罐及包巾或骨罐盒、墓園塔位、入葬宗教用品及祭品	火化禮、晉塔安奉禮或安葬禮	第三種功能：死者的處置；第五種功能：產生死亡的知覺
續	禮儀公司客服人員、宗教師、禮儀師、撿骨師、悲傷關懷師（或心理諮商師）、墓園塔位經營業者及各節令法會提供者	墓園塔位所在地、自宅、殯葬服務業者	亡者冥誕、忌日或百日／對年／三年／合爐、特定節日（如母親節、父親節、兒童節、清明節、中元節及其它具追思意義之節日）、撿骨時、至墓園塔位祭拜時、殯葬服務業者舉辦悲傷關懷活動時	除靈／百日／對年／三年／合爐及法會等宗教用品／祭品及通知單、骨甕	除靈禮、百日、對年、三年、合爐	第一種功能：警告與預言；第三種功能：死者的處置；第五種功能：產生死亡的知覺

係以臺灣地區的殯葬產業實務為基礎，深層剖析臺灣地區殯葬服務產業的「死亡系統」，從中我們可一窺殯葬服務產業的複雜性及其相關儀式的意義。

第四節　臺灣地區殯葬服務死亡系統的特色與未來發展

透過第三節之分析比較，我們可以歸納出臺灣地區殯葬服務死亡系統的特色，以及推測未來發展方向。

一、臺灣地區殯葬服務死亡系統的特色

臺灣地區殯葬服務死亡系統的特色有：

1.多樣化：因為臺灣民眾對不同文化、宗教具有高度包容性，現代殯葬服務內容也因而呈現不同面向的做法。故投入臺灣現代殯葬服務產業死亡系統者，不管是人力、物品或儀式之數量與種類，均比其它國家、地區為多。

2.儀式切割化：一段流程中包含數項小儀式，如「殮」的流程；而且每一個小儀式均包含有「盡哀」、「節哀」的悲傷撫慰要素。

3.脈絡複雜化：每一流程均透過複雜的人、物及儀式來執行，且每一流程或儀式均有相關連性，因而構成一個相當複雜的脈絡系統。

二、臺灣地區殯葬服務死亡系統的發展

以下針對臺灣地區殯葬服務死亡系統未來發展進行分析：

1.收斂型發展：亦稱「整合型發展」。部分殯葬服務業者擁有

服務個案「量」的優勢，在度過「以量制價」的企業成長過程後，一旦其人力或物料的配合廠商無法再降成本報價時，這些企業勢必會考量以「自製自銷」模式或向「貨源最終端訂貨」之模式，統整相關資源。如企業內部成立物料配送中心（或物流中心）、人力派遣調度中心（或資源管理調度中心）。

2.發散型發展：亦稱「專業型發展」。尚未達一定服務量體的殯葬服務業者，為提升市場競爭力與獲利率，勢必逐步減少企業內部非絕對必要性人力之需求量，以及貨品堆貨成本，轉由委託各類配合廠商提供人力或貨源。而提供人力或貨源之廠商，基於競爭力考量，對於所提供的服務將自我要求更專業。如豎靈廠商不斷研發及提供新款靈堂佈置。

3.服務關係維持期間延長：因為對於「緣」流程的體認越來越深、對於已服務過客戶的再消費也越來越重視，大部分的殯葬服務業者已瞭解到「喪禮的結束不是關係的結束」、「與消費者的關係自初步接觸開始，即延續到他及其家人一輩子」。因此業者除不斷提高服務品質之外，也將逐步開發更多樣性的關係維持活動及技巧，如特定紀念日之追思會活動、不同類型喪親者的悲傷輔導講座。

4.服務細緻化、個性化及意義化：以近兩年新掘起，取代傳統殯儀館內或醫院往生室內洗、穿、化服務的「禮／尊體淨身SPA服務」（或稱「湯灌服務」），雖自日本引進，但經國內業者對於服務手法與引導儀式的重新設計與新款設備的開發，該項服務之軟硬體水平已超越日本。同時業者已逐漸掌握到悲傷輔導心理學上所重視的「意義建構」之執行技巧要訣，因此推出新服務或新商品時，均會為服務或商品「訴說故事」及為客戶「量身訂作」，同時以理性及感性訴求，打動消費者的心。

5.科技運用化：除多媒體素材的運用之外，只要有新的視覺及聽覺科技技術上市，業者均會以最快速度，將其融入殯葬服務過程中。如以簡訊通知家屬每日服務流程及提醒家屬應注意事項；以3G立即視訊電子商品，提供網路視訊服務或商品挑選。

6.後「續」關懷服務層面的擴大化。

第五節　喪葬後續關懷服務的定義與起源

一、定義

「後續關懷」這個詞，是從英文字“aftercare”翻譯過來的。在國外，「後續關懷」在字典中的主要原始定義，始見於1976年的《牛津當代大辭典》（*The New Oxford Dictionary*）。當時該辭典是從「醫療」、「監獄」以及「學校」三個範疇來詮釋「後續關懷」，相關的定義為：

1.「醫療」體系：關懷病人在進行醫療流程後的恢復情形。
2.「監獄」體系：罪犯出獄後的更生指導。
3.「學校」體系：學生自學校畢業後的就業輔導。

「喪葬後續關懷」（aftrecare for funeral）的定義則是由美國學者Skalsky首先提出。Skalsky指出，在字義上後續關懷主要是指醫護人員關懷病人在進行醫療流程後，其在病理學上的恢復情形，也就是醫療行為方面的關懷（Skalsky, 1991），如持續追蹤手術後病人的復原狀況；但若是在喪葬服務專業領域中，「後續關懷」則是指關懷每一個獨特的個體在其親友死亡或是喪禮結束後的悲傷復原歷程，以及協助其進行自我身、心、靈的重新調適，以適應亡者已逝的生活。

Weeks與Johnson（2001）將「喪葬後續關懷服務」進一步明確地解釋為：「喪葬後續關懷服務可被定義為一種和當事人維持協助和關懷的關係，提供當事人家庭除了期待中的遺體處理和相關儀式以外的持續性服務，並對個案和社區提供死亡、失落和悲傷等有系統的教育與諮商工作」（引自曾煥棠，2004）。

至於在實務上，臺灣地區與美、日等國殯葬服務業者對於「喪葬後續關懷服務」的定義，在服務起始點與服務終點層面有著不同的解釋。**附表4-2**即是將這些差異加以比較的結果。

二、起源

美國學者認為，以維護世界和平與人類尊嚴為組織主要目的的聯合國，其所轄單位「聯合國人權委員會」於1948年草擬的「人權法案」第二十五條規定「在遭到失業、疾病、殘廢、守鰥寡、衰老，或在其它不能控制的情形下，喪失謀生能力時，有權享有保障」，是現代「後續關懷」理念的起源，其主旨是要對弱勢團體提供照護與關懷。

國外「後續關懷」理論與實務的起源，則起始於1960年代至1980年代，由「死亡學」、「死亡教育」、「臨終關懷」、「安寧療護」、「悲傷輔導」一直到「後續關懷」的演進過程。到1990年代，美國許多大學院校，陸續開辦「死亡學」課程；其中，Mount

附表4-2　台、美、日喪葬業者之「喪葬後續關懷服務」定義比較表

比較點＼國別	臺灣業者的定義	美國業者的定義	日本業者的定義
服務提供起始點	葬禮結束，由業者提供給予喪親家庭的服務	自臨終關懷階段（一般係指彌留階段）起，由業者提供給予喪親者家庭的服務	自喪親者指定執行喪禮服務之業者開始
服務提供終點	殯儀業者多僅止於對年或三年、合爐儀式之後。葬儀業者則僅有三節法會活動	講究永續性關懷	講究至少三十二年以上的關懷（與日本喪葬風俗，亡者去逝三十二年後，由後代子孫為其做「滿祭」有關）
包含內容	主要是物料、場地與人力服務的提供	除了物料、場地與人力服務的提供之外，尚包括悲傷撫慰效果的視覺及聽覺性資料、物品、輔導活動等之提供	除了物料、場地與人力服務、詳盡治喪書面資料的提供外，近年來已開發出分別具有短、中、長期悲傷撫慰效果的物件

Ida College首創「悲傷輔導」與「殯葬管理」等學士課程，將喪葬後續關懷的議題，納入正式的大學院校學程。

也幾乎在同一時期，美國一些具有前瞻性眼光的殯葬業者，為了突破消費者往往在面臨死亡事件時，才開始選擇辦理身後事的喪葬業者之展業限制，也為了回應死亡教育與悲傷輔導理論所提倡的「好好地悲傷」（good grief），開始推動「喪葬後續關懷服務計畫」。業者為了讓喪親者的悲傷能夠充分表達，以得到紓解的機會，經常在社區的喪葬之家（funeral home）舉辦悲傷支持團體（grief support group）等活動，結合當地社區居民與喪親者親友彼此相互關懷的力量，陪伴喪親者度過悲傷歷程。

至於臺灣地區「後續關懷」的理念起源，則是要追溯到1990

年代，傅偉勳教授回臺任教時，他顧慮到在臺灣地區教授「死亡」議題仍是一種禁忌，民眾反而對於「談生論死」、「了生脫死」等主題有濃厚興趣，而且他也想將本土性的宗教與哲學思想融入課程中，於是將「死亡學」改稱為「生死學」，正式將「死亡學」引進臺灣。其後，南華大學與臺北護理學院先後成立「生死學系與生死學研究所」及「生死教育與輔導研究所」，將「生死教育」、「臨終關懷」、「悲傷輔導」與「殯葬管理」等課程，導入正規的大專院校學程之中。不過在這些學程中所講授的「後續關懷」理論，仍然是以國外的理論為講述依據，尚未見成熟的本土化理論論述。

至於臺灣地區「喪葬後續關懷」在實務上的肇端，則可回溯到民國85年前後，生前契約業者仿效美、日等國業者，希望能為客戶提供後續關懷的服務，以改善社會大眾對臺灣殯葬產業負面且落伍的不良印象，首先將「後續關懷」字眼，明確地記載於生前契約合約的服務流程欄位中。發展至今，各生前契約業者與一般殯葬業者對於「後續關懷服務」實質內容之定義，不脫離以下範疇：

1.喪葬費用結算收款與發票開立。
2.客戶滿意度調查：請客戶填寫「客戶滿意度調查表」，或請企業內部客服人員透過電話訪問的方式，來瞭解客戶滿意狀況。
3.百日、對年之通知與相關問題諮詢服務。

第六節　臺灣地區的喪葬後續關懷服務

目前臺灣地區殯葬服務業者所提供的喪葬後續關懷服務普遍包含下列服務：

1.提供百日、對年、三年及合爐提醒（透過郵寄卡片、簡訊、E-mail或電話方式）予主喪者。
2.免費服務電話，提供祭祀諮詢。
3.郵寄定期出版之公司刊物予主喪者。
4.每年三節（春節、清明、中元）法會提醒或舉辦。

近年來，原以物業為基礎之墓園塔位業者，對於在其物業內晉塔或安葬者之家屬，除提供上述服務之外，也紛紛設立「禮儀服務部門」或「業務屬性客服團隊」，以主動出擊的方式執行下列喪葬後續關懷服務：

1.在晉塔入葬時，不僅獲取主喪者的基本資料，也以「通知每一位重要家屬」的話術，盡可能地蒐集每一位重要家屬（如主喪者的同輩兄弟姐妹或是次一輩所有子女）的基本資料。
2.於舉行例行法會或特別活動時，由企業總部統一發送簡訊、E-mail或郵寄通知卡予每一位重要家屬成員。
3.不定期透過電話關懷，以事件行銷（如H1N1新型流感議題或打疫苗議題）方式進行生前契約觀念的灌輸，並適時推介生前契約。
4.在不定期的關懷訪談中，若獲取重要家屬成員或其親友有健康上的狀況時，可詳細探詢病因，並寄發各醫院診治該疾病的名醫名單與門診表，或是提供相關的疾病與治療書面資訊，給予該位家屬或其眷屬。
5.法會期間除提供家屬有關親人的祭祀活動之外，並由經過專業訓練的「服務人員」（即業務）引導，參觀該業者所開發的塔位新樓面、商品或戶外型墓穴商品。於解說過程中，可不斷以明示或暗示方式告訴家屬，該業者也有提供喪葬禮儀服務，未來家人有需要，也可直接與「服務人員」聯繫。

6.部分業者的服務層面已跳脫「喪葬與祭祀」相關活動，仿照保險業務員，提供消費者所關注的日常生活及特定議題之資訊，甚至會寄發生日卡或新年卡等給予重要家屬（卡片經過特別設計，讓家屬可留存與業主或服務人員最新的聯繫方式，以及透露禮儀服務部隊設立新塔位商品之相關訊息）。

7.業者不定期於各地所舉行之生命關懷講座，或由其它機關團體於家屬居住地區附近舉辦之生命關懷活動或講座，透過「服務人員」以簡訊或E-mail方式通知客戶。

以上墓園塔位業者的種種作為，均圍繞在一個理念焦點：「永續聯繫、建立情感」，此理念之落實，在實務上潛在著搶食一般禮儀公司（或葬儀社）未來業務的龐大商機。

第七節　國內、外喪葬服務業者後續關懷服務內容比較

國內、外喪葬業者均有個別的喪葬關懷服務活動，其背後隱含的動機、展現形式等，從字眼、字義上來看，有異有同。而這一方面的比較、分析，目前尚未見於國內已發表之學術資料。筆者認為此一比較、分析，對於國內喪葬業者與相關學術領域之學者或研究機構是頗具參考價值的，故謹就筆者過去十餘年來於國內任職之實務經驗與同業觀察結果，與國外喪葬產業實務執行之後續關懷服務內容進行如**附表4-3**之比較與分析。

從分析表中，我們可以更容易的將國內、外喪葬業者所實際執行的喪葬關懷服務之活動本質與效果做更深入的瞭解，以便從中發

附表4-3　國內、外喪葬服務業者後續關懷服務內容比較表

區別	服務項目	服務對象	深層動機	實施期間	活動頻率	執行方式	效益長短
國內	百日提醒	喪親家庭之主事成員	1.地區民間風俗 2.追思（慎終追遠、飲水思源） 3.獲取小額商業利益 4.維繫淺層的客戶關係	往生日之後第100天左右；通常會提前一個月進行書面提醒	一個個案僅一次	郵寄提醒卡片，或由原個案承辦人員以電話聯絡	短效（1日）
	對年提醒	喪親家庭之主事成員	1.地區民間風俗 2.追思（慎終追遠、飲水思源） 3.獲取小額商業利益 4.維繫淺層的客戶關係	往生日之後滿一年左右；通常會提前一個月進行書面提醒	一個個案僅一次	郵寄提醒卡片，或由原個案承辦人員以電話聯絡	短效（1日）
	三年提醒	喪親家庭之主事成員	1.地區民間風俗 2.追思（慎終追遠、飲水思源） 3.獲取小額商業利益 4.維繫淺層的客戶關係	往生日之後滿三年左右；通常會提前一個月進行書面提醒	一個個案僅一次	郵寄提醒卡片，或由原個案承辦人員以電話聯絡	短效（1日）
	合爐提醒	喪親家庭之主事成員	1.地區民間風俗 2.追思（慎終追遠、飲水思源） 3.獲取小額商業利益 4.維繫淺層的客戶關係	通常與對年通知一併處理	一個個案僅一次	郵寄提醒卡片，或由原個案承辦人員以電話聯絡	短效（1日）
	三節法會舉辦與提醒	喪親家庭之主事成員	1.地區民間風俗 2.追思（慎終追遠、飲水思源） 3.宗教儀軌 4.獲取大額商業利益 5.維繫淺層的客戶關係 6.補正客戶聯絡資料	喪禮結束後；通常會提前一個月進行書面提醒	一年至少三次（春節、清明、中元等三節日，有些業者也會將「重陽節」列入）	郵寄提醒信件，或於公司企業網站上披露相關訊息	短效（1日）

（續）附表4-3　國內、外喪葬服務業者後續關懷服務內容比較表

區別	服務項目	服務對象	深層動機	實施期間	活動頻率	執行方式	效益長短
國內	協助申請低收入戶喪葬費用補助	喪親家庭之主事成員	1.獲取小額商業利益 2.獲取服務口碑	自取得個案之低收入戶證明起一個月	一個個案僅一次	由個案承辦人員向家屬收取低收入戶證明後，轉向地方政府社福部門申請補助款	短效（治喪期間，約30日）
	協辦公益性生死議題活動	社會大眾	1.塑造企業品牌形象 2.提高企業品牌之曝光率（視同廣告） 3.增加公開競標之喪葬服務經營權取得籌碼	不定期；視配合之專案而定	不定期舉辦	由活動主辦團體提出企劃案，業者僅需資助費用，即可有廣告曝光權	視參與者個人的內心感受而定
	轉介與資助支持性團體活動	喪親家庭之所有成員	1.塑造企業品牌形象 2.增加公開競標之喪葬服務經營權取得籌碼 3.創新企業服務特色及口碑	不定期；視配合之專案而定	不定期舉辦	由活動主辦團體提出企劃案，業者需資助費用並配合活動宣傳，尋找參與者	視參與者個人的內心感受而定（普遍調查之滿意度反應極佳）
	企業內部刊物的發行與寄發	喪親家庭之主事成員	1.維繫淺層的客戶關係 2.商品宣傳廣告 3.塑造企業品牌形象 4.補正客戶聯絡資料	每半年、每季定期寄發，或於每年三節之前寄發（有點配合假日的意味）	每年寄發二至四次	由企業內部專責部門負責編製刊物並寄發予所有已服務過之客戶	視訊息收受者個人的內心感受而定。但內容普遍過於商業化，顯少涉及悲傷支持之議題
國外	一對一個別諮商的轉介服務	有個別諮商需要的喪親家庭成員	1.提供實質之悲傷支持 2.塑造企業服務口碑 3.維繫深層紮實的客戶關係	視個案狀況而定，由專業諮商師判定	視個案狀況而定	業者具備初步判斷需要接受個別諮商者之能力，再轉介給社區中配合之專業諮商師	長期性心理影響效果
	開辦或轉介參與定期或不定期支持團體	喪親家庭所有成員	1.提供實質之悲傷支持 2.塑造企業服務口碑 3.維繫深層紮實的客戶關係	視各種支持團體性質而定，少則數週，長則為經年常態性活動	有定期或不定期兩類活動，頻率密集	喪親者可依個人的處遇狀況與需要的支持，自行選擇要參加的支持團體，通常可藉由喪葬業者之轉介，而獲取免費參加權益	長期性心理影響效果

（續）附表4-3　國內、外喪葬服務業者後續關懷服務內容比較表

區別	服務項目	服務對象	深層動機	實施期間	活動頻率	執行方式	效益長短
國外	實施社區死亡教育計畫	喪親家庭所有成員與社區人士	1.塑造企業品牌及專業形象 2.創造社區關係的維繫切入點 3.提供悲傷支持資訊 4.儲備志工人才庫 5.提昇員工之服務職能	1天至數天（連續或不連續舉辦）	雖不定期，但頻率密集	提供悲傷、失落相關議題之教育學程給予喪親家庭成員自願參加外，此類課程外也開放予社區其他成員。同時也積極開設悲傷支持志工教育訓練課程，提供予有興趣從事悲傷支持志工工作且符合資格之社區人士參與，以使其擔任悲傷專業人士的得力助手	長期性心理與理智認知上之影響效果
	設立借閱性的圖書館	喪親家庭所有成員與社區人士	1.提供實質之悲傷支持 2.塑造企業服務口碑 3.維繫深層紮實的客戶關係	每日開放借閱	全年開放性	提供與悲傷、失落有關之圖書、錄影帶（光碟）、錄音帶、小手冊、摺頁予喪親家庭成員及有心瞭解之社區人士借閱	長期性心理與理智認知上之影響效果
	企業內部刊物的發行與寄發	喪親家庭之主事成員	1.維繫淺層的客戶關係 2.提供悲傷支持資訊 3.塑造企業品牌形象 4.補正客戶聯絡資料	屬常態性業務	每月或每季發行一次	內容除刊載有與悲傷、失落議題有關，由專業人士撰寫之文章或相關圖書資料之節錄外，也編輯了已度過悲傷歷程的喪親者之悲傷歷程經驗，並有近期內舉辦的支持團體或社區活動訊息	視訊息收受者個人的內心感受而定。但內容多涉及悲傷支持之議題

（續）附表4-3　國內、外喪葬服務業者後續關懷服務內容比較表

區別	服務項目	服務對象	深層動機	實施期間	活動頻率	執行方式	效益長短
國外	社區活動計畫之推展	喪親家庭所有成員與社區人士	1.塑造企業品牌形象 2.創造社區關係的維繫切入點 3.提供悲傷支持資訊	通常為半日至一日之活動。亦有2至3天之野外生命教育活動	頻率密集	舉辦可讓社區內所有人士均可參與的活動，如與生命意義、悲傷、失落等議題有關的演講、歷程畫展、音樂會、喪親家庭互訪、園藝治療等	視活動是否可長期性持續舉辦而定，否者僅具短期效益
	提供追思服務	喪親家庭所有成員	1.提供實質之悲傷支持 2.維繫深層紮實的客戶關係 3.塑造企業品牌形象 4.建構無形的客戶資源分享庫	通常為1天之活動。亦有2至3天之野外團體追思活動。	通常配合假期，如聖誕假期、復活節假期，或歐洲地區的8月份長假。	挑選假期內特定一天，邀請服務過的喪親家庭成員至墓園或經安排的地點（如飯店宴會廳），一起進行追思；或舉辦喪親家庭的團體露營活動，活動期間也會特意安排一段追思程序	長期性心理影響效果
	追思（棉）被的製作	喪親家庭所有成員	1.提供實質之悲傷支持 2.維繫深層紮實的客戶關係 3.塑造企業品牌形象	製作需時數天至數週	依喪親家庭之需求而製作	請喪親家庭每一位成員蒐集其與往生者有互動意義之衣物布料或有字眼的實物，將其拼製成一條紀念追思被。製成後，家庭成員互相訴說個人所提供的物件背後所隱含之意義或與往生者在世時的互動過程	長期性心理影響效果

（續）附表4-3　國內、外喪葬服務業者後續關懷服務內容比較表

區別	服務項目	服務對象	深層動機	實施期間	活動頻率	執行方式	效益長短
國外	悲傷支持性的網站內容	社會大眾	1.提供悲傷支持資訊 2.塑造企業專業形象 3.獲取潛在的客戶群	全年性開放	視喪親者個人需求而定	設有悲傷常見問題（FAQs）網頁，可供喪親者自行流覽查閱；另外也藉由客戶留言的網頁空間，讓喪親者可以提出個人的疑問，並由喪葬業者針對問題加以回覆。也有少數幾家業者，請喪葬指導師與已服務過的喪親家庭成員撰文，寫下自身的個案支持經驗與喪親失落經驗，以同理的觀點，提供喪親者作為心靈支持的工具	視訊息收受者個人的內心感受而定
	社會資源資料的整合與給予	喪親家庭所有成員	1.塑造企業專業形象 2.創造服務口碑 3.提供實質之悲傷支持	通常集中在喪禮辦理期間	視喪親者個人需求而定	業者會透過喪葬指導師親手將社會資源相關資料遞交予有需要的喪親家屬，而且在公司內部網站上也會置入相關訊息	短效

掘值得國內喪葬業者改善的方案或可推行的創新活動。至於國內業者目前所採取的措施是否符合企業效益目標，或是受到喪親家庭的關注與認同，也是值得另外深入研究探討之議題。

附表4-3為「國內、外喪葬服務業者後續關懷服務內容比較表」之內容，除了含蓋上述美國喪葬業者之作為外，亦將日本較為特殊之喪葬關懷服務納入，以提供喪葬業者更多的思維素材。此

外，在瀏覽比較時要清楚瞭解到，表內活動種類的陳述，並非僅來自於單一家喪葬業者，而是不同業者所舉辦活動的彙整；也就是說，有些業者可能全部的活動均有施行，有些業者可能僅舉辦其中的70%，也有可能部分業者僅執行其中一、兩項活動。

附表4-3中的分析顯示，國內喪葬業者的喪葬關懷服務內容，多著眼於「近利」的短效性客戶服務；相對地，國外業者則多將重心放在以悲傷支持（甚至提升至悲傷輔導層次）為執行理念的長效性客戶服務。此一差異性不管是在經營管理層面的思惟，或是在禮儀服務人員個人的服務本質上，均頗值得國內喪葬業者作為下一波殯葬實務教育改革的依循指標。

此外，我們也可以從下列美國殯葬業者的論述之中來感受他們是如何用心經營喪葬悲傷關懷這個領域的服務。

一、檢視國外喪葬業者所發表的實例個案

這部分是從殯葬學校實務課程之講授內容與殯葬專業期刊中，對國外喪葬業者所發表的實例個案進行檢視，美國國家喪葬指導師協會（NFDA）前任理事長Mark D. Musgrove以他個人所經營的「喪葬之家」（即國內的葬儀社或禮儀服務公司）為例，很清楚地說明一個喪葬服務業者應如何做好後續關懷服務，以下是這則實例的介紹：

身為喪葬指導師（funeral director），我們相信我們的關懷與服務是不會隨著喪家喪禮的結案而結束。我們知道當喪禮或追思結束後，喪親者家庭的悲傷還會持續下去。喪親者家庭通常需要某個人願意花費時間去傾聽悲傷的喪親家庭成員的話語。如同關懷個人

一樣，我們需要提供額外的協助給予那些悲傷的家庭成員，但是一旦考慮到時間及費用的問題，我們便無法動用現有資源來進行這些協助計畫。

您可以參考以下由我所經營的喪葬之家所提供給喪親家庭的有價值性服務，此服務對於喪葬之家而言，僅需花費極少的成本。透過這樣一個服務，我的喪葬之家已建構出一個可以與我們的客戶家庭成員維持關懷與協助關係的計畫。我們透過家庭訪問、悲傷諮商、支持團體備忘錄、借閱式圖書館（lending library）、不同的文獻提供、假期日追思服務，以及周年卡等，來提供我們的服務。

喪葬之家的後續關懷提供者是Vicki Crabtree女士，她的薪資大部分來自預先需求（preneed）任務的協助性服務推展收入。有些喪葬之家會派遣預先需求推銷員擔任後續關懷者，這些推銷員在進行他們所謂的後續關懷時，並非是去協助喪親家庭的，而是以推銷預先需求為主要目的。然而我的喪葬之家所推展的後續關懷計畫絕對是以「幫助」為首要，後續關懷員在喪親家庭喪親一年後，才會向喪親家庭成員提到預先需求，而且喪親家庭不會有要做「預先安排」（prearrangements）的壓力，而是在喪親一年以後，我們才會提供喪親家庭有關的預先安排的選擇權（option）。

Crabtree女士是一位擁有證照的喪葬指導師，不管她所關懷的喪親家庭是否決定要預付預先安排的費用，她的薪資是由我的喪葬之家獨立支付的。以下就是她執行整個關懷計畫的內容細節。

後續關懷通常從喪禮結束後第十天左右開始，此時住在外縣市且親屬關係較遠的家屬已經返回原住居地，喪親者家庭將立即經驗到孤獨的狀況。Crabtree女士會在喪禮服務完成之後，馬上透過經由她個人融入喪親者家庭（即familiarize身分家庭化的過程）進行關懷時所獲取的個案喪葬服務檔案，開始進行有用資訊的彙整

（如死亡方式、家庭成員間的爭議等），然後她會透過家庭訪視方式與住在最近的喪親者家庭成員接觸。在大部分的接觸時間裏，Crabtree女士就只是坐著並進行傾聽，藉由陪伴與關懷傾聽喪親者訴說，排解喪親者的寂寞與孤立感。研究持續顯示，要經歷健康的悲傷過程，人際間的互動是重要活動。

在家庭訪視期間，Crabtree女士會給喪親者家庭一份後續關懷包（aftercare packet），這份後續關懷包裏面有製成鋁箔型式的訃聞複本、一卷喪禮或是追思會服務過程的錄影帶（我們會將在喪葬之家中心內舉行的每一項服務過程加以錄影），以及對喪親者家庭有幫助的任何文獻。此外還包括一份由我們喪葬之家發行的季刊，季刊裏包含有關悲傷的有益文章。季刊的印製費用是由與我們配合的保險提供者（insurance provider）所支付，我們喪葬之家只需支付郵資費用。

對於後續關懷提供來說，有一件事是很重要的，那就是對於喪親者家庭成員所說的任何事情，均必須謹守秘密，如此方可有益於信任的建立。在對談時，後續關懷者不可給予喪親者家庭成員壓力感，而且為了塑造對喪親者家庭成員的尊重與誠信，後續關懷者也不會提到有關預先安排的事情。這一類的對談活動，並不是一種為了推銷的拜訪，當然也必須小心不可以對親者家庭成員施予諮商。它單純是一種由我們喪葬之家所提供幫助喪親者家庭走過艱困時刻的服務。後續關懷者就是在那裡傾聽、提供資源及方向。如果遇到需要尋求諮商的喪親者，後續關懷者手上會有一份社區內諮商專家的名單，可提供給有需要的人。

Crabtree女士會做筆記，如此可幫助她以個人的方式記住每一位喪親者家庭成員。喪禮結束一年後，喪親者家庭將會收到一張由承辦這個家庭喪禮原來那一位喪葬指導師寄發的卡片，以及一通由

Crabtree女士本人打來的電話，以瞭解喪親者家庭目前的狀況。在打這通電話的時候，Crabtree女士就會關注並傾聽喪親者家庭成員是否已經準備好要討論他們自己的預先安排。如果喪親者家庭成員已經準備討論預先安排，Crabtree女士會向他們保證他們沒有事先付費的義務。大約有一半的喪親者會決定預先規劃（preplan）他們自己的喪禮服務，而這其中大部分的人會決定預付首期費用。

每年的12月份，我們的喪葬之家會做東，舉行社區性的「假期追思服務」（holiday memorial service）。在這一個追思活動裡，會有季節性的音樂、一個不分宗派的宗教性演出，以及個性化的裝飾品，可提供給喪親者家屬們擺放在（聖誕）樹上。我們也製作一份個性化的追思摺頁，我們會將過去一年期間所關懷過的喪親者家庭成員姓名列在這份摺頁裡。

透過我們的後續關懷計畫來維繫一份關懷的關係，對喪親者家庭及我們喪葬之家來說，都是有幫助的。持續與我們所關懷的喪親者家庭成員接觸，將會幫助我們學到提供更好服務的方法，並修正任何曾經發生過的問題。

具備一套後續關懷服務計畫是我們身為喪葬之家者，能提供給我們所服務的喪親者家庭最重要的服務之一。幫助人們獲致巨大的滿足，對我們來說就是非常報償。從我們經常收到的感謝函之中，我知道人們感謝我們在喪禮結束之後為他們所做的一切。

在美國喬治亞州亞特蘭大市Fortis Family喪葬之家擔任通路管理部門協理的Jim Groll先生也指出，雖然在1700年代中期，喪葬專業開始運轉時，後續關懷服務是相當新的附加性服務；但時至今日，即便少數喪葬之家尚在觀望之中，但已有許多喪葬之家已經開始實施後續關懷服務計畫，且在近年來已成為快速變遷的潮流，因為後續關懷服務計畫已經被證明了它對於喪葬業者的價值——建立品牌、提升知名度，以及增加市場占有率，同時也帶給喪親者家庭心中的平和。而且他認為，後續關懷服務計畫不只是專家通常說的個別諮商，而且是每家喪葬業者都可以有不同於其它業者的做法。

Jim Groll也以實務經驗觀點提到，祇要喪葬業者可以執行夠水準、品質優的後續關懷服務計畫，這個服務計畫可以為喪葬業者帶來「及時需求」（at-need；相當於臺灣地區喪葬產業現貨市場的「生命契約」或稱「殯葬服務契約」）與「預先需求」（preneed；相當於臺灣地區喪葬產業市場的「生前契約」，或稱「生前殯葬服務契約」）產品的介紹契機，因為從一位滿足的客戶口中所說出來的話是最具有廣告威力的。而喪葬之家業者也極為仰賴透過服務過的喪親者家庭之推薦，來增加市場占有率。

Jim Groll引用Mouring Discoveries喪親者諮商中心的主席及創辦人Linda Findlay女士所說的話：「後續關懷服務計畫提供喪葬業者在喪親家庭發生失落後一整年，甚至更久的時間之中，一個與喪親家庭接觸連結的機會。這項服務計畫展延了企業被推薦的持續力，與喪葬業者提供關懷的持續性。」同時Jim Groll認為，後續關懷服務計畫也帶給喪葬業者在產業內的競爭優勢，以及利潤上的邊際效益，特別是市場競爭者無法提供一個有活力的後續關懷服務計畫，或是未以體貼人心的角度提供這樣的服務計畫時，這個競爭優勢特別顯著。

Jim Groll分析，喪葬業者推行後續關懷服務計畫的最大受益者是那些因失去親人而處於獨自一個人之情況與情感孤立的人，因為一個有效的後續關懷服務計畫可以提醒這些遺族，他們並不是孤獨的，而且還有許多資源可以運用。

Jim Groll也以喪葬業者的觀察角度，提出目前美國喪葬業者提供給予喪親者的後續關懷服務項目如下：

1.推薦適當的社區或國家級的，分屬不同性質的悲傷支持團體。
2.舉辦假期演講會（holiday seminars）。
3.提供免費的喪親諮商。
4.僱用並訓練職員，藉由「即時需求」與後續關懷服務流程，奉獻心力於幫助喪親者家庭。
5.設立社區性的喪親者圖書館：館內提供喪親、失落或悲傷支持的相關圖書、錄影帶、錄音帶、小冊子，這些資料需要不斷更新、重新篩選。
6.喪葬業者與社區或國家級的諮商專業人士或組織團體合作，提供一對一的諮商。
7.於企業網站上提供悲傷支持的服務。

二、檢視後續關懷服務的實務作為

本文從美國喪葬業者所架構的個別網站及實務運作之中，檢視其後續關懷服務的實務作為。透過網路蒐尋美國喪葬業者的個別企業網站內容（期間為2007年4月28日至5月27日），並將其網站內容與實務運作上有關後續關懷服務之資料加以彙整，發現美國喪葬業者實務上所提供的後續關懷服務項目如下：

1.與諮商專業機構合作，提供一對一個別諮商的轉介服務。
2.與社區性的悲傷支持機構合作，引薦喪親者參加由該機構開辦的各類型定期或不定期支持團體。
3.實施社區死亡教育計畫：除提供悲傷、失落相關議題之教育學程給予喪親家庭成員自願參加外，此類課程外也開放予社區其他成員。同時積極開設悲傷支持志工教育訓練課程，提供予有興趣從事悲傷支持的志工工作，亦開放給符合資格之社區人士參與，讓其擔任悲傷專業人士的得力助手。部分喪葬之家的業者還會要求所屬員工均需接受悲傷支持志工訓練，並具備初步的不正常悲傷、失落反應之判斷能力與轉介說服能力，以預防喪親因素引發的自殺，或精神疾病之發生。

4.設立借閱性的圖書館：提供與悲傷、失落有關之圖書、錄影帶（光碟）、錄音帶、小手冊、摺頁予喪親家庭成員及有心瞭解之社區人士借閱。

5.發行企業刊物：通常以月刊或季刊形式發行，內容除載有與悲傷、失落議題有關，由專業人士撰寫之文章，或相關圖書資料之節錄外，也編輯了已度過悲傷歷程的喪親者之悲傷歷程經驗，及近期內舉辦的支持團體或社區活動訊息。

6.社區活動計畫之推展：不限定已服務過的喪親家庭成員為對象，舉辦可讓社區內所有人士均可參與的活動，如與生命意義、悲傷、失落等議題有關的演講，或歷程畫展、音樂會、喪親家庭互訪、園藝治療等等。

7.提供追思服務：在歐美國家地區，假期（如聖誕節、復活節或歐洲地區的8月份長假）是家庭成員聚在一起，在一年之中互動最親蜜的日子。喪親之後，對於往生者在假期中的缺席，喪親家庭成員必須做極大的心理調適，這樣的日子是相當難熬的，外部有必要給予適當的支持。因此喪葬業者為支持、陪伴喪親家庭成員走過假期期間的失落感（尤其針對那些往生者去世尚未滿一年的家庭），通常會在假期期間舉辦一些活動。如挑選假期內特定一天，邀請服務過的喪親家庭成員至墓園或經安排的地點（如飯店宴會廳），一起進行追思；或舉辦喪親家庭的團體露營活動，活動期間也會特意安排一段追思程序。透過這些活動的參與，不同喪親家庭的成員有機會分享喪親後的悲傷、失落歷程及情緒，彼此之間可以透過這樣的互動，找到家庭成員以外的支持力量。

8.追思（棉）被的製作：請喪親家庭每一位成員蒐集其與往生者有互動意義之衣物布料或有字眼的實物，將其拼製成一條紀念追思被。製成後，家庭成員互相訴說個人所提供的物件背後所隱含的意義，或與往生者在世時的互動過程，並透過觸摸、凝視此追思被，讓訴說者渲洩思念、悲傷的情緒，達到平境心靈的目的。

9.悲傷支持性的網站內容：網站內容除將上述資訊加以揭露外，還設有悲傷常見問題（FAQs）網頁，供喪親者自行流覽查閱；另外也藉由客戶留言的網頁空間，讓喪親者可以提出個人的疑問，並由喪葬業者針對問題加以回覆。也有少數幾家業者，請喪葬指導師與已服務過的喪親家庭成員撰文，寫下自身的個案支持經驗與喪親失落經驗，以同理的觀點，提供喪親者作為心靈支持的工具。

10.喪親者可運用之社會資源相關資料的給予：喪葬業者在服務過程中，會瞭解到喪親家庭在喪禮結束後可能需要之社會資源（如各類社會救濟補助、屬於靈性需求的宗教資源、寡婦或孤兒等各類支持團體資源、退伍軍人協會資源等等），業者會透過喪葬指導師親手將相關資料遞交予有需要的喪親家屬，而且在公司內部網站上也置入相關訊息，以供所有喪親家屬用最簡易之方式，閱覽相關訊息資料。

由上述實務部分來看，美國喪葬業者的後續關懷服務實質上已完全符合國外學者所倡導的學術觀點架構，而且正逐漸發展出獨特且細緻的服務項目。在現今喪葬服務市場之物料與人員服務品質逐漸齊一化的趨勢之下，臺灣地區喪葬業者著眼於未來的服務廣度與深度布局時，美國喪葬業者的做法非常適合參考。

生命事業管理叢書 4

殯葬服務學

作　　者／王夫子、蘇家興
出 版 者／威仕曼文化事業股份有限公司
發 行 人／葉忠賢
總 編 輯／閻富萍
主　　編／范湘渝
地　　址／台北縣深坑鄉北深路三段 260 號 8 樓
電　　話／(02)8662-6826．8662-6810
傳　　真／(02)2664-7633
網　　址／http://www.ycrc.com.tw
E-mail ／service@ycrc.com.tw
印　　刷／鼎易印刷事業股份有限公司
ISBN ／978-986-85746-6-3
初版一刷／2010 年 12 月
定　　價／新台幣 450 元

國家圖書館出版品預行編目（CIP）資料

殯葬服務學 / 王夫子, 蘇家興著. --初版.--
臺北縣深坑鄉：威仕曼文化, 2010. 12
面； 公分. --（生命事業管理叢書）
ISBN 978-986-85746-6-3(平裝)

1.殯葬業 2.殯葬 3.喪禮

489.67 99020763